□ 中国高等职业技术教育研究会推荐

高职高专计算机专业规划教材

Oracle 数据库应用教程

主　编　朱亚兴　朱小平

副主编　任淑美　熊君丽

主　审　虞　芬

西安电子科技大学出版社

内 容 简 介

本书由浅入深、较全面地介绍了 Oracle 大型数据库的基础知识和相关技术。全书共 11 章,分别为:Oracle 9i 系统入门,SQL 基础,SQL*Plus 基础,Oracle 数据库体系结构,数据库对象,PL/SQL,过程、函数和程序包,触发器,管理用户和安全性,备份与恢复,利用 JDBC 进行 Oracle 访问。

本书在编写风格上注重知识、技术的实用性,通过案例强化实践技能,语言力求简洁生动、通俗易懂。书中各章均配有大量针对性强的习题和实验,以帮助学生巩固基本知识与基本技能。

本书可作为高职高专院校、本科院校计算机及相关专业数据库课程的教材或参考书,也可作为 Oracle 数据库初学者的自学用书或 Oracle 数据库的培训教材。

★ 本书配有电子教案,需要者可登录出版社网站,免费下载。

图书在版编目(CIP)数据

Oracle 数据库应用教程 / 朱亚兴,朱小平主编.

—西安:西安电子科技大学出版社,2008.2 (2018.10 重印)

中国高等职业技术教育研究会推荐. 高职高专计算机专业规划教材

ISBN 978-7-5606-1978-1

Ⅰ. O…　Ⅱ. ① 朱…　② 朱…　Ⅲ. 关系数据库—数据库管理系统,Oracle—高等学校:

技术学校—教材　Ⅳ. TP311-138

中国版本图书馆 CIP 数据核字(2008)第 002555 号

策　划	云立实
责任编辑	许青青　云立实
出版发行	西安电子科技大学出版社(西安市太白南路 2 号)
电　话	(029)88242885　88201467　邮　编　710071
网　址	www.xduph.com　　电子邮箱　xdupfxb001@163.com
经　销	新华书店
印刷单位	陕西天意印务有限责任公司
版　次	2008 年 2 月第 1 版　　2018 年 10 月第 5 次印刷
开　本	787 毫米×1092 毫米　1/16　印张 18.875
字　数	443 千字
印　数	14 001~16 000 册
定　价	39.00 元

ISBN 978 - 7 - 5606 - 1978 - 1 / TP

XDUP 2270001-5

序

进入 21 世纪以来，高等职业教育呈现出快速发展的形势。高等职业教育的发展，丰富了高等教育的体系结构，突出了高等职业教育的类型特色，顺应了人民群众接受高等教育的强烈需求，为现代化建设培养了大量高素质技能型专门人才，对高等教育大众化作出了重要贡献。目前，高等职业教育在我国社会主义现代化建设事业中发挥着越来越重要的作用。

教育部 2006 年下发了《关于全面提高高等职业教育教学质量的若干意见》，其中提出了深化教育教学改革，重视内涵建设，促进"工学结合"人才培养模式改革，推进整体办学水平提升，形成结构合理、功能完善、质量优良、特色鲜明的高等职业教育体系的任务要求。

根据新的发展要求，高等职业院校积极与行业企业合作开发课程，根据技术领域和职业岗位群任职要求，参照相关职业资格标准，改革课程体系和教学内容，建立突出职业能力培养的课程标准，规范课程教学的基本要求，提高课程教学质量，不断更新教学内容，而实施具有工学结合特色的教材建设是推进高等职业教育改革发展的重要任务。

为配合教育部实施质量工程，解决当前高职高专精品教材不足的问题，西安电子科技大学出版社与中国高等职业技术教育研究会在前三轮联合策划、组织编写"计算机、通信电子、机电及汽车类专业"系列高职高专教材共 160 余种的基础上，又联合策划、组织编写了新一轮"计算机、通信、电子类"专业系列高职高专教材共 120 余种。这些教材的选题是在全国范围内近 30 所高职高专院校中，对教学计划和课程设置进行充分调研的基础上策划产生的。教材的编写采取在教育部精品专业或示范性专业的高职高专院校中公开招标的形式，以吸收尽可能多的优秀作者参与投标和编写。在此基础上，召开系列教材专家编委会，评审教材编写大纲，并对中标大纲提出修改、完善意见，确定主编、主审人选。该系列教材以满足职业岗位需求为目标，以培养学生的应用技能为着力点，在教材的编写中结合任务驱动、项目导向的教学方式，力求在新颖性、实用性、可读性三个方面有所突破，体现高职高专教材的特点。已出版的第一轮教材共 36 种，2001 年全部出齐，从使用情况看，比较适合高等职业院校的需要，普遍受到各学校的欢迎，一再重印，其中《互联网实用技术与网页制作》在短短两年多的时间里先后重印 6 次，并获教育部 2002 年普通高校优秀教材奖。第二轮教材共 60 余种，在 2004 年已全部出齐，有的教材出版一年多的时间里就重印 4 次，反映了市场对优秀专业教材的需求。前两轮教材中有十几种入选国家"十一五"规划教材。第三轮教材 2007 年 8 月之前全部出齐。本轮教材预计 2009 年全部出齐，相信也会成为系列精品教材。

教材建设是高职高专院校教学基本建设的一项重要工作。多年来，高职高专院校十分重视教材建设，组织教师参加教材编写，为高职高专教材从无到有，从有到优、到特而辛勤工作。但高职高专教材的建设起步时间不长，还需要与行业企业合作，通过共同努力，出版一大批符合培养高素质技能型专门人才要求的特色教材。

我们殷切希望广大从事高职高专教育的教师，面向市场，服务需求，为形成具有中国特色和高职教育特点的高职高专教材体系作出积极的贡献。

中国高等职业技术教育研究会会长
2007 年 6 月

高职高专计算机专业规划教材
编审专家委员会

前　言

　　Oracle 数据库是一种功能强大、灵活的面向对象的关系型数据库管理系统，在电子商务、信息系统管理、数据仓库和企业数据库解决方案等应用中起着重要的作用，为企业的数据管理提供了强大的支持。

　　本书从 Oracle 数据库应用开发的角度，系统地介绍了作为一个数据库应用和开发者所需要的知识。全书分为 11 章。第 1 章作为 Oracle 知识的入门，讲解了 Oracle 的安装和配置，从简单的创建用户开始进入 Oracle 的学习。第 2、3 章介绍了开发 Oracle 数据库必备的基础知识，包括 SQL 语言基础、SQL*Plus 工具的灵活使用等。第 4 章介绍了 Oracle 的组成体系，通过创建一个数据库加深对体系结构的理解。第 5～8 章介绍了 Oracle 的数据库对象、Oracle 程序设计语言 PL/SQL、数据库高级程序开发技术(函数和过程、触发器等)。第 9、10 章引入了 Oracle 的基本管理，包括基本安全管理及数据库的备份和恢复。第 11 章结合 Java 语言，介绍了利用 JDBC 进行 Oracle 访问的基本知识，该章内容为数据库开发的深入学习做准备。本书的参考教学时数为 64 学时。

　　本书针对应用型人才的培养特点和培养目标，提炼、整合了 Oracle 最基本、最核心的实用技术和原理作为教材内容。本书在编写风格上面向高职高专，力求简洁生动，通俗易懂，以易学、易懂、易做为写作基调，循序渐进地介绍了 Oracle 数据库应用和开发的基本知识。每章开头以"本章学习目标"的形式提纲挈领地指出学生应该掌握的内容要点；每章末尾是本章小结、习题和配套的上机实验。本书对实验内容和结构作了精心编排，采用实验指导书的形式，包含实验目的与要求，并针对不同的实验内容配有实例指导或实践训练。在实例指导中针对实验步骤进行分析和讲解，通过实践快速掌握相关的知识和方法，而在实践训练中，则针对相关的知识与技能，列出了一些能举一反三的题目，从而使读者熟练掌握技能，理解基本原理。本书的教学内容充分体现了理论与实践的结合，体现了高职计算机课程改革的方向。

　　本书第 1 章、第 9 章的 9.1 节和 9.2 节由朱小平编写，第 2、3、5 章由任淑美编写，第 6、7、11 章由熊君丽编写，第 4、8、10 章以及第 9 章的 9.3～9.5 节由朱亚兴编写。本书由朱亚兴负责统稿。吴教育教授、陈剑高级工程师、云立实和许青青编辑在本书的编写过程中提出了宝贵的意见并给予了热心的指导，黎佳为本书的排版做了部分工作，在此一并表示衷心的感谢。

　　本书凝聚了编者多年的教学和科研经验。在编写过程中，尽管编者一直保持严谨的态度，但是难免有不足和疏漏之处，恳请读者批评指正，在此深表感谢。

　　编者电子信箱：yaxing_zhu@sina.com。

编　者

2007 年 12 月

前　言

目　　录

第 1 章　Oracle 9i 系统入门

本章学习目标：

- 了解 Oracle 数据库的特点。
- 了解 Oracle 服务器和客户机的安装。
- 掌握 Oracle 监听与网络配置。
- 了解启动和关闭 Oracle 服务器的方法。
- 了解 Oracle 查询工具和 Oracle 企业管理器的使用。
- 了解 Oracle 的基本用户管理。

1.1　Oracle 简介

1.1.1　Oracle 的发展历程

下面我们归纳介绍 Oracle 的发展历程。

1977 年，Larry Ellison、Bob Miner 和 Ed Oates 等人组建了 Relational 软件公司(RSI)。他们决定构建一个关系数据库管理系统(Relational DataBase Management System，RDBMS)，并很快发布了第一个软件版本(仅是原型系统)。

1979 年，RSI 首次向客户发布了该软件产品，即第 2 版。它是基于 SQL 标准的数据库管理系统，同时也是第一个以 SQL 语言为基础的关系数据库管理系统。

1983 年，RSI 推出第 3 版。同年，RSI 更名为 Oracle Corporation，也就是今天的 Oracle 公司。

1984 年，Oracle 的第 4 版发布。该版本既支持 VAX 系统，也支持 IBM VM 操作系统。

1985 年，Oracle 的第 5 版发布。该版本可称做 Oracle 发展史上的里程碑，因为它具有分布式处理能力，同时支持客户端/服务器的计算机模式，对数据进行集中存储与处理。

1988 年，Oracle 的第 6 版发布。该版本支持过程化语言 PL/SQL、事务处理选件 TPO 和热备份等功能。这时 Oracle 已经可以在许多平台和操作系统上运行。

1991 年，Oracle RDBMS 的 6.1 版在 DEC VAX 平台中引入了 Parallel Server 选项。

1992 年，Oracle 7 发布。Oracle 7 采用多线程服务器体系结构 MTS，可支持更多的用户并发访问和使用，在性能方面有显著改进，是一个功能完整的关系数据库管理系统，国内许多用户对此版本较为熟悉。

　　1997 年，Oracle 8 发布。Oracle 8 支持面向对象的开发及新的多媒体应用，支持 Java 工业标准，同时具有处理大量用户要求和海量数据的特性，更适合构造大型应用系统。

　　1999 年，Oracle 公司推出了 Oracle 8i，这是世界上第一个全面支持 Internet 的数据库。Oracle 8i 极大地提高了软件产品的伸缩性、扩展性和可用性，以满足网络应用的需要。

　　2001 年，Oracle 9i release 1 发布。这是 Oracle 9i 的第一个发行版。2002 年，Oracle 9i release 2 发布。它在 release 1 的基础上增加了集群文件系统(Cluster File System)等特性。Oracle 9i 版本功能强大，其产品包括数据库核心、开发组件、应用服务器及客户端开发工具组件，集成了 Apache Web Server，可以使用 PL/SQL 和 Java 开发 Web 应用。

　　2004 年，针对网格计算的 Oracle 10g 正式发布。

1.1.2　Oracle 系统的特点

　　Oracle 在业界享有良好的声誉，具有强大的功能、良好的稳定性和安全性。Oracle 数据库具有很多优点。

　　(1) 支持大数据库、多用户、高性能的事务处理。Oracle 支持多用户、大数据量的工作负荷；支持并发用户数达 20 000 个，支持的数据量达 512 PB(1 PB=1024×1024 GB)，可充分利用硬件设备；支持大量用户同时在同一数据上执行各种数据应用，并使数据争用降为最小，从而保证数据的一致性；具有高性能的系统维护，Oracle 每天连续 24 小时工作，正常的系统操作(后备或个别计算机系统故障)不会中断数据库的使用。

　　(2) Oracle 遵守数据存取语言、操作系统、用户接口和网络通信协议的工业标准。它是一个开放系统，能够有效地保护用户的资源。

　　(3) 实施安全性控制和完整性控制。Oracle 通过权限设置用户对数据库的使用，通过权限控制用户对数据库的存取。Oracle 实施数据审计，追踪、监控数据存取，提供可靠的安全性。数据完整性是指保证数据的一致性和正确性。Oracle 在数据发生变化的过程中进行锁定，通过 Oracle 约束或触发器等机制实施数据完整性控制。

　　(4) 支持分布式数据库和分布处理。Oracle 可以将物理上分布在不同地点的数据库或不同地点的不同计算机上的数据看做一个逻辑数据库，数据的物理结构对应用程序是隐藏的。数据是否驻留在数据库中对应用程序是透明的。锁定、完整性控制等都由 Oracle 数据库系统自动完成。数据可被全部网络用户存取，就好像所有数据都是物理地存储在本地数据库中一样。

　　(5) Oracle 是面向对象的关系数据库。一方面，它可以存储传统的字符、数字、日期、文本和图像数据，具备关系数据库的所有基本特征；另一方面，它在支持原有关系数据库的基础上，引入对象类型，实现了对面向对象的支持，可以用来存储多媒体、空间、时间序列、地理信息等数据。

　　(6) J2EE 运算平台——Oracle 应用服务器。Oracle 不仅完全整合了本地 Java 运行环境的数据库，用 Java 可以编写 Oracle 的存储过程和 EJB 组件，而且可以使用 PL/SQL 和 Java 开发 Web 应用。

　　(7) 具有可移植性、可兼容性和可连接性。Oracle 系统可以运行在 100 多种不同的硬件平台和软件平台上。由于 Oracle 软件可在许多不同的操作系统上运行，因此在 Oracle 上所开发的应用系统可移植到任何操作系统上，只需做很少修改或不需修改。Oracle 软件同工业标准相兼容，包括许多工业标准的操作系统，其所开发的应用系统可在任何操作系统上运行。可连接性是指 Oracle 允许不同类型的计算机和操作系统通过网络共享信息。

1.1.3　Oracle 系统的应用

Oracle 是一个技术先进的、优秀的大型数据库管理系统。Oracle 公司提供数据库、开发工具、全套企业资源规划(ERP)、客户关系管理(CRM)应用产品、决策支持(OLAP)以及电子商务(e-Business)应用产品，并提供全球化的技术支持、培训和咨询顾问服务。Oracle 的应用非常广泛。据统计，Oracle 在全球数据库市场中的占有率达到 33.3%，在关系型数据库市场中拥有 42.1%的份额，在关系型数据库 UNIX 市场中占据着高达 66.2%的市场。Oracle 应用产品包括财务、供应链、制造、项目管理、人力资源、市场与销售等 70 多个模块，现已被全球 7600 多家企业所采用。

惠普、波音和通用电气等众多大型跨国企业都利用 Oracle 电子商务套件运行业务。在我国，Oracle 的应用已经深入到银行、证券、邮电、铁路、民航、军事、财税、教育等许多领域。目前，我国许多大型企业都引入了 Oracle 电子商务套件系统作为企业信息化平台，使企业与国际接轨，提高了企业的竞争力。

1.2　Oracle 9i 的安装

本节将介绍 Oracle 9i 在 Windows 2000 Server 上的安装以及安装的环境需求。

1.2.1　系统配置

Oracle 数据库系统大体上分为两种版本：一种是运行于服务器端的服务器版本；另一种是运行于客户端的客户版本。这两种版本的安装各有不同，而且每种版本还有多种安装方式。相对于其他数据库系统而言，Oracle 对系统资源的要求较高。

1. 硬件配置

一般来说，安装 Oracle 对服务器的硬件配置要求如下：

(1) Pentium III 以上的 CPU。

(2) 推荐使用 256 MB 以上的内存。

(3) 4 GB 以上的空闲硬盘空间。

(4) Oracle 9i 的安装光盘共有 3 张，若采用光盘安装，则需要进行大量的文件操作，因此建议选用快速光驱，最好为 16 倍速以上。若有足够大的硬盘，则建议将光盘数据复制到硬盘后再进行安装。

2. 软件配置

以 Windows 操作系统为例，其软件配置如下：

(1) Windows 2000 Server/XP 或 Windows NT 4.0 + Service Pack 6。

(2) Java Development Kit(JDK)1.1.8。

Oracle 公司推荐在 Windows NT 和 Windows 2000 Server 下安装 Oracle 数据库系统，并定义磁盘的分区为 NTFS 格式。

1.2.2 安装数据库服务器

1. 安装前的准备工作

为确保安装顺利进行，需进一步确认以下内容：

(1) 确认操作系统和 Oracle 安装版本号。将 Windows 2000 Server 作为安装 Oracle 的网络操作系统平台，数据库服务器采用 Oracle 9i Database for Windows 2000 的企业版。

(2) 确认系统配置。确认系统的软/硬件配置满足系统的安装要求。

(3) 安装前先做好注册表的备份工作，这项工作主要是防止在系统安装过程中发生意外情况，如断电等。

2. 安装步骤

(1) 将安装光盘的第一张放入光驱，系统自动运行，出现安装程序，单击【开始安装】按钮，出现如图 1-1 所示的"欢迎"界面。

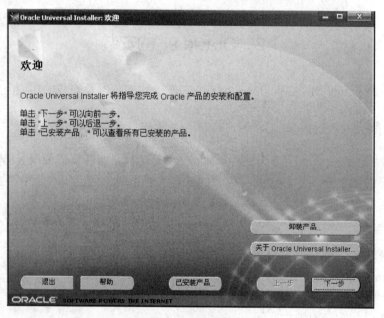

图 1-1 "欢迎"界面

(2) 单击【下一步】按钮，出现如图 1-2 所示的"文件定位"界面。在此界面中设置 Oracle 的安装路径以及主目录路径。Oracle 主目录是数据库系统的唯一名称标识，"名称"文本框确定安装后的程序组名，取默认值。与该系统有关的服务和程序组都将使用 Oracle 主目录名进行命名，并使用主目录路径确定执行路径。"路径"可更改也可取默认值。Oracle 主目录路径对应于系统环境变量 Oracle_home，主目录名称对应于系统环境变量 Oracle_home_name。

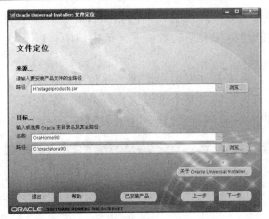

图 1-2　"文件定位"界面

(3) 单击【下一步】按钮，出现如图 1-3 所示的"可用产品"界面。"可用产品"的安装选项分别为 Oracle9i Database 9.0.1.1.1、Oracle9i Client 9.0.1.1.1、Oracle9i Management and Integration 9.0.1.0.1，这些选项对应的详细说明如表 1-1 所示。在这里选中"Oracle9i Database 9.0.1.1.1"单选项，单击【下一步】按钮，出现如图 1-4 所示的"安装类型"界面，选中"企业版"安装类型。

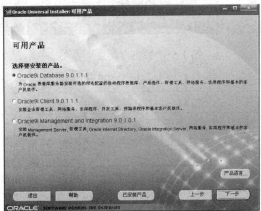

图 1-3　"可用产品"界面

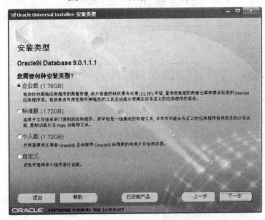

图 1-4　"安装类型"界面

(4) 选择数据库配置。"数据库配置"界面如图 1-5 所示。在此窗口中选择是否在安装过程中创建数据库以及创建何种类型的数据库。该窗口中有以下 3 种数据库类型，这里选择"通用"。

- 事务处理：针对具有大量并发用户连接，并且用户主要执行简单事务处理的应用。
- 数据仓库：针对有大量的对某个主题进行复杂查询的应用环境。
- 通用：兼具上述两种方案的特点，能够为并发事务处理和复杂查询提供较优异的性能。

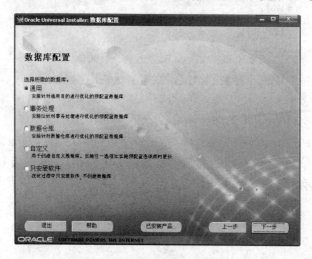

图 1-5 "数据库配置"界面

表 1-1 Oracle 9i 的安装选项

安装选项	安装类型
Oracle9i Database	企业版：为高端应用程序提供数据管理。安装的内容包括一个预先配制好的示例数据库、网络服务、许可选项、环境配制工具、Oracle 企业管理器框架、数据仓库以及事务处理环境的工具
	标准版：提供了大部分核心的数据库功能和特性，适用于普通部门级别的应用环境。安装的内容有预先配制好的示例数据库、网络服务、许可选项、环境配制工具及 Oracle 企业管理器框架
	个人版：安装内容与企业版相同，并提供与企业版和标准版相兼容的环境，不过只提供单用户的连接、开发和部署，适用于单用户开发环境，对系统的配置要求也较低
	自定义(定制安装)：通过用户的定制方式创建适合于特定环境、配置和应用程序需求的数据库服务器
Oracle9i Client	Administrator：管理员，安装管理控制台、管理工具、网络服务、实用程序和基本客户软件
	Runtime：运行时安装应用开发程序、网络服务和基本客户软件
	自定义：从管理员版本及运行时版本的可安装部件中选择
Oracle9i Management and Integration	Oracle Management Server(安装管理服务器)
	Oracle Internet Directory(安装因特网目录、客户机工具集、目录管理和客户端开发工具包)
	Oracle Integration Server(安装配置高级队列、Java 虚拟机和工作流的数据库)
	自定义(定制安装)

　　(5) 输入数据库标识。如图 1-6 所示，在该界面中设置新建数据库的全局数据库名以及 Oracle 实例名(SID)。在"全局数据库名"文本框中输入数据库的名称，以"Ora9"为例，在"SID"文本框中自动生成"Ora9"，单击【下一步】按钮，出现如图 1-7 所示的"数据库文件位置"界面。

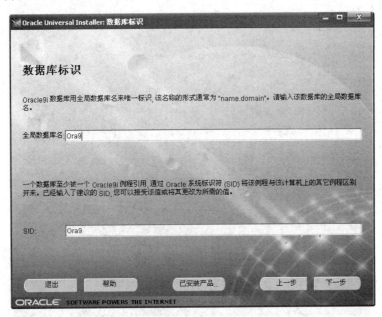

图 1-6　　"数据库标识"界面

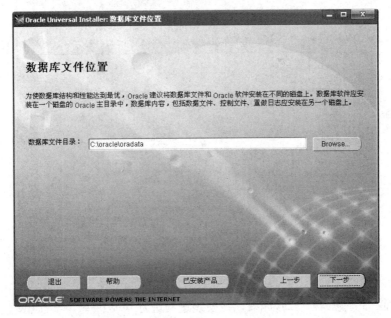

图 1-7　　"数据库文件位置"界面

　　(6) 系统将默认设置数据库文件(包括数据文件、控制文件和日志文件)的存放目录。单击【下一步】按钮，出现如图 1-8 所示的"数据库字符集"界面。选择"使用缺省字符集"

单选项，单击【下一步】按钮，出现如图 1-9 所示的"摘要"界面，将显示全局设置、产品语言、空间要求等，进一步确认正确后，单击【安装】按钮开始正式安装。

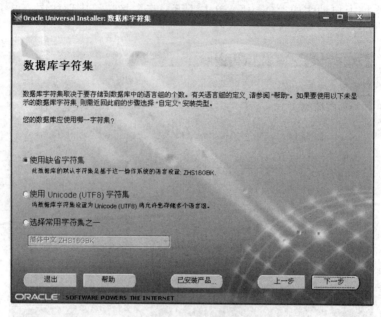

图 1-8　"数据库字符集"界面

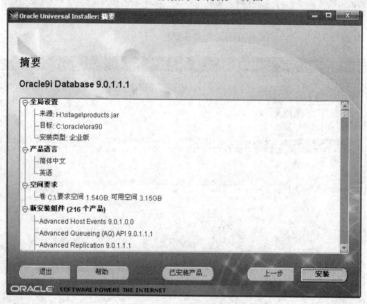

图 1-9　"摘要"界面

　(7) 安装过程开始复制文件，在进行到整个过程的 44%时，出现如图 1-10 所示的"磁盘位置"界面，此时插入第二张光盘，在安装进程进行到 87%时，再次出现"磁盘位置"界面，此时更换第三张光盘，文件复制完毕后，出现如图 1-11 所示的"配置工具"界面。安装程序将自动完成 4 项任务：调用"Oracle 网络配置助手"完成网络配置，启动"Oracle HTTP 服务"，调用"数据库配置助手"完成数据库的创建和启动，启动"Oracle 智能代理"。

图 1-10　"磁盘位置"界面

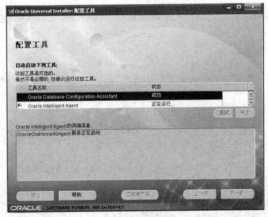

图 1-11　"配置工具"界面

(8) 调用的数据库配置助手界面如图 1-12 所示。成功创建数据库后出现如图 1-13 所示的界面，该界面要求用户指定 SYSTEM 口令和 SYS 口令。单击【确定】按钮，出现如图 1-14 所示的"安装结束"界面。单击【退出】按钮，系统安装结束。

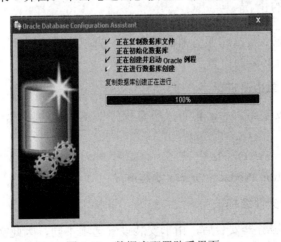

图 1-12　数据库配置助手界面

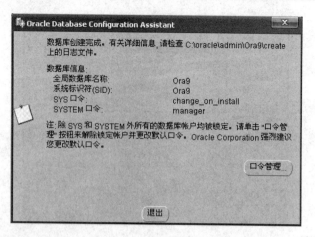

图 1-13　成功创建数据库界面

图 1-14　"安装结束"界面

1.2.3　检查安装后的情况

按照前面的步骤完成数据库服务器的安装后，为了知道数据库的运转情况以及数据库提供的服务，需要进行必要的检查工作。

1. 在"程序"菜单中检查

在数据库服务器安装结束后，检查"所有程序"菜单中的项目，选择"开始"→"所有程序"，共有两项：

(1) Oracle-OraHome90 Oracle 工具；

(2) Oracle Installation Products Oracle 安装产品。

2. 检查服务器的文件结构

Oracle 9i 数据库服务器安装后，由于安装设置选项不同，因此文件目录结构也不同，一般得到的文件结构在安装目录下大致分为 3 个文件夹，分别为 admin、ora90 和 oradata。

（1）admin：该文件夹下面按照数据库系统标识符名称建立子文件夹，在每个子文件夹下存放对该数据库的管理信息和日志文件，是数据库管理员分析数据库、查找历史记录的地方。

（2）ora90：存放的是整个数据库服务器的程序文件。

（3）oradata：该文件夹下面按照数据库系统标识符名称建立子文件夹，用于存放某个数据库的数据文件、控制文件、索引文件等，是真正的数据存放位置，对数据库系统的备份和恢复有重要意义。

3. 在"服务"中检查

在 Windows 操作系统下安装 Oracle 9i 时会安装很多服务，并且其中一些配置在 Windows 启动时启动。当 Oracle 运行在 Windows 下时，它会消耗很多资源，并且有些服务可能并不总是需要。选择"开始"→"设置"→"控制面板"命令，双击"管理工具"图标，选择"服务"选项，打开如图 1-15 所示的界面。图 1-15 列出了安装服务器后 Oracle 所有需要启动的服务。在 Windows 操作系统中，可以在控制面板的服务中改变想要禁用的服务的启动类型参数，双击某个服务查看其属性，然后将启动类型属性由自动改为手动。以下介绍 Oracle 的主要服务。

图 1-15　Oracle 安装后的服务

（1）Oracle Service<SID>：数据库服务。该服务由数据库实例系统标识符 SID 创建，SID 是 Oracle 安装期间输入的数据库服务名字(如 OracleServiceORA9)。该服务是强制性的，它担负着启动数据库实例的任务。如果没有启动该服务，则当使用任何 Oracle 工具(如 SQL*Plus)时，将出现 ORA-12560 的错误信息提示。该信息内容为"ORA-12560 TNS: protocol adapter error"，这意味着数据库管理系统的管理对象没有启动，即数据库没有工作。当系统中安装了多个数据库时，会有多个 Oracle Service<SID>，SID 会因数据库的不同而不同。

（2）Oracle<HOME_NAME>TNSListener：监听器服务。该服务承担着监听并接受来自客户端应用程序的连接请求的任务。如果该服务没有启动，那么当使用 Oracle 企业管理器控制台或一些图形化的工具进行连接时，将出现错误信息"ORA-12541 TNS: no listener"，但对本地连接并无影响。例如，使用 SQL*Plus 工具进行连接时，不会出现错误信息提示。一般将该服务的启动类型设置为"自动"，这样当计算机系统启动后，该服务即自动启动。

此外，也可通过手动方式启动服务，即使用 net start Oracle<Home_Name>TNSListener 或者 lsnrctl start 命令。

(3) Oracle<Home_Name>Agent：代理服务。该服务是 Oracle 企业管理器产品的一部分。执行作业和监视 Oracle 服务性能及监听器、数据库、Oracle HTTP Server 和 Oracle 应用程序等目标需要使用智能代理(Intelligent Agent)。一般将该服务的启动类型设置为"自动"，这样当计算机系统启动后，该服务自动启动。如果该代理服务没有启动，则在启动 OEM Console 时，系统无法通过 Oracle<Home_Name>Agent 找到数据库所在的节点。因此，在使用 Enterprise Manager Console 打开控制台时，会因无法找到数据库所在的节点而不能显示该数据库。

(4) Oracle<Home_Name>HTTPServer：该服务基于浏览器的企业管理器及资料档案库启动 Oracle HTTP Server。它对应于 Apache Server，即 Web Server。它也是运行 iSQL*Plus 所必需的中间层。可根据实际情况将该服务的启动类型设置为"自动"或"手动"。当设置为"自动"时，Oracle HTTP Server 将随着计算机的启动而自动启动；否则，可通过菜单组中的"Start HTTP Server powered by Apache"来启动 Oracle HTTP Server。

(5) Oracle<Home_Name>ManagementServer：OMS(Oracle Management Server)服务在客户端与所管理目标之间起着集中管理和分布式的控制作用，与代理协同工作，处理监视信息和作业信息，并使用管理资料档案库存储其管理数据。当系统安装完成后，Oracle<Home_Name>ManagementServer 并没有出现在 Windows 的"服务"窗口中，只有当使用程序组"Configuration and Migration Tools"中的"Enterprise Manager Configuration Assistant"创建了资料档案库后，系统才随之创建并启动该服务。若要停止该服务，也就是停止 Oracle Management Server，则必须提供超级管理员的身份证明，即管理员的帐户和口令，默认的帐户和口令为 sysman/oem_temp。Oracle 企业管理器只有在创建了资料档案库后才能以 sysman 帐户登录，否则只能以独立形式直接使用和管理本地数据库。如果要启动、关闭或设置服务的状态，则也可在 DOS 命令行中使用 omsntsrv.exe 命令完成。具体命令的使用格式可通过 omsntsrv -h 命令查看。

以上是 Oracle 9i 的五个主要服务。Oracle 9i 还有一些其他服务，在此不再赘述。

4．检查连接数据库

完成前几步后，说明数据库和监听器服务都已经正常工作了，下一步在服务器端使用 SQL*Plus 查询工具，在本机上选择"开始"→"程序"→"Oracle-OraHome90"→"Application Development"→"SQL Plus"(SQL*Plus 工具将在 3.1 节中介绍)检查连接数据库的情况。运行 SQL*Plus 后，如图 1-16 所示，在"用户名"文本框中输入 system (或 scott)，在"口令"文本框中输入 manager(或 tiger)，在"主机字符串"文本框中输入 ora9i，将会登录 Oracle 服务器，进入 SQL*Plus 窗口。连接成功后的 SQL*Plus 界面如图 1-17 所示。

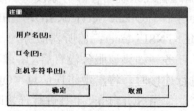

图 1-16 "注册"对话框

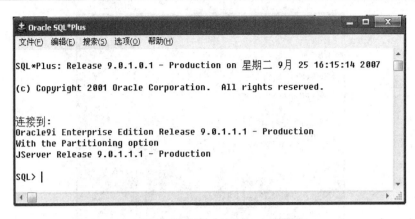

图 1-17　成功连接后的 SQL*Plus 界面

1.3　安装 Oracle 数据库客户端

1.3.1　服务器和客户机的概念

Oracle 数据库是一种网络上的数据库，它在网络上支持多用户，支持服务器/客户机等部署。可以在网络上以多种形式部署 Oracle。如果仅在单机上使用 Oracle，则不需要单独在该机器上安装 Oracle 客户端，因为安装 Oracle 数据库的时候会自动安装 Oracle 客户端。但这种情况并不能充分发挥其作用。服务器与客户机是逻辑上的概念，与计算机硬件不存在一一对应的关系。同一台计算机既可以充当服务器，也可以充当客户机，还可以同时充当服务器和客户机。

要使局域网内一个客户端机器能连接 Oracle 数据库，需要在客户端机器上安装 Oracle 的客户端软件。

1.3.2　客户端的安装步骤

(1) 启动安装向导，选择安装路径和主目录路径。

(2) 安装完成后，显示如图 1-18 所示的"可用产品"窗口。选择"Oracle9i Client 9.0.1.1.1"选项，开始客户端的安装。单击【下一步】按钮，显示如图 1-19 所示的"安装类型"界面，选择"Administrator"选项开始安装。"安装类型"界面说明如下：

"Administrator"表示管理员安装。安装内容包括管理控制台、管理工具、网络服务、实用程序以及基本客户机软件，需要 647 MB 的磁盘空间。

"运行时"表示为数据库应用程序用户提供了连接 Oracle 9i 数据库并进行交互的网络连接服务和支持文件，需要 486 MB 的磁盘空间。

"自定义"表示用户可以自行选择安装，某些附加组件只能通过"自定义"安装类型进行安装。安装中需要插入第二张光盘，文件复制完成后，弹出网络配置工具(Net Configuration Assistant)。

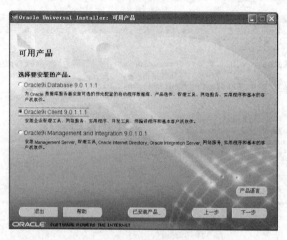

图 1-18　"可用产品"界面

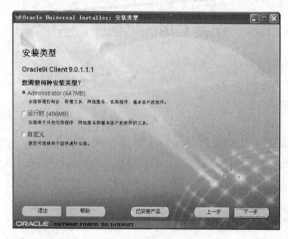

图 1-19　"安装类型"界面

(3) 安装完毕，安装向导启动"Oracle Net Configuration Assistant"为客户机进行网络服务配置。现在所要做的就是建立服务器/客户端模式的关键操作，配置过程中将出现如图 1-20 所示的网络配置向导界面，询问是否使用目录服务，选择"不，我要自己创建网络服务名"选项，Oracle 9i 网络配置向导将会帮助用户完成创建网络服务名的工作。

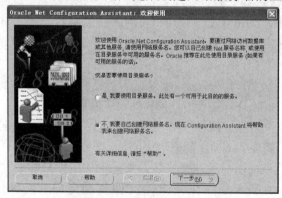

图 1-20　网络配置向导界面

(4) 在图 1-21 所示的"数据库版本"界面中选择"oracle8i 或更高版本数据库或服务"选项。在图 1-22 所示的"服务名"界面中填写服务名(即数据库 SID)"ora9"。在图 1-23 所示的"请选择协议"界面中选择网络协议，选择默认(TCP)。在图 1-24 所示的"TCP/IP 协议"界面中填写主机名(IP 地址)和连接端口号(通常为 1521)。

图 1-21　　"数据库版本"界面

图 1-22　　"服务名"界面

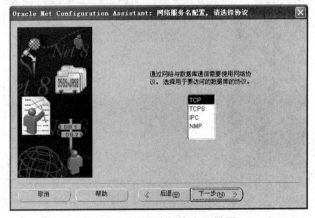

图 1-23　　"请选择协议"界面

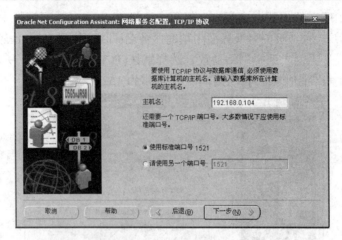

图 1-24　"TCP/IP 协议"界面

(5) 在图 1-25 所示的"测试"界面中选择"是，进行测试"单选项，并单击【下一步】按钮，出现如图 1-26 所示的"正在连接"界面。如果测试成功，则将显示"测试成功"信息。

图 1-25　"测试"界面

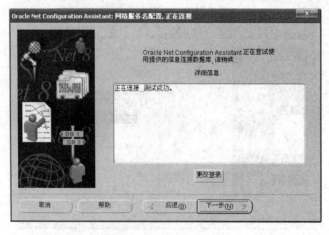

图 1-26　"正在连接"界面

(6) 在图 1-27 所示的"网络服务名"界面中填写网络服务名"ora9"，然后询问是否配置另一网络服务名，选择"否"，单击【下一步】按钮，出现如图 1-28 所示的"网络服务名配置完毕"界面，显示配置完毕！单击【下一步】按钮，Oracle Net 配置完毕！安装完成！

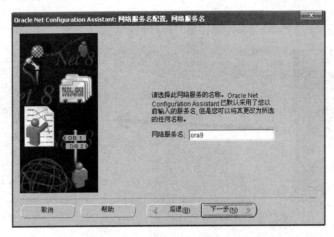

图 1-27　"网络服务名"界面

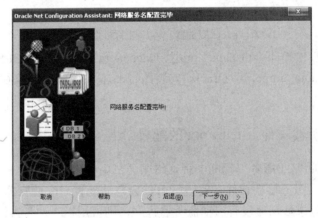

图 1-28　"网络服务名配置完毕"界面

1.3.3　从客户机访问 Oracle 数据库

在客户机上选择"开始"→"程序"→"Oracle-OraHome90"→"Application Development"→"SQL Plus"，将显示如图 1-16 所示的对话框。在"用户名"文本框中输入 system (或 scott)，在"口令"文本框中输入 manager(或 tiger)，在"主机字符串"文本框中输入 ora9(如图 1-27 "网络服务名"界面所填写的内容)，将会登录 Oracle 服务器，进入 SQL*Plus 界面。

1.4　Oracle 监听与网络配置

上一节讲述了客户端的安装以及如何连接到数据库服务器。假如客户机/服务器的环境已经配置好，但在局域网内又添加了一台 Oracle 数据库服务器，或者在服务器上又新创建了一个 Oracle 数据库，则服务器和客户端都需要进行网络配置才能实现网络连接。这就需要在服务器端配置监听器 listener.ora，在客户端配置网络服务名 tnsnames.ora，才能使客户机访问相应的 Oracle 数据库。Oracle 客户机和服务器的网络配置示意图如图 1-29 所示。

Oracle 客户机   Oracle 服务器

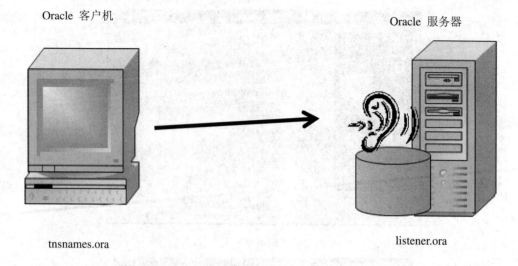

tnsnames.ora   listener.ora

图 1-29   Oracle 服务器和客户机的网络配置示意图

在 Windows NT/2000 下，tnsnames.ora 和 listener.ora 存放在 ORACLE_HOME\network\admin 目录下。Oracle_home 为 Oracle 安装路径。本系统的安装路径为 Oracle_home= C:\oracle\ora90。

1.4.1   服务器监听器文件 listener.ora 的配置

监听器是 Oracle 基于服务器端的一种网络服务，主要用于监听客户端向数据库服务器端提出的连接请求。服务器端软件在安装好后，会自动配置一个监听器，因此需查看是否启动监听器程序。如果数据库没有启动监听器程序，则可用以下两种方法启动。

(1) 在 Windows 的服务中启动 Oracle<HOME_NAME>TNSListener 服务来启动监听进程。

(2) 用命令行方式启动。

在操作系统提示符下，输入以下命令启动 listener:

C:\>lsnrctl start

可用以下命令查看启动状态:

C:\>lsnrctl status

如果要停止监听进程，则可以使用下列命令，这时所有客户端都连接不上服务器。

C:\>lsnrctl stop

作为基于服务器端的服务，它只存在于数据库服务器端，监听器的设置也是在数据库服务器端完成的。服务器端监听器的配置信息包括监听协议、地址及其他相关信息。配置信息保存在名为 listener.ora 的文件中。可以用手工编辑或向导配置。

listener.ora 文件的格式如下：
```
LISTENER =
 (DESCRIPTION_LIST =
  (DESCRIPTION =
    (ADDRESS_LIST =
      (ADDRESS = (PROTOCOL = IPC)(KEY = EXTPROC0))
    )
    (ADDRESS_LIST =
      (ADDRESS = (PROTOCOL = TCP)(HOST = dbserver)(PORT = 1521))
    )
  )
 )


SID_LIST_LISTENER =
 (SID_LIST =
  (SID_DESC =
    (SID_NAME = PLSExtProc)
    (ORACLE_HOME = C:\oracle\ora90)
    (PROGRAM = extproc)
  )
  (SID_DESC =
    (GLOBAL_DBNAME = ora9)
    (ORACLE_HOME = C:\oracle\ora90)
    (SID_NAME = ora9)
  )
 )
```

1.4.2　客户端网络服务名文件 tnsnames.ora 的配置

　　为了使客户端应用可以访问 Oracle 服务器，必须在客户端配置网络服务名，最终客户端应用程序就可以通过该网络服务名访问 Oracle 服务器。客户端的网络服务名配置信息包括服务器地址、监听端口号和数据库 SID，以及与服务器的监听器建立的连接。配置信息保存在名为 tnsnames.ora 的配置文件中。可以通过配置工具向导进行配置，也可以手工配置。

　　在客户端机器上使用 Oracle Net Configuration Assistant 或 Oracle Net Manager 图形配置工具对客户端进行配置，启动"Oracle 网络配置助手"的方法是：在客户机上选择"开始"→"程序"→"Oracle-OraHome90"→"Configuration and Migration tools"→"Net Configuration Assistant"，利用图形工具在图 1-30 所示的网络服务名配置界面中选择"本地网络服务名配置"，按照向导逐步配置服务器地址、监听端口号和数据库 SID。(具体的配置过程可以参考本章实验 2"客户端软件的安装以及网络配置"中图 1-34～图 1-42 的操作步骤。)

图 1-30 网络服务名配置界面

该配置工具实际上是在修改 tnsnames.ora 文件，所以也可以手工直接修改 tnsnames.ora 文件。下面以直接修改 tnsnames.ora 文件为例，该文件位于 ORACLE_HOME\network\admin 目录下。此处,假设数据库服务器主机名为 dbserver,使用的侦听端口号为 1521,则 tnsnames.ora 文件中的一个 test 网络服务名(数据库别名)为

```
test =
  (DESCRIPTION =
    (ADDRESS_LIST =
      (ADDRESS = (PROTOCOL = TCP)(HOST = dbserver)(PORT = 1521))
    )
    (CONNECT_DATA =
      (SERVICE_NAME = test)
    )
  )
```

说明：

PROTOCOL：客户端与服务器端的通信协议，一般为 TCP。

HOST：数据库侦听所在机器的机器名或 IP 地址。

PORT：数据库侦听正在侦听的端口，可以查看服务器端的 listener.ora 文件或在数据库侦听所在机器的命令提示符下通过 lnsrctl status [listener name]命令查看。此处 PORT 的值一定要与数据库侦听正在侦听的端口相同。

SERVICE_NAME：该参数对应一个数据库，在服务器端，以 system 用户登录后，用以下命令查看：

SQL>show parameter service_name;

注意：Oracle 数据库中不区分英文大小写。

1.4.3 连接到数据库

用 SQL*Plus 程序通过 test 网络服务名进行测试，最终用户以下列格式输入包括网络服务名的连接字符串：

SQL>connect   username/password@net_service_name

在以上示例中，test 是在 tnsnames.ora 文件中查找的网络服务名，执行下列命令进行连接：

SQL>connect   scott/tiger@test；

1.5 数据库的启动和关闭

在安装 Oracle 数据库时，系统会根据安装步骤中输入的数据库标识，即数据库的实例 (SID)默认安装 Oracle 数据库。安装完成后，系统默认启动数据库，管理者可直接使用。在基本的数据库管理中，数据库管理员(DBA)应该掌握启动和关闭数据库的方法，以应对数据库不同的实际运行情况，如维护、修改以及提高数据库的执行效率等，还应更深入地了解数据库的状态和使用条件。

我们利用 Oracle 实例来访问数据库，在一个实例上执行两种操作：STARTUP(启动)和 SHUTDOWN(关闭)。当实例启动时，为其分配内存，启动后台进程。当实例关闭时，关闭数据库，释放内存。

1.5.1 启动

当实例启动时，数据库完成从装载到打开状态的改变。启动实例的通用语法格式如下：

STARTUP   [FORCE]   [NOMOUNT | MOUNT | OPEN]   [Oracle_sid]   [PFILE=name] [RESTRICT]

其中：FORCE 表示在启动实例之前先关闭实例；RESTRICT 为限制方式，允许具有 RESTRICTED SESSION 系统权限的用户访问，一般在维护数据库运行方式下使用；PFILE 包含启动参数，如不指定参数，则从 INIT<Oracle.sid>.ORA 文件中获取参数。

下面分别详细讲解[NOMOUNT | MOUNT | OPEN]命令。(注：启动和关闭数据库时，用户必须拥有 DBA 权限或者以 SYSOPER 和 SYSDBA 身份连接到数据库。)

(1) STARTUP NOMOUNT 启动实例，但不装载数据库，用于建立和维护数据库。代码如下：

SQL>STARTUP NOMOUNT；

(2) STARTUP MOUNT 启动实例，装载数据库，但不打开数据库。MOUNT 的意思是只为 DBA 操作安装数据库。代码如下：

SQL>STARTUP MOUNT；

(3) STARTUP OPEN 或 STARTUP 启动实例，装载和打开数据库。以这种方式启动的数据库允许任何有效的用户连接到数据库。代码如下：

SQL>STARTUP；

1.5.2 关闭

当关闭实例时，数据库被关闭并卸载。在主机系统关闭之前，必须正常、顺利地关闭数据库，否则会有数据丢失等错误发生。

关闭实例的通用语法格式如下：

SHUTDOWN [NORMAL | IMMEDIATE | TRANSACTIONAL | ABORT]

下面分别详细讲解关闭数据库的几种方式。

(1) 正常(NORMAL)关闭方式：正常关闭数据库，数据库服务器必须等待所有用户从 Oracle 中正常退出，且所有事务提交或回退之后才可关闭实例。下次启动数据库时不需要进行任何恢复操作。这种方式的代码如下：

SQL>SHUTDOWN NORMAL；

(2) 立即(IMMEDIATE)关闭方式：立即关闭数据库，系统将连接到数据库的所有用户没有提交的事务全部回退，中断连接，然后关闭数据库。下次启动数据库时不需要进行任何恢复操作。这种方式的代码如下：

SQL>SHUTDOWN IMMEDIATE；

(3) 事务(TRANSACTIONAL)关闭方式：以事务方式关闭数据库，数据库服务器必须等待所有客户运行的事务终结、提交或回退且不允许有新事务。如果用户没有执行提交或回退命令，则必须等待。下次启动数据库时不需要进行任何恢复操作。这种方式的代码如下：

SQL>SHUTDOWN TRANSACTIONAL；

(4) 终止(ABORT)关闭方式：直接关闭数据库，系统立即将数据库实例关闭，对连接到数据库的所有用户不作任何检查，对于数据完整性不作检查，所以这种方式是最快的关机方式。下次启动数据库时需要进行数据库恢复。这种方式的代码如下：

SQL>SHUTDOWN ABORT；

1.6　Oracle 的工具

1.6.1　查询工具

1. SQL*Plus

SQL*Plus 是 Oracle 为系统管理人员、开发人员及用户提供的一个交互式的执行 SQL 语句的环境，主要用做数据查询和数据处理，用于接受和执行 SQL 命令以及 PL/SQL 块。

SQL*Plus 的详细使用将在第 3 章中介绍。这里简单介绍如何启动 SQL*Plus 环境。启动 SQL*Plus 环境有两种方法。

(1) 使用 GUI 工具启动 SQL*Plus。选择"开始"→"程序"→"Oracle-OraHome90"→"Application Development"→"SQL Plus"，此时将出现如图 1-16 所示的"注册"对话框。在"用户名"文本框中输入数据库用户名，在"口令"文本框中输入用户密码，在"主机字符串"文本框中输入 Oracle 服务器的网络服务名，留空表示登录本机上的默认数据库实例，单击【确定】。此时将出现"Oracle SQL*Plus"窗口，如图 1-17 所示。

(2) 使用命令行运行 SQL*Plus。在 MS-DOS 提示符中用 sqlplus [<username>]/[<password>][@net_service_name]形式启动 SQL*Plus 并进行连接。如在"开始"→"运行"中输入 sqlplus，则出现如图 1-31 所示的界面，该界面提示输入用户名和口令。

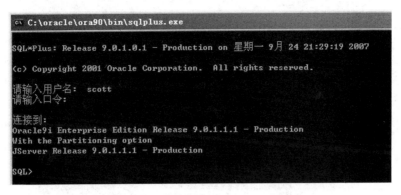

图 1-31　使用命令行运行 SQL*Plus

2. iSQL*Plus

iSQL*Plus 可以执行能用 SQL*Plus 完成的所有任务。该工具的优势在于能通过浏览器访问。iSQL*Plus 是 Oracle 9i 提供的新功能，是 SQL*Plus 的 Web 发布形式。iSQL*Plus 基于三层结构设计。iSQL*Plus 不需要单独安装，访问 iSQL*Plus 只需要知道中间层服务器的地址和端口，以标准用户或者 sysdba、sysoper 的身份登录即可。iSQL*Plus 提供快速的、基于浏览器的界面，它通过一个三层模型来使用 SQL*Plus 处理引擎。这个模型包括：客户机层 (iSQL*Plus 用户界面，通常是 Web 浏览器)、中间层(iSQL*Plus Server、Oracle Net 和 Oracle HTTP Server)和数据库层(Oracle 9i)。

(1) 启动服务器上的 HTTP 服务。

(2) 通过浏览器访问 HTTP 服务器，一般缺省设置的端口及协议是：HTTP 7778 端口/HTTPS 4443 端口。

注意：不同版本可能使用不同端口，可以通过\ORACLE_HOME\Apache\Apache 下的 ports.ini 文件来查看缺省的端口设置。如果需要更改端口，则可以通过调整\ORACLE_HOME\Apache\conf\httpd.conf 文件来更改端口设置。

(3) 启动 iSQL*Plus，通过在浏览器中输入 http://machine_name.domain:port/isql plus，就可以启动 iSQL*Plus，如图 1-32 所示。输入用户名口令等信息就可以登录到数据库，并执行 SQL 语句及脚本文件。

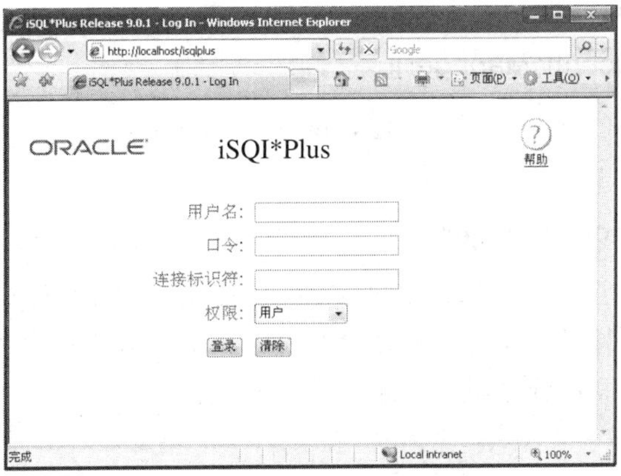

图 1-32　启动 iSQL*Plus

1.6.2　Oracle 企业管理器

Oracle 企业管理器(以下简称为 OEM)管理包是一组与 OEM 集成的工具，有助于管理员进行日常的管理任务。此工具使用 GUI 工具而不是 SQL*Plus 工具，提供了全部的数据库管理功能。在 OEM 管理包中的工具可以通过 OEM 独立控制台(简称为 OEMC)，或者使用每一个工具单独访问。图 1-33 显示了 OEMC 的屏幕界面。使用 OEM 管理包可以完成下列任务。

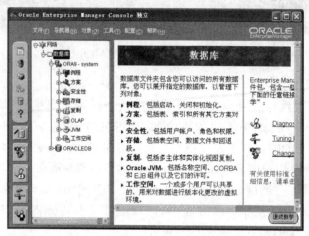

图 1-33　OEMC 的屏幕界面

1．例程管理(Instance Manager)

使用此工具包可执行以下任务：启动和关闭一个 Oracle 实例；查看和编辑实例参数值；观察和修改内存分配、重做日志以及归档状态；观察用户会话以及它们的 SQL 语句；查看 SQL 的执行计划；管理未决的事务处理；通过资源计划控制处理资源；监视长时间运行的会话；管理已存储配置；管理占用资源数量最多的锁和会话。

2．方案管理(Schema Manager)

使用此工具包可以建立、修改、删除任何模式对象，显示模式对象的相关性，包括高级队列和 Java 存储过程。

3．安全性管理(Security Manager)

使用此工具包可进行以下操作：创建、修改、删除用户、角色和概要文件(profile)，向数据库用户授予权限和角色等。

4．存储管理(Storage Manager)

使用此工具包可以管理表空间、数据文件、回退段，重做日志文件组以及归档日志文件等存储对象，还可进行以下操作：创建存储对象，将数据文件和回退段添加到表空间中，删除存储对象，将对象联机或脱机，显示对象的相关性。

5．分布管理

分布管理构成分布式数据库系统的多个数据库之间复制和维护数据库对象的过程。

6．数据仓库管理

此工具包可以提供集成的数据仓库支持，以及存储在数据库内部的 OLAP 元数据。

7．工作空间管理

工作空间是一个或多个用户可以共享的，用来对数据库中的数据进行更改的虚拟环境。工作空间管理涉及可以供许多用户共享的一个或多个工作空间的管理。

可以借助 OEMC 工具了解 Oracle 的体系结构：在方案管理中可以创建用户所需的数据对象(如建表等)，在存储管理中可了解如何管理表空间、数据文件等信息。

1.7　基本用户管理

Oracle 是一个多用户数据库管理系统。为了向某人提供数据库访问，管理员必须为他建立一个数据库用户帐号，并授予其访问权限。帐户创建后，用户要使用 Oracle 数据库系统，必须启动一个应用程序(如 SQL*Plus)，并用帐户名和口令登录，以便建立与 Oracle 的连接。在建立了连接后，用户会话就开始了。断开连接后，会话终止。不同的用户具有不同的操作数据库的权限。

1.7.1　以 Oracle 系统用户登录

当创建一个新数据库时，Oracle 将创建一些默认数据库用户。下面简单介绍一下 SYS、SYSTEM 和 SCOTT 用户。

(1) SYS 用户是 Oracle 中的一个超级用户，主要用来维护系统信息和管理实例。

(2) SYSTEM 用户是 Oracle 中默认的系统管理员，它拥有 DBA 权限。通常通过 SYSTEM 用户管理 Oracle 数据库的用户、权限和存储等。

(3) SCOTT 用户是 Oracle 数据库的一个示范帐户，在数据库安装时创建。

Oracle 数据库中，必须以用户的身份登录才能开始使用。从"开始"菜单进入 SQL*Plus，弹出如图 1-16 所示的"注册"界面。键入"用户名"system，"口令"manager(或者"用户名"scott，"口令"tiger)，"主机字符串"为数据库服务器上的数据库名，如果是远程登录，则需填写网络服务名。点击【确定】按钮，系统就进入 Oracle SQL*Plus 窗口。

1.7.2　简单创建新用户并授予权限

创建用户将在后续章节中详细讲述，这里只作一简单介绍，目的是通过自己创建的新用户开始使用 Oracle。创建用户使用 create user 命令。每个用户都有一个默认的表空间和临时表空间。如果没有指定，则 Oracle 将 system 设为默认表空间，将 Temp 设为临时表空间。

1．创建新用户

语法格式：

```
create user username identified by password
[default tablespace 表空间名]
```

[temporary tablespace 表空间名]

[QUOTA { 正整数[K | M]|UNLIMITED } ON 表空间名…]

说明：username 和 password 分别是用户名和用户口令，要求必须是一个标识符；default tablespace 是用户确定的默认表空间；temporary tablespace 是用户确定的临时表空间。

【例 1.1】 创建一个用户 John。

创建新用户必须以具有 create user 权限的用户登录，一般情况下适于 system 用户登录。

SQL>connect system/manager;

SQL>create user John identified by johnpsw

  default tablespace users

  temporary tablespace temp;

2．授予权限

语法格式：

grant privileges [ON object_name] TO username;

说明：privileges 表示系统权限或对象权限。

当创建好用户后，必须给用户授权，用户才能连接到数据库，并对数据库中的对象进行操作。只有拥有 create session 权限的用户才能连接到数据库，在建立新用户之后，通常会需要使用 grant 语句为它授予 create session 系统权限，使之具有连接到数据库中的能力，或者为新用户直接授予 oracle 中预定义的 connect 角色。

例如，可用下列语句给 John 授权。

SQL>grant create session to John;

也可使用下面的语句为用户授予 connect 角色：

SQL>grant connect to John;

以新用户的帐号和口令登录 SQL*Plus，帐号和口令正确，就可成功进入 SQL*Plus 窗口使用 Oracle 和访问数据。

除了给用户授予系统权限外，还可以为用户授予操作对象的权限，如对某些数据对象进行查询、修改、增加、删除权限等。

【例 1.2】 为用户 John 授予 scott 用户的 emp 表的查询、更新和删除操作权限。

SQL>connect scott/tiger;

SQL>grant select on emp to John;

SQL>grant update on emp to John;

SQL>grant delete on emp to John;

如果将 scott 用户的 emp 表的所有权限授予 John，则可以使用下面的命令。

SQL>grant all on emp to John;

【例 1.3】 验证用户 John 对 scott 用户的 emp 表进行查询的权限。

SQL>conn John/ johnpsw;

已连接。

SQL>select * from scott.emp;   --此处需要使用属主用户.对象名

3. 收回权限

使用 REVOKE 语句可以收回已经授予用户的对象权限。

语法格式：

REVOKE privileges [ON object_name] FROM username;

【例 1.4】 收回已经授予用户 John 的 SCOTT 用户下 EMP 表的 SELECT 和 UPDATE 对象权限。

SQL>REVOKE SELECT,UPDATE ON EMP FROM SCOTT;

在收回对象权限时，可以使用关键字 ALL 或 ALL PRIVILEGES 将某个对象的所有对象权限全部收回。

【例 1.5】 收回已经授予用户 John 的 SCOTT 用户下 EMP 表的所有权限。

SQL>REVOKE ALL on EMP FROM John;

1.7.3　修改用户口令

在创建了用户之后，可以使用 Alter user 语句对用户信息进行修改。Alter user 语句最常用的情况是用来修改用户自己的口令。任何用户都可以使用 Alter user identified by 语句来修改自己的口令，而不需要具有其他权限。但是如果要修改其他用户的口令，则必须具有 Alter user 系统权限。

【例 1.6】 修改用户 John 的认证密码。

SQL>Alter user John identified by newpsw;

1.7.4　删除用户

使用 drop user 语句可以删除已有的用户，执行该语句的用户必须具有 drop user 系统权限。当删除一个用户时，该用户帐户以及用户模式的信息将被从数据字典中删除，同时该用户模式中所有的模式对象也将被全部删除。

如果要删除的用户模式中包含数据对象，则必须在 drop user 子句中指定 cascade 关键字，否则 Oracle 将返回错误信息。

【例 1.7】 删除用户 John，并且同时删除他所拥有的所有表、索引等对象。

SQL>drop user John cascade;

1.8　小　　结

本章介绍了 Oracle 的发展历程、Oracle 系统的特点，并详细介绍了 Oracle 服务器和客户机的安装过程，在安装后对服务器端的监听器和客户端的网络服务名进行了配置。

本章还介绍了数据库的启动和关闭，Oracle 查询工具 SQL*Plus 的使用，iSQL*Plus 的配置和使用以及 Oracle 企业管理器，最后介绍了以 Oracle 系统用户登录，创建普通用户并进行授权，以及更改口令和删除用户。

习题一

一、选择题

1．（　）服务监听并接受来自客户端应用程序的连接请求。

A．OracleHOME_NAMETNSListener

B．OracleServiceSID

C．OracleHOME_NAMEAgent

D．OracleHOME_NAMEHTTPServer

2．为了使客户应用程序可以访问 Oracle Server，在客户端需要配置（　）文件。

A．tnsnames.ora　　　　B．sqlnet.ora　　　　C．listener.ora

3．为了使客户应用程序可以访问 Oracle Server，在服务器端需要配置（　）文件。

A．tnsnames.ora　　　　B．sqlnet.ora　　　　C．listener.ora

4．STARTUP 的（　）选项启动实例装载数据库，但不打开数据库。

A．STARTUP NOMOUNT　　　　B．STARTUP MOUNT

C．STARTUP OPEN

5．SHUTDOWN 的（　）选项会等待用户完成他们没有提交的事务。

A．SHUTDOWN IMMEDIATE　　　　　　B．SHUTDOWN TRANSACTIONAL

C．SHUTDOWN NORMAL　　　　　　　　D．SHUTDOWN ABORT

6．SHUTDOWN 的（　）选项在下次启动数据库时需要进行数据库恢复。

A．SHUTDOWN IMMEDIATE　　　　　　B．SHUTDOWN TRANSACTIONAL

C．SHUTDOWN NORMAL　　　　　　　　D．SHUTDOWN ABORT

二、简答题

1．安装 Oracle 9i 时，对硬件、软件有何要求？

2．安装数据库服务器时，为什么必须改变 SYS 和 SYSTEM 用户的口令？

3．监听程序有什么作用？它是数据库服务器上的程序还是管理客户机上的程序？

4．对照数据库服务器和客户机的安装结果，进一步比较数据库服务器和客户机的异同点。

5．Oracle 有哪些查询工具？

6．如何利用 iSQL*Plus 连接到 Oracle？

7．要创建一个用户，使之连接到 Oracle，并更改其密码，应如何操作？

8．在管理客户机上为什么要进行"命名方法"的配置？

9．"本地网络服务名"是如何配置的？

10．试描述采用"本地网络服务名"时，数据库服务器和客户机的工作原理。

11．创建一个名称为"姓名+学号"的用户，口令为姓名，并授予其连接数据库和创建表对象的权限。

12．请收集一些 Oracle 应用案例。

🖳 上机实验一

实验 1　数据库服务器的安装

目的和要求：

1. 掌握安装数据库服务器的方法。

2. 检查安装后的情况。

实验内容：

1. 检查"所有程序"菜单中的项目：选择"开始"→"所有程序"→"Oracle-OraHome90"。

2. 检查安装后操作系统的物理文件以及文件夹所占的硬盘空间。

3. 检查安装后的服务。

实验 2　客户端软件的安装以及网络配置

目的和要求：

1. 掌握安装客户机的方法。

2. 掌握测试客户机与服务器连通性的方法。

实验内容：

1. 根据本章介绍的过程，练习安装 Oracle 数据库客户端。

(1) 客户机安装、网络配置和测试连接。参考 1.3.2 节"客户端的安装步骤"进行安装。

(2) 在客户机上选择"开始"→"程序"→"Oracle-Orahome90"→"Application Development"→"SQL Plus"，从客户机访问 Oracle 数据库。

2. 在客户机端练习运行网络配置助手工具，学习配置网络服务名，并测试其连通性。

(1) 观察 TNSNAMES.ORA。

```
# TNSNAMES.ORA Network Configuration File: D:\oracle\ora92\network\admin\
  tnsnames.ora
# Generated by Oracle configuration tools.
ORA9 =
  (DESCRIPTION =
    (ADDRESS_LIST =
      (ADDRESS = (PROTOCOL = TCP)(HOST = 服务器 IP 地址)(PORT = 1521))
    )
    (CONNECT_DATA =
      (SERVICE_NAME = ora9)
    )
  )
...
```

(2) 进行网络配置(Net Configuration)，连接另外一台 Oracle 服务器，建立新的连接名称（如 oraclient-test），按照以下的步骤进行网络配置。

首先，启动 Oracle 网络配置助手。在客户机上选择"开始"→"程序"→"Oracle-OraHome90"→"Configuration and Migration tools" → "Net Configuration Assistant"，显示如图 1-34 所示的"欢迎使用"界面。

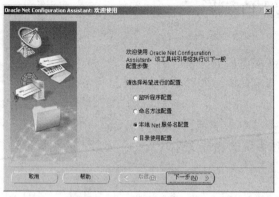

图 1-34   "欢迎使用"界面

其次，配置本地 Net 服务名。在图 1-35 所示的"Net 服务名配置"界面上选择"添加"选项，点击"下一步"按钮，显示如图 1-36 所示"Net 服务名配置，服务名"界面，在"服务名"文本框内填写"ora9"，继续下一步。

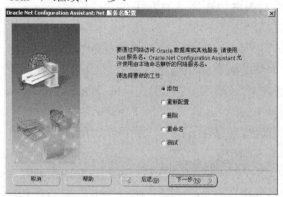

图 1-35   "Net 服务名配置"界面

图 1-36   "Net 服务名配置，服务名"界面

　　再次，选择协议。在图 1-37 所示的"Net 服务名配置，请选择协议"界面上选择"TCP"，点击【下一步】按钮，显示如图 1-38 所示的"Net 服务名配置，TCP/IP 协议"界面，在"主机名"文本框内填写 Oracle 服务器的 IP 地址，选择端口号为默认的"1521"，继续下一步。

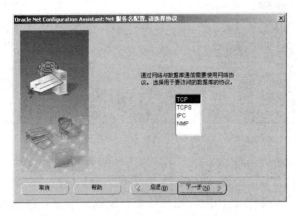

图 1-37　"Net 服务名配置，请选择协议"界面

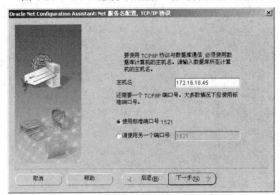

图 1-38　"Net 服务名配置，TCP/IP 协议"界面

　　第四，配置和测试 Net 服务名。在图 1-39 所示的"Net 服务名配置，测试"界面上选择"是，进行测试"，点击【下一步】按钮，如图 1-40 所示，"Net 服务名配置，正在连接"界面上显示"正在连接…测试成功"提示，再继续下一步。

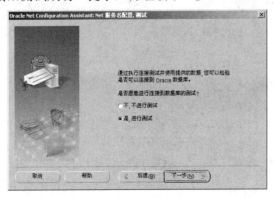

图 1-39　"Net 服务名配置，测试"界面

图 1-40　　"Net 服务名配置，正在连接"界面

最后，命名 Net 服务名。在图 1-41 所示的"Net 服务名配置：Net 服务名"界面的"Net 服务名"文本框内填写"oraclient_test"，点击【下一步】按钮，在如图 1-42 所示的"欢迎使用"界面中选择【完成】按钮，配置过程结束。配置信息保存在 tnsnames.ora 文件中。

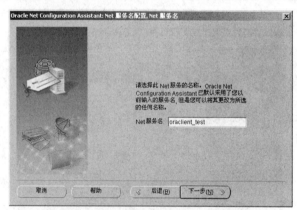

图 1-41　　"Net 服务名配置，NET 服务名"界面

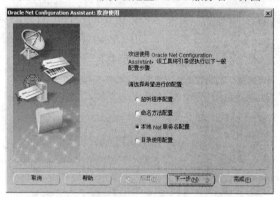

图 1-42　　"欢迎使用"界面

（3）将自己的机器作为客户端，在 SQL *Plus 中用 oraclient_test 连接字符串登录和访问 Oracle 服务器。如图 1-43 所示，客户端以 oraclient_test 连接字符串登录数据库。如图 1-44 所示，客户端采用 oraclient_test 连接字符串以不同用户访问数据库。

登录
用户名称(U):
system
口令(P):
****
主机字符串(H):
oraclient_test
确定
取消

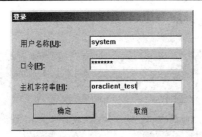

图 1-43　客户端以 oraclient_test 连接字符串登录数据库

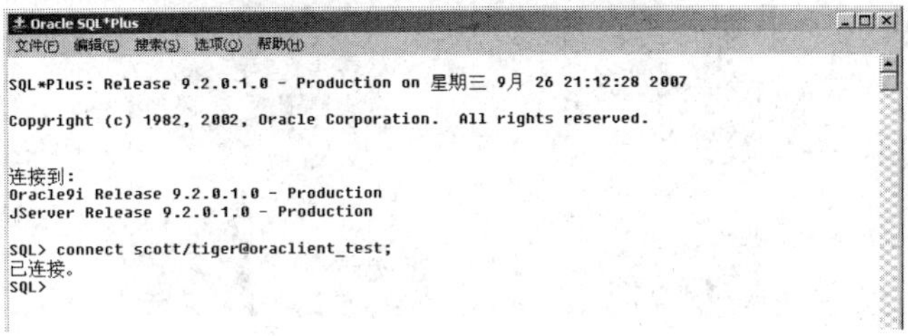

Oracle SQL*Plus
文件(F) 编辑(E) 搜索(S) 选项(O) 帮助(H)
SQL*Plus: Release 9.2.0.1.0 - Production on 星期三 9月 26 21:12:28 2007
Copyright (c) 1982, 2002, Oracle Corporation. All rights reserved.
连接到:
Oracle9i Release 9.2.0.1.0 - Production
JServer Release 9.2.0.1.0 - Production
SQL> connect scott/tiger@oraclient_test;
已连接。
SQL>

图 1-44　客户端采用 oraclient_test 连接字符串以不同用户访问数据库

(4) 再次观察 TNSNAMES.ORA。

```
# TNSNAMES.ORA Network Configuration File: D:\oracle\ora92\network\admin
  \tnsnames.ora
# Generated by Oracle configuration tools.
ORACLIENT_TEST =
  (DESCRIPTION =
    (ADDRESS_LIST =
      (ADDRESS = (PROTOCOL = TCP)(HOST = 服务器 IP 地址)(PORT = 1521))
    )
    (CONNECT_DATA =
      (SERVICE_NAME =ora9)
    )
  )
…
ORA9 =
  (DESCRIPTION =
    (ADDRESS_LIST =
      (ADDRESS = (PROTOCOL = TCP)(HOST = 客户机 IP 地址)(PORT = 1521))
    )
    (CONNECT_DATA =
      (SERVER = DEDICATED)
      (SERVICE_NAME = ora9)
    )
  )
```

(5) 运行命令 tnsping oraclient_test，观察相应信息，如图 1-45 所示。

图 1-45　运行命令 tnsping oraclient_test

(6) 停止选定的 Oracle 服务器的 TNSListener，再次运行命令 tnsping oraclient_test，观察相应信息，如图 1-46 所示。

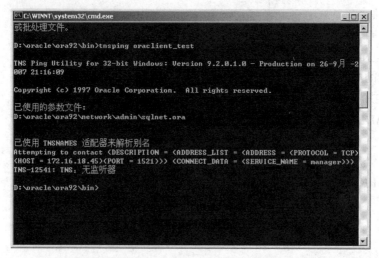

图 1-46　停止选定的 Oracle 服务器的 TNSListener

(7) 再次在 SQL*Plus 中用 oraclient_test 连接字符串，登录并访问此 Oracle 服务器，验证是否可以连接并说明原因。

实验 3　Oracle 查询工具的使用

目的和要求：

1．掌握 SQL*Plus 工具的使用。

2．掌握 iSQL*Plus 工具的使用。

实验内容：

1．使用 SQL*Plus 建立与 Oracle 服务器的连接。

(1) 选择"开始"→"程序"→"Oracle-Orahome90"→"Application Development"→"SQL Plus"。

(2) 输入用户名和口令。主机字符串若为已配置的网络服务名，则表示连接网络服务名指定的服务器；如果为空，则表示连接本机的默认数据库。点击【确定】按钮，出现"连接成功"窗口。

(3) 此时可以使用 SQL*Plus 执行各种 SQL 语句，访问 Oracle 数据库的信息。

2．使用 iSQL*Plus 建立与 Oracle 服务器的连接。

(1) 选择"开始"→"所有程序"→"Oracle-OraHome90"→"Oracle HTTP server"→"Start HTTP Server powered by Apache"。

(2) 启动 IE 浏览器。(可参考 1.6.1 节内容)

实验 4　Oracle 企业管理器的使用

目的和要求：

掌握 Oracle 企业管理器的使用。

实验内容：

熟悉 Oracle 企业管理器控制台，通过图形化的方式了解 Oracle 数据库的基本信息，使用企业管理器控制台执行各项任务，如管理 Oracle 实例、表空间、用户帐号、各种数据对象等。用户以管理员身份登录到 Oracle 数据库。

实验 5　用户的创建、更改和删除

目的和要求：

1．掌握创建用户的方法。

2．掌握更改用户密码的方法。

3．掌握删除用户的方法。

实验内容：

1．创建用户 student，口令为 student123，给用户 student 授权。

步骤提示：

(1) 以 Oracle 系统用户 SYSTEM 登录。

(2) 创建用户 student。

(3) 给用户 student 授予连接数据库的权限。

(4) 以 student 帐户连接数据库。

2．更改用户密码。

步骤提示：

(1) 以 Oracle 系统用户 SYSTEM 登录。

(2) 更改用户 student 的密码为 stu123456。

(3) 用户 student 以新密码连接数据库。

3．授权：给用户 student 授予 SCOTT 用户 emp 表的查看、更新权限。

步骤提示：

(1) 以 emp 表拥有者用户 SCOTT 登录。

(2) 授予对象权限。

(3) 尝试以用户 student 查看、更新 emp 表。

4．收回权限：收回用户 student 对 SCOTT 用户 emp 表的查看、更新权限。

步骤提示：

(1) 以 emp 表拥有者用户 SCOTT 登录。

(2) 收回对象权限。

(3) 再次尝试以用户 student 查看、更新 emp 表。

5．删除用户 student。

步骤提示：

(1) 以 Oracle 系统用户 SYSTEM 登录。

(2) 删除用户 student。

第 2 章   SQL 基础

本章学习目标:

- 掌握 SQL 的概念。
- 掌握 Oracle 中常用的数据类型。
- 掌握 SQL 中数据查询和数据操纵功能,即数据定义、数据操纵语言。
- 掌握事务控制和数据控制的功能。
- 掌握常用的运算符和常用函数的使用方法。

2.1   SQL 简介

SQL(Structured Query Language)称为结构化查询语言,最早是由 Boyce 和 Chamberlin 在 1974 年提出的。1976 年,SQL 开始在商品化关系数据库管理系统中应用。SQL 是一种灵活、有效的语言,它的一些功能专门用来处理和检验关系型数据。1982 年,美国国家标准化组织(American National Standard Institute,ANSI)确认 SQL 为数据库系统的工业标准。1987 年国际标准化组织(International Organization for Standardization,ISO)也通过了这一标准。目前,许多关系数据库供应商都在自己的数据库中支持 SQL 语言,如 Access、Sybase、SQL Server、Informix、DB2 等。SQL 已正式成为数据库领域的一种主流语言。

SQL 是所有 RDBMS 使用的公共语言,它不遵循任何特定的执行模式,一次可以访问多个记录。其功能不仅仅是查询,它使用简单的维护数据的命令,能够完成数据查询(Data Query)、数据操纵(Data Manipulation)、数据定义(Data Definition)和数据控制(Data Control)等功能。

2.2   Oracle 的数据类型

Oracle 的数据类型有两大类:常用数据类型和用户自定义数据类型。常用数据类型是数据库系统提供的一些类型,直接使用即可。用户自定义数据类型一般是在多表操作的情况下,当多个表中的列要存储相同类型的数据时,为确保这些列具有完全相同的数据类型、长度和是否允许空值等才采用的方法。本节主要讲解 Oracle 中的常用数据类型,如图 2-1 所示。

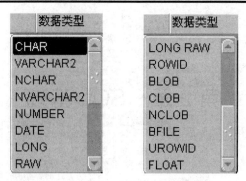

图 2-1　Oracle 中的常用数据类型

2.2.1　常用数据类型

1．CHAR

CHAR 数据类型用来存储固定长度的字符数据。

语法格式：

Var_field　CHAR(n)

其中，n 是指定的字符长度。如果不指定 n 的值，则 n 默认为 1。在定义表的列类型(如定义 CHAR 类型)时，其数值的长度不超过 2000 字节，例如：

Var_field　CHAR(8)

在定义变量时，可以同时对其进行初始化，例如：

Mytext1　CHAR(8)：='Jack';

2．VARCHAR

VARCHAR 数据类型用来存储可变长度的字符数据，最大有 32 767 字节。

语法格式：

Var_field　VARCHAR(n)

其中，n 是指定的字符最大长度，n 必须是正整数，例如：

Var_field　VARCHAR(10)

在定义变量时，可以同时对其进行初始化，例如：

Mytext2　VARCHAR(10)：=' Hello world';

3．DATE

DATE 是用来存储日期时间类型的数据，用 7 字节分别描述世纪、年、月、日、时、分、秒。

语法格式：

date_field　DATE

说明：日期的默认格式为 DD-MON-YY，分别对应日、月、年，例如 17-JUN-2007。月份的表达要用英文单词的缩写格式。日期的格式可以设置为中文格式，例如 17-六月-2007。

4. BOOLEAN

逻辑型(布尔型)变量的值只有 TRUE(真)或 FALSE(假)两种。逻辑型变量一般用于判断状态，然后根据其值是"真"或"假"来决定程序执行分支。关系表达式的值就是一个逻辑值。

5. NUMBER

NUMBER 数据类型可用来表示所有的数值类型。

语法格式：

num_field　NUMBER(precision，scale)

说明：precision 表示总的位数；scale 表示小数的位数，scale 默认表示小数位为 0。

如果实际数据超出设置精度，则会出现错误。例如：

num_field　NUMBER(8，2)；

其中，num_field 是一个整数部分最多 6 位，小数部分最多 2 位的变量。

2.2.2　数据类型转换

SQL 语言可以进行数据类型之间的转换。常见的数据类型之间的转换函数如下：

(1) TO_CHAR：将 NUMBER 和 DATE 类型转换成 VARCHAR 类型。

(2) TO_DATE：将 CHAR 转换成 DATE 类型。

(3) TO_NUMBER：将 CHAR 转换成 NUMBER 类型。

此外，SQL 语言还会自动地转换各种类型，如可以将数值类型转换成字符串类型。

2.3　数据定义语言

数据定义语言(DDL)包含一组命令，用来创建数据库对象(如表等)。本节主要讲述用数据定义语言创建表、修改表和删除表。

本章中将要用到的实例主要以下面列出的三个表(表 2-1～表 2-3)为例。

表 2-1　雇员表(Employee1)

字段名	代　码	类　型	约　束
雇员代码	cEcode	Char(6)	主键
雇员姓名	cEname	Char(10)	非空
性别	cSex	Char(2)	
部门代码	cPcode	Char(6)	与部门表中 cPcode 外键关联
基本工资	salary	Number(6,1)	
技能代码	cScode	Char(6)	与雇员技能表中 cScode 外键关联
出生日期	dBirthDate	Date	
家庭住址	cAddress	varChar(30)	
电话号码	cPhone	Char(20)	
电子邮件	cEmail	Char(30)	

表 2-2　部门表(Department1)

字段名	代　码	类　型	约　束
部门代码	cPcode	Char(6)	主键
部门名称	cPname	Char(20)	非空
部门负责人	cPhead	Char(10)	
部门地址	clocation	Char(20)	

表 2-3　雇员技能表(EmployeeSkill1)

字段名	代　码	类　型	约　束
技能代码	cScode	Char(6)	主键
技能名称	cSname	Char(20)	非空
部门负责人	cPhead	Char(10)	
部门地址	clocation	Char(20)	

2.3.1　CREATE TABLE 命令

要创建新的数据表，可以使用 CREATE TABLE 命令。在以自己的模式创建表时，必须拥有 CREATE TABLE 系统权限。在其他用户模式中创建表时，必须拥有 CREATE ANY TABLE 系统权限。

语法格式：

CREATE TABLE table_name

　　(column_name datatype[DEFAULT expresssion] [column_constraint],

　　　column_name datatype…)

说明：

table_name：表的名称。

column_name：指定表的一个列的名字。

datatype：该列的数据类型。

DEFAULT expresssion：指定由 expresssion 表达式定义的默认值。

column_constraint：定义一个完整性约束作为列定义的一部分。

column_constraint 子句的基本语法格式如下：

　　CONSTRAINT constraint_name

　　[NOT] NULL

　　[UNIQUE]

　　[PRIMARY KEY]

　　[REFERENCES [schema.] table_name(column_name)]

　　[CHECK(condition)]

其中：[NOT] NULL 定义该列是否允许为空；UNIQUE 定义字段的唯一性；PRIMARY KEY 定义字段为主键；REFERENCES 定义外键约束；CHECK(condition)定义该列数据必须符合的条件。

【例 2.1】　创建雇员表 Employee1。

SQL>CREATE TABLE Employee1

　　(

```
        cEcode     char(6)    constraint E_pk primary key,
        cEname   char(10)      NOT NULL,
        cPcode    char(6) constraint E1_fk references Department1 (cPcode),
        salary Number(6,1),
        cScode    Char(6) constraint E2_fk references EmployeeSkill1 (cScode),
        dBirthDate    Date,
        cAddress    varchar2(30),
        cPhone    char(20),
        cEmail    char(30)
);
```
表已创建。

【例 2.2】　创建部门表 Department1。

```
SQL>CREATE TABLE Department1
(
        cPcode    char(6) constraint dt_pk primary key,
        cPname   char(20) ,
        cPhead    char(10),
        cLocation    char(20)
);
```
表已创建。

2.3.2　ALTER TABLE 命令

利用 ALTER TABLE 命令可以修改表，包括增加列、修改列的属性和删除列。

语法格式：

ALTER TABLE [schema.]tablename

[ADD (columnname datatype [DEFAULT expression][column_constraint],…,n)]

[MODIFY (columnname datatype [DEFAULT expression] [column_constraint],…,n)]

[DROP COLUMN columnname]

说明：

schema：修改的表的拥有者。

tablename：修改的表名。

ADD：添加列或完整性约束。

MODIFY：修改已有列的定义。

DROP：从表中删除列或约束。

【例 2.3】　修改雇员表 Employee1。在列中增加一列，用来存放性别数据。查看修改后的结果，如图 2-2 所示。

SQL>ALTER TABLE Employee1 ADD CSEX CHAR(2);

图 2-2 修改后的雇员表结构

表已更改。

如果所添加的列包含空值，则必须分三步进行：① 添加没有 NOT NULL 说明的列；② 在新列中添加数据到所有行；③ 将列修改成 NOT NULL。

【例 2.4】 修改雇员表 Employee1 中列的宽度、小数位、数据类型或缺省值。

SQL> ALTER TABLE Employee1 MODIFY cEname varChar2(20);

【例 2.5】 从表中删除一个列。

SQL> ALTER TABLE Employee1 DROP COLUMN cEmail;

说明：

① 一次只能撤消一列；

② 必须保证表中至少还剩有一列；

③ 列中有数据也可被撤消。

2.3.3 DROP 命令

使用 DROP TABLE 可以删除表。不需要使用的表应及时删除，否则它将占用不必要的存储空间。使用 DROP TABLE 删除表时，表中存储的数据也将同时被删除。

语法格式：

DROP TABLE table_name

【例 2.6】 删除 Department1 表。

SQL>DROP TABLE Department1;

命令执行后，将删除 Department1 表和表中的所有内容。

2.3.4 TRUNCATE TABLE 命令

使用 TRUNCATE TABLE 可以删除表中的全部记录。利用此命令可以释放占用的数据块表空间。此操作不可退回。

语法格式：

TRUNCATE TABLE table_name

【例 2.7】 清空 EmployeeSkill1 表。

SQL>TRUNCATE TABLE EmployeeSkill1；

TRUNCATE TABLE 命令执行后，将删除表中的所有数据，且不能恢复，所以使用时一定要慎重。TRUNCATE TABLE 删除了指定表中所有的行，但表的结构及其列、约束、索引等保持不变。它的删除全部记录的功能等同于不带 WHERE 子句的 DELETE 语句，但其执行速度更快。TRUNCATE TABLE 不能删除带外键约束的表中数据。

2.4 数据操纵语言

数据操纵语言(DML)主要用来操纵表数据。DML 包含 SELECT、INSERT、UPDATE 和 DELETE 等命令。可以使用 INSERT 命令在表中插入数据，使用 UPDATE 命令更新表中的数据，使用 DELETE 删除表中不需要的数据，使用 SELECT 命令查询一个表或多个表中的数据。

2.4.1 INSERT 命令

INSERT 命令用于给创建好的表添加记录。

语法格式：

INSERT INTO table_name [column_list] VALUES(values) | subquery

说明：

table_name：要插入数据的表的名称。

column_list：要插入数据的表中的字段名称列表。

VALUES：插入表中的值或值列表。

subquery：若有此部分，则表示由一个子查询来向表中插入数据。

插入数据时，值列表必须与字段名称列表的顺序和数据类型一致。如果不指定 column_list，则在 VALUES 子句中要给出每一列的值，且顺序和数据类型必须与原表一致。

插入的数据若是字符型，则必须用单引号括起来；若列值为空，则值必须置为 NULL；若列值为默认值，则用 DEFAULT。

【例 2.8】 向 Employee1 表中插入如下数据：

0001、向林、P002、1500、S015、19870211、珠海、12365478、xs@126.com、男

SQL>INSERT INTO Department1

VALUES ('P002', '生产部', '何明', '珠海');

SQL>INSERT INTO EmployeeSkill1

VALUES ('S015', '车工', '张大文', '一车间');

SQL>INSERT INTO Employee1

VALUES('0001', '向林', 'P002', 1500, 'S015', TO_DATE('19870211', 'YYYYMMDD'), '珠海', '12365478', 'xs@126.com', '男');

提问：为什么要先向表 Department1 和 EmployeeSkill1 中插入数据？若只执行第三条插入语句，则可能会出现什么问题？插入数据时应该注意哪些环节？

2.4.2　UPDATE 命令

UPDATE 命令使用户可以修改表中已有记录的值。

语法格式：

UPDATE table_name

SET column_name=value

[WHERE condition]

说明：

table_name：要更新数据的表的名称。

column_name：要更新数据的表中的字段名。

value：表示将要更新字段的更改值。

WHERE：指定哪些记录需要更新值。若没有此项，则将更新所有记录的指定列的值。

【例 2.9】　将编码为 "0001" 的雇员的住址改为深圳。

SQL>UPDATE Employee1

SET cAddress='深圳'

WHERE cEcode='0001';

【例 2.10】　将所有雇员的基本工资增加 200 元。

SQL>UPDATE Employee1

SET salary = salary +200;

2.4.3　DELETE 命令

DELETE 命令使用户可以删除表中的记录。

语法格式：

DELETE FROM table_name

WHERE condition

说明：

table_name：要删除数据的表的名称。

WHERE condition：指定满足哪些条件的记录需要被删除。若没有此项，则将删除所有记录。

【例 2.11】　将编码为 "0001" 的雇员的记录删除。

SQL>DELETE FROM　Employee1

WHERE cEcode='0001';

2.4.4　SELECT 命令

使用数据库和表的主要目的是存储数据，以便在需要时检索、统计或组织输出。通过

SELECT 语句就可以从数据表或视图中获取数据，迅速、方便地检索数据。同时还可以将返回的记录进行排序、分组，进行多表连接，并可以将查询得到的数据利用一个 INSERT 语句将其插入到另一个表中。SELECT 语句比较复杂，本节介绍其主要的子句及功能。

语法格式：

SELECT select_ list

FROM table_name

[WHERE search_condition]

[GROUP BY group_expresssion]

[HAVING search_condition]

[ORDER BY order_expresssion][ASC | DESC]]

说明：

select_ list：指定要选择的列。

FROM 子句：指定需要查询数据的表名。

WHERE 子句：指定查询条件。search_condition 是查询的条件。

GROUP BY 子句：指定将查询结果进行分组。group_expresssion 为分组表达式。

HAVING 子句：指定按条件进行分组统计。search_condition 为分组条件。

ORDER BY 子句：指定查询结果排序。order_expresssion 为排序指定表达式。

ASC | DESC：设置查询结果按升序或降序排列。

1．在表中查询指定的列

使用 WHERE 子句可查询指定的行，使用 SELECT 子句可查询指定的列，查询所有的列可以使用通配符"*"。选择列时，各列名之间用逗号分隔。

【例 2.12】　查询 Department1 表中的所有数据。

SQL>SELECT * FROM Department1；

【例 2.13】　查询雇员的姓名、性别、电话号码和家庭住址。

SQL>SELECT cEname，cSex，cPhone，cAddress FROM employee1；

2．更改查询结果中的列标题

若希望查询结果中的某些列或所有列显示时使用自己选择的列标题，则可以在列名之后使用 AS 子句来更改查询结果的列标题。其格式如下：

column_name AS column_alias

其中：column_alias 为指定的列标题。

【例 2.14】　查询 Department1 表中的 cPcode、cPname，将结果中的标题分别指定为部门代码和部门名称。

SQL>SELECT cPcode AS　部门代码，cPname AS　部门名称

FROM Department1；

3．计算列值

使用 SELECT 对列进行查询时，在结果集中可以输出经过计算后得到的值，即可以使用表达式作为 SELECT 的结果。其格式如下：

SELECT   expression [, expression]

【例 2.15】 创建一个销售表 XSB，计算各种产品的销售额。销售表的结构如表 2-4 所示。

表 2-4　销售表 XSB

列　名	数据类型	长　度	约　束	说　明
CPBH	Char	6	主键	产品编号
CPMC	Char	20	非空	产品名称
SCS	Char	20		生产商
JG	Number	8	非空	价格
XSSL	Number	4		销售数量

下列语句将列出产品编号、产品名称和销售金额。

SQL>SELECT CPBH，CPMC，JG*XSSL AS 销售金额

FROM XSB；

表达式中可以使用算术运算符+、–、*、/，这些运算符均可用于数字类型的计算。

【例 2.16】 创建一个表 SCJ，计算学生各科考试的总分。表的结构如表 2-5 所示。

表 2-5　表 SCJ

列　名	数据类型	长　度	约　束	说　明
XH	Char	10	主键	学号
XM	Char	8	非空	姓名
XB	Char	2		性别
YW	Number	5		语文
SX	Number	5		数学
YY	Number	5		英语
ZF	Number	6		总分

下列语句将列出各科考试成绩及总分。

SQL>SELECT XH，XM，YW，SX，YY，YW+SX+YY AS 总分

FROM SCJ；

4．去掉结果集中的重复值

在表中进行选择列操作时，可能会出现重复值。例如，若对 XSB 表只查询 XSSL 和 JG，则可能出现多行重复的现象。消除重复行的方法是使用 DISTINCT 关键字，其格式如下：

SELECT DISTINCT column_name [,column_name, …]

其中，关键字 DISTINCT 的含义是在结果集中的重复行只保留一个。

【例 2.17】 查询 XSB 表中的 XSSL 和 JG，同时消除结果集中重复的行。

SQL>SELECT DISTINCT XSSL AS 销售数量，JG AS 价格

FROM XSB；

如果使用关键字 ALL，则将保留所有的行。

【例2.18】　查询 XSB 表中的 XSSL 和 JG，不消除结果集中重复的行。

SQL>SELECT ALL XSSL AS　销售数量，JG AS　价格

FROM XSB；

当不注明 DISTINCT 或 ALL 时，系统默认的是 ALL。

5．选择指定的行

使用 WHERE 子句可以查询指定的行。

1）表达式比较

在 WHERE 子句的条件表达式中，常用的比较运算符有 7 个，分别是：=(等于)、>(大于)、<(小于)、>=(大于或等于)、<=(小于或等于)、<>(不等于)、!=(不等于)。

【例2.19】　查询总分高于 285 分的女生的资料。

SQL>SELECT XH，XM，XB，ZF

FROM SCJ

WHERE XB='女' AND ZF>285；

该代码执行后，将显示所有总分高于 285 分的女生的相关资料。

【例2.20】　查询所有女职员的姓名、性别、电话号码和家庭住址。

SQL>SELECT cName，cSex，cPhone，cAddress

FROM employee1

WHERE cSex='女'；

2）模式匹配

利用 LIKE 运算符可以运算一个字符串是否与指定的定符串相匹配，返回值为逻辑值 TURE 或 FALSE。其使用格式如下：

string_expression [NOT] LIKE string_expression

在使用 LIKE 时，可以使用两个通配符："%" 和 "_"。"%" 代表任意多个任意字符，"_" 代表任意一个任意字符。

【例2.21】　查询 CPMC 中带有 "空调" 的产品的资料。

SQL>SELECT CPBH，CPMC，JG，XSSL

FROM XSB

WHERE CPMC LIKE ' %空调%'；

【例2.22】　查询所有姓 "李" 且为单名的学生的资料。

SQL>SELECT XH，XM，XB，ZF

FROM SCJ

WHERE XM LIKE '李_'；

3）范围比较

用于范围比较的运算符有两个，即 BETWEEN 和 IN。当查询条件是某个值的范围时，可以使用 BETWEEN 关键字。其格式如下：

expression [NOT] BETWEEN expression1 AND expression2

当查询条件是可以指定的值的列表时，使用 IN 关键字来限制查询的值。其格式如下：

expression IN (expression1，expression2，…，n)

【例 2.23】　查询总分介于 265 至 285 分的资料。

SQL>SELECT *

FROM SCJ

WHERE　ZF BETWEEN 265 AND 285；

【例 2.24】　查询 JG 为"1500"、"1800"、"2600"、"3000"的产品的情况。

SQL>SELECT *

FROM XSB

WHERE JG IN (1500，1800，2000，3000)；

4）空值比较

当需要判定一个数据是否存在时，可使用 IS NULL 关键字。其格式如下：

expression IS [NOT] NULL

当不使用 NOT 时，若表达式 expression 的值为空值，则返回 TURE，否则返回 FALSE；当使用 NOT 时，结果刚好相反。

【例 2.25】　查询没有参加数学考试的学生资料。

SQL>SELECT *

FROM SCJ

WHERE　SX IS NULL；

6．分组查询结果

使用 GROUP BY 子句可以将查询的结果按字段分组。其格式如下：

GROUP BY [ALL] group_by_expression [, …, n]

指定 ALL 将显示所有组。使用 GROUP BY 子句后，SELECT 子句中的列表只能包含在 GROUP BY 中指出的列或在统计函数中指定的列。

【例 2.26】　分组查询各个部门雇员的姓名、性别、电话号码和家庭住址。

SQL>SELECT cPcode，cEname，cSex，cPhone，cAddress

FROM employee1

GROUP BY cPcode，cEname，cSex，cPhone，cAddress；

7．筛选分组结果

使用 GROUP BY 子句和统计函数对数据进行分组后，还可以使用 HAVING 子句对分组数据进行进一步的筛选。例如，在 XSB 表中查找产品的平均价格在 3000 元以上的生产商，就是在表中按 SCS 分组后再筛选出平均价格大于或等于 3000 元的产品。

分组筛选命令的格式如下：

HAVING <search_condition>

【例 2.27】　在 XSB 表中查找产品的平均价格在 3000 元以上的生产商和平均价格。

下列语句将列出产品编号、产品名称和销售金额。

SQL>SELECT SCS AS 生产商，AVG(JG) AS 平均价格

FROM XSB

GROUP BY SCS

HAVING AVG(JG)>=3000;

在 SELECT 语句中，当 WHERE、GROUP BY 与 HAVING 子句都被使用时，要注意它们的作用和执行顺序。WHERE 用于筛选由 FROM 指定的数据对象；GROUP BY 用于对 WHERE 的结果进行分组；HAVING 则用于对 GROUP BY 以后的分组数据进行过滤。

8．排序查询结果

在应用中经常需要对查询结果进行排序输出，使用 ORDER BY 子句可以将查询的结果按指定的条件排序。其格式如下：

ORDER BY <order_expresssion> [ASC | DESC]

【例 2.28】　将冰箱类产品的名称按价格的高低降序输出。

SQL>SELECT CPMC，JG

FROM XSB

WHERE CPMC LIKE　"%冰箱%"

ORDER BY JG DESC;

【例 2.29】　分组查询各个部门的工资，结果按工资升序输出。

SQL>SELECT cEname，cPcode，salary

FROM employee1

GROUP BY cPcode，cEname，salary

ORDER BY salary ASC;

2.5　事务控制语言

事务(Transaction)可以看做是一个工作逻辑单元，它由一系列 SQL 语句组成，这些语句要么全部执行，要么全部不执行，如果其中有任一条 SQL 语句执行失败，则全部语句都不会执行，这样就保证了数据的一致性和完整性。

下面举一个简单的银行系统的例子。有一笔款要从一个帐户转到另一个帐户。这个过程包含两个操作，即减少第一个帐户的余额，增加第二个帐户的余额。假设数据库管理员已从第一个帐户中扣减了余额，当正在更新第二个帐户时突然停电了，这样将导致数据的不一致。如果使用事务来执行这项工作，则服务器将保证两个帐户要么同时更新，要么一个也不更新。

事务的结束一般使用 COMMIT(提交)或 ROLLBACK(回滚)来标识。

2.5.1　COMMIT 命令

当向数据库发出 COMMIT 命令时，意味着一个数据库事务结束了。如果执行的是对数据的修改，那么所做的工作也就永久地写进了数据库中，这时其他用户可以立即看到你所做的修改，而同时修改之前的数据将彻底消失。

语法格式：

SQL statement1;

SQL statement2;

COMMIT;

说明：

COMMIT：保证 statement1 和 statement2 所做的修改持久有效。

【例 2.30】 将经理职位的代码由 0015 改为 C015。

完成该操作的代码如下：

SQL>UPDATE EmployeeSkill1

SET cScode='C015'

WHERE cSname='经理';

UPDATE Employee1

SET cScode='C015'

WHERE cScode ='0015';

COMMIT;

因为在 Employee1 表和 EmployeeSkill1 表中都含有 cScode 数据，所以当修改职位的代码时，必须同时修改两个表中的数据，否则会出现数据不一致的现象。

如果这时下面还有 SQL 语句，则意味着下一个事务的开始。

2.5.2 ROLLBACK 命令

当我们在执行 SQL 语句出现错误时，通常希望通过一个显式的指令来撤消当前的修改，利用 ROLLBACK 命令即可实现撤消操作的功能。

语法格式：

SQL statement1;

SQL statement2;

ROLLBACK;

说明：

ROLLBACK：撤消自上一个 COMMIT 语句执行以来所做的修改。

【例 2.31】 有如下一段代码，试分析其功能。

SQL> DELETE FROM EmployeeSkill1;

ROLLBACK;

DELETE FROM EmployeeSkill1 WHERE cScode='0010';

SELECT * FROM EmployeeSkill1 WHERE cScode='0010';

COMMIT;

上述代码的含义是：从 EmployeeSkill1 表中将 cScode 的值为"0010"的记录删除，但在具体操作时，忘记加上 WHERE 子句里的条件，导致表中的所有记录都被删除了，为了立即恢复数据，使用了 ROLLBACK，之后再使用带有条件的 DELETE 语句将不要的数据删除。

2.5.3　SAVEPOINT 命令

在实际工作中，当出现错误时，我们一般不希望一次性地回滚一个很大的事务，而是将一个大的事务分成很多小事务，将每一个小块作为一个保存点，这样当我们在执行程序的时候如果发生错误，也只是回滚到最近或指定的保存点。这对于要求有大量的多步更新操作是很有帮助的。当程序发生错误时，也只是回滚到最近的保存点，而不是撤消整个事务，这样就不用再次处理保存点以前的语句，从而减少了不必要的数据库开销。

语法格式：

SQL statement1;

SAVEPOINT savepoint_name;

SQL statement2;

ROLLBACK to savepoint_name;

说明：

savepoint_name：SAVEPOINT 的名称。

【例 2.32】　有如下一段代码，试分析其功能。

SQL>SAVEPOINT jack;

UPDATE Employee1 SET cEcode='C025' WHERE cEname='jack';

SAVEPOINT mary;

UPDATE Employee1 SET cEcode='C035' WHERE cEname ='mary';

上述代码段中用 SAVEPOINT 语句创建了两个标记 jack 和 mary。如果想回滚到第二个 DML 语句前，则需要使用的代码如下：

ROLLBACK TO mary;

如果想要回滚到最前面，则使用语句：

ROLLBACK TO jack;

SAVEPOINT 的优点是：它可以根据条件撤消自上一条 COMMIT 语句执行以来所做的数据修改。一旦执行了 COMMIT 语句，所有的 SAVEPOINT 语句都将被取消。

2.6　数据控制语言

Oracle 是大型的分布式数据库系统。数据库中的数据由谁来操作，操作数据到何种程序等的设置是确保数据库中数据安全的必要手段。在采取的相应的安全措施中，对用户权限的管理是其中非常重要的一个环节。本节将简单介绍对用户的授权和收回权限。

2.6.1　GRANT 命令

当创建了新的用户时，该用户的权限域为空，他能登录到 Oracle，但不能进行任何操作，必须授予其一定的权限之后，才能进行相关的操作。利用 GRANT 语句可以给用户授权。

语法格式：

GRANT system_priv | role TO user

[WITH ADMIN OPTION]

说明：

system_priv：要授予的系统权限。如果把权限授予 user，则 Oracle 就把权限添加到该用户的权限域，该用户可以立即使用该权限。

role：要授予的角色。一旦授予用户角色，该用户就能行使该角色的权限。

WITH ADMIN OPTION：把向其他用户授权的能力传递给被授予者。

【例 2.33】 授予用户 JACK 以 DBA 的角色。

GRANT DBA TO JACK;

授予用户 JACK 一些系统权限，并且该用户可以向其他用户授权，代码如下：

GRANT CREATE ANY TABLE，CREATE ANY VIEW TO JACK

WITH ADMIN OPTION;

2.6.2　REVOKE 命令

当需要从用户手中将操作的某些权限收回时，可以使用 REVOKE 命令。在实际工作中，经常会遇到这种情况，如工作岗位的变化、人员的调动等，这些都将涉及到用户的权限管理问题。

语法格式：

REVOKE system_priv | role FROM user

[WITH ADMIN OPTION]

说明：

system_priv：授予用户的系统权限。

role：赋予用户的角色。

【例 2.34】 将授予用户 JACK 的 DBA 角色收回。

SQL>REVOKE DBA FROM JACK;

收回用户 JACK 和 MARY 对表 XSB 的删除和插入数据的权限，代码如下：

SQL>REVOKE DELETE，INSERT ON XSB FROM JACK，MARY;

2.7　SQL 运算符

SQL 中涉及的操作符主要有：算术运算符、比较运算符、逻辑运算符、集合运算符和连接运算符等。

2.7.1　算术运算符

算术运算符主要用来进行加、减、乘、除等算术运算。SQL 中常用的算术运算符有+、-、*、/等，如表 2-6 所示。

表 2-6　算 术 运 算 符

运　算　符	描　　述
**	乘方
+	加法运算符
–	减法运算符
*	乘法运算符
/	除法运算符
( )	确定运算的先后次序

　　乘方就是求幂，即将一个数和它自己相乘时所规定的次数。例如，3 的平方就是 3 的二次方，即两个 3 相乘，表示为 3**2。同样，4**3 表示 4 的 3 次方。

2.7.2　比较运算符

　　比较运算符用于将一个表达式和另外一个表达式进行比较。其结果总是 TRUE、FALSE 和 NULL 三种。我们常在条件控制语句和 SQL 数据处理语句的 WHERE 子句中使用比较运算符。

　　SQL 中常用的比较操作符有 =、!=、<>、<、>、<=、>=，如表 2-7 所示。

表 2-7　比 较 运 算 符

运　算　符	描　　述
=	等于
<>,　!=	不等于
<	小于
>	大于
<=	小于或等于
>=	大于或等于

　　在前面的例题中，我们已经看过多个使用比较运算符的例子，例如：

```
SQL>UPDATE EmployeeSkill1
SET cScode='C015'
WHERE cSname='经理';
```

相关的运算符可以在任意复杂表达式之间进行。

2.7.3　逻辑运算符

　　SQL 中常用的逻辑运算符有 AND、NOT 和 OR。其中，AND 和 OR 是二元运算符，NOT 是一元运算符。

运算时，只有在两个操作数都是 TRUE 的情况下，AND 才会返回 TRUE。而只要有一个操作数为 TRUE，OR 就会返回 TRUE。NOT 返回与操作数相反的值，当与比较运算符连用时，表示非。例如：NOT age>=20 表示 age 小于 20。

2.7.4　集合运算符

集合运算符又称为谓词运算符。常用的集合运算符如表 2-8 所示。

表 2-8　集 合 运 算 符

运 算 符	描　　　述
IN	属于集合的任一成员
NOT IN	不属于集合的任一成员
BETWEEN a AND b	在 a 和 b 之间，包括 a 和 b
NOT BETWEEN a AND b	不在 a 和 b 之间，也不包括 a 和 b
EXISTS	总存在一个值满足条件
NOT EXISTS	不存在一个值满足条件
LIKE ' [_%]string[_%]'	包括在指定子串内，百分号字符(%)将匹配零个或多个任意字符，下划线(_)将匹配一个任意字符

例如，LIKE 'teac%'表示如果一个字符串的前 4 个为 teac，后面为零个或多个任意字符，则都满足集合条件；LIKE 'teac_er' 表示如果一个字符串的前 4 个为 teac，第 6、7 个字符为 er，第 5 个为任意字符，则都满足集合条件；BETWEEN 100 AND 400 表示数值在 100 和 400 之间。

2.7.5　连接运算符

连接运算符由两个竖起来的线条(11)组成，它用来将两个字符串连接起来，形成一个新的字符串。

例如，'ORACLE' ‖ '程序员'将返回字符串 'ORACLE 程序员'。

2.7.6　操作符优先级

当我们使用括号指定计算的顺序时，运算的顺序就被确定下来。如果不使用括号，则要根据运算符的优先级决定计算的顺序。

逻辑运算符的计算顺序是：NOT、AND、OR。

比较运算符的计算顺序一般按照出现的先后顺序进行。

在进行比较复杂的表达式计算时，为了使结构清晰，最好用圆括号将不同的运算符括起来，以清晰地控制运算，从而避免不必要的混乱。

2.8 SQL*Plus 的函数

SQL 中提供了大量的函数，主要用于在数据上执行某些操作，如修改显示的数据、转换数据类型或进行计算等。下面将其分为两类(即单行函数和多行函数)进行简单介绍。

2.8.1 单行函数

单行函数返回表中查询的每一行的值。单行函数既可用于 SELECT 语句，也可通过 WHERE 子句指出单行函数的条件表达式。例如，若要以大写方式显示 Employee1 表的 cName 列的内容，则可以用单行函数显示大写的 cName。这些函数又被称为标量函数。

语法格式：

SELECT function_name[(arg1,arg2,…)]

说明：

function_name：函数名。

arg1 和 arg2：函数的参数。

常用的单行函数包括字符函数、数值函数等。

2.8.2 多行函数

多行函数将查询结果的多个行组合进来，又称为组合函数。将多行组合起来时可以附带条件，也可以不带条件。

语法格式：

SELECT function_name(column_name) FROM table_name WHERE condition;

说明：

function_name：函数名。

column_name：执行函数运算的列名。

table_name：表名。

condition：检索结果的条件。

常用的多行函数有 AVG、SUM、COUNT、MAX、MIN、STDDEV、VARIANCE。

2.8.3 常用函数

下面介绍在 Oracle 中常用的函数。

1. 字符函数

字符函数接受字符输入，用于对字符串进行处理，返回字符或数值。SQL 中的字符处理函数有二十多个。下面介绍如表 2-9 所示的常用字符函数。

表 2-9 常用字符函数

函 数 名	说 明
UPPER(string)	返回 string 的大写形式
LOWER(string)	返回 string 的小写形式
ASCII(string)	返回 string 的首字符的 ASCII 码值
CHR(x)	返回 ASCII 码为 x 的字符
LENGTH(string)	返回 string 的长度
CONCAT(string1, string2)	返回 string1 与 string2 连接起来的字符串
INITCAP(string)	返回 string 首字母大写而其他字母小写的字符串
LTRIM(string1, string2)	从 string1 左侧删除 string2 中出现的任何字符，string2 默认设置为空格，遇到第一个不在 string2 中的字符时返回
RTRIM(string1, string2)	从 string1 右侧删除 string2 中出现的任何字符，string2 默认设置为空格，遇到第一个不在 string2 中的字符时返回
SUBSTR(string,a[,b])	从 string 中删除从 a 指定位置开始的 b 个字符。若未指定 b，则删除从 a 开始的所有字符
REPLACE(string,if,then)	在 string 字符串中查找 if，并用 then 替换
LPAD(string,length[,padding])	在 string 左侧填充 padding 指定的字符串，直到达到 length 指定的长度，若未指定 padding，则默认为空格
RPAD(string,length[,padding])	在 string 右侧填充 padding 指定的字符串，直到达到 length 指定的长度，若未指定 padding，则默认为空格

在下述例题中出现的 DUAL 是指 Oracle 中的哑元系统表。

【例 2.35】 求字符串"student"的长度。

SQL>SELECT LENGTH('student') FROM DUAL;

输出结果为"7"。

【例 2.36】 连接两个字符串。

SQL>SELECT CONCAT('MY', 'BOOK') FROM DUAL;

输出的结果是"MY BOOK"。

【例 2.37】 以大写方式显示字符串。

SQL>SELECT UPPER('daniel') FROM DUAL;

输出的结果是"DANIEL"。

【例 2.38】 将字符串的首字母以大写方式显示。

SQL>SELECT INITCAP('marks') FROM DUAL;

输出的结果是"Marks"。

【例 2.39】 在字符串的左侧填充指定个数的指定字符。

SQL>SELECT LPAD('THIS IS MY ORACLE',20, 'XY') FROM DUAL;

输出的结果是"XYXTHIS IS MY ORACLE"。

SQL>SELECT LPAD(30000,7, '$') FROM DUAL;

输出的结果是"$$30000"。

【例 2.40】　从左侧删除输入串的字符。

SQL>SELECT LTRIM('DANIEL THOMSON'，'DANIEL')　FROM　DUAL;

输出的结果是"THOMSON"。

2. 数值函数

数值函数对数值的数据类型进行计算。数值函数的输出是任何值，具体依赖于 SELECT 语句中说明的函数。数值函数只接受和显示数字值。常用的数值函数如表 2-10 所示。

表 2-10　常用的数值函数

函 数 名	说 明
ABS(x)	返回 x 的绝对值，结果恒为非负
CEIL(x)	返回大于或等于 x 的最小整数值
FLOOR(x)	返回小于或等于 x 的最大整数值
POWER(x,y)	返回 x 的 y 次幂
MOD(x,y)	返回 x 除以 y 的余数，若 y=0，则返回 x
ROUND(x[,y])	四舍五入，结果近似到 y 指定的小数位
TRUNC(x[,y])	只舍不入。y>0，结果为 y 位小数；y=0，结果为整数；y<0，结果为小数点左侧的 y 位
SQRT(x)	返回 x 的平方根

【例 2.41】　返回大于或等于特定值的最小整数。

SQL>SELECT CEIL(6.85)　FROM　DUAL;

输出的结果是"7"。

【例 2.42】　返回小于或等于特定值的最大整数。

SQL>SELECT FLOOR(–8.85)　FROM　DUAL;

输出的结果是"–9"。

【例 2.43】　求余数。

SQL>SELECT MOD(7，3)　FROM　DUAL;

输出的结果是"1"。

【例 2.44】　对数值进行四舍五入。

SQL>SELECT ROUND(4516.8552，2)　FROM　DUAL;

输出的结果是"4516.86"。

3. 统计函数

统计函数又称分组函数，是指从一组记录中返回汇总信息。常用的统计函数如表 2-11 所示。

表 2-11　常用的统计函数

函　数　名	说　　明
AVG(col)	求指定列数据值的平均值
SUM(col)	求指定列数据值的总和
MAX(col)	求指定列数据值的最大值
MIN(col)	求指定列数据值的最小值
COUNT(*)	求行的总数
COUNT(col)	求指定列非空数据值的行数

【例 2.45】　求语文的平均成绩。

SQL>SELECT AVG(YW)AS 语文 FROM SCJ;

【例 2.46】　求语文成绩及格的人数。

SQL>SELECT COUNT(*)　FROM　SCJ　WHERE YW>=60;

4. 日期函数

日期函数执行的运算有：操纵日期，从日期中提取年、月、日，计算两个日期间隔多少个月或多少天等。例如，为了计算货物从发出到实际交付之间相隔多长时间，就要用日期函数来进行计算。常用的日期函数如表 2-12 所示。

表 2-12　常用的日期函数

函　数　名	说　　明
ADD_MONTHS(d,x)	返回日期 d 的月份加上 x 个月后的日期
SYSDATE	返回当前系统的日期和时间
GREATEST(d1,d2)	比较两个日期 d1 和 d2，返回其中较大的日期
LEAST(d1,d2)	比较两个日期 d1 和 d2，返回其中较小的日期
LAST_DAY(d)	返回日期 d 所在月的最后一天的日期
MONTHS_BETWEEN(d1,d2)	返回两个日期 d1 和 d2 之间相差的月数
NEXT_DAY(d,day)	返回日期 d 后 day 所在的日期，day 是指星期几
TO_DATE(d, 'format')	将日期型数据 d 转换成 format 指定形式的字符型数据
TO_CHAR(string, 'format')	将字符串 string 转换成以 format 指定形式的日期型数据

【例 2.47】　在指定日期上增加月份。

SQL>SELECT ADD_MONTHS('12-APR-07',4)　FROM　DUAL;

输出的结果是 "12-AUG-07"。

【例 2.48】　比较两个日期，显示其中较大者的日期。

SQL>SELECT GREATEST('15-APR-07', '16-MAY-07')　FROM　DUAL;

输出的结果是 "16-MAY-07"。

【例 2.49】　求某月的最后一天的日期。

SQL>SELECT LAST_DAY('10-AUG-07')　FROM　DUAL;

输出的结果是 "31-AUG-07"。

【例 2.50】　求两个日期相差的月份数。

SQL>SELECT MONTHS_BETWEEN('20-JAN-07'，'13-MAY-07')　FROM　DUAL;

输出的结果是"−3.7741935"。

【例 2.51】　求下一个日子。

SQL>SELECT NEXT_DAY('04-AUG-07'，'MONDAY')　FROM　DUAL;

输出的结果是"06-AUG-07"。

【例 2.52】　将日期型数据转换为字符型数据。

SQL>SELECT TO_CHAR(sysdate，'DD-MONTH-YYYY')　FROM　DUAL;

输出的结果是"07-AUG-2007"。

【例 2.53】　字符型数据转换为日期型数据。

SQL>SELECT TO_DATE('14-AUG-07'，'DD-MONTH-YYYY')　FROM　DUAL;

输出的结果是"14-AUG-07"。

2.9　小　　结

　　SQL 称为结构化查询语言。它可在很多关系型数据库管理系统中使用，它的功能十分强大，集数据查询、数据操纵、数据控制、数据定义于一体。

　　查询数据使用 SELECT 命令；输入数据使用 INSERT 命令；更新数据使用 UPDATE 命令；删除数据使用 DELETE 命令；创建表使用 CREATE TABLE 命令；修改表使用 ALTER TABLE 命令；删除表使用 DROP 命令；事务提交使用 COMMIT 命令；事务回滚使用 ROLLBACK 命令；设置保存点使用 SAVEPOINT 命令；授权使用 GRANT 命令；收回权限使用 REVOKE 命令。

习题二

一、选择题

1．SQL 查询语句：

SELECT name,salary FROM emp

WHERE salary BETWEEN 1000 and 2000

对于查询结果，说法正确的是(　)。

A．查询返回工资大于 1000 而小于 2000 的员工信息

B．查询返回工资大于或等于 1000 且小于 2000 的员工信息

C．查询返回工资大于或等于 1000 且小于或等于 2000 的员工信息

D．查询返回工资大于 1000 且小于或等于 2000 的员工信息

2．要选择某一列的平均值，可使用函数(　)。

A．COUNT　　　　B．SUM　　　　　　C．MIN　　　　　　　D．AVG

3．函数 STDDEV 可用来计算某一列所有数值的(　)。

A. 标准方差   B. 标准偏差   C. 平方根   D. 以上全不对

4．下面的查询语句，（ ）有错误。

a. SELECT emp_ID,first_name,last_name

b. FROM hr.emp

WHERE emp_ID>121

c. GROUP BY emp_ID

A. a   B. b   C. c   D. 没有错误

5．在 SQL*Plus 工具中执行下列语句：

SELECT power(9,3) FROM DUAL;

得到的查询结果是(   )。

A. 729   B. 3   C. 27   D. 以上全不对

6．查询语句：

SELECT floor(13.57) FROM DUAL

对于返回结果，正确的是(   )。

A. 13.27   B. 13   C. 14   D. 13.6

7．要使 Oracle 在完成每一个 SQL 命令或 PL/SQL 块时将未提交的改变立即提交 (COMMIT)给数据库，（ ）参数必须设置为 ON。

A. AUTO   B. AUTOSTRACE   C. STATISTICS   D. ECHO

二、编程题

1．查询全部姓陈的学生的信息。

2．统计学生数学成绩在 80～90 分之间的人数。

3．计算全班同学的考试平均分。

4．列出所有冰箱的价格。

5．列出所有海尔牌洗衣机的销售总值。

6．按品牌统计电视机的销售量。

7．求电视机的平均销售价格。

8．求各科考试成绩的总分和平均分。

9．按电视机的价格高低排序并输出其基本信息。

📃 上机实验二

实验 1　创建表

目的和要求：

1．了解表的基本概念。

2．了解创建表的基本命令的用法。

3．了解基本的数据类型。

4．学会使用命令创建表。

5．学会设置简单的约束条件。

实验内容：

创建三个表，即 Employees2(雇员自然信息)表、Departments(部门信息)表和 Salary(员工薪水情况)表。各表的结构如表 2-13～表 2-15 所示。

表 2-13　Employees2 表结构

列　　名	数据类型	长度	是否允许为空值	说　　明
EmployeeID	Char	6	否	员工编号，主键
Name	Char	10	否	姓名
Birthday	Date	8	否	出生日期
Sex	Number	1	否	性别
Address	Char	20	是	地址
Zip	Char	6	是	邮编
PhoneNumber	Char	12	是	电话号码
EmailAddress	Char	30	是	电子邮件地址
DepartmentID	Char	3	否	员工部门号，外键

表 2-14　Departments 表结构

列　　名	数据类型	长度	是否允许为空值	说　　明
DepartmentID	Char	3	否	部门编号，主键
DepartmentName	Char	20	否	部门名
Note	Char	16	是	备注

表 2-15　Salary 表结构

列　　名	数据类型	长度	是否允许为空值	说　　明
EmployeeID	Char	6	否	员工编号，主键
InCome	Number	8, 2	否	收入
OutCome	Number	8, 2	否	支出

使用 SQL 语句分别创建表 Employees2、表 Departments 和表 Salary。

在 SQL＊Plus 中输入如下语句：

```
SQL>create table Employees2
(
EmployeeID   char(6) constraint E_pk primary key,
    Name char(10)    NOT NULL,
    Birthday   Date   NOT NULL,
    Sex number(1) NOT NULL,
    Address    char(20) NOT NULL,
    Zip    char(6) NULL,
```

    PhoneNumber char(12) NULL,

    EmailAddress char(20) NULL,

    DepartmentID char(3) NOT NULL

);

  按回车键，执行上述程序段，即可创建表 Employees2。

  按同样的方法创建表 Departments 和表 Salary，并查看结果。

实验 2　向表中进行数据插入、修改和删除操作

目的和要求:

1. 学会使用 SQL 语句对数据表进行数据的插入、修改和删除操作。

2. 了解进行数据更新时要注意数据的完整性。

3. 了解 SQL 语句对表数据操作的灵活控制功能。

实验内容:

1. 向创建的三个表(即 Employees2 表、Departments 表和 Salary 表)中插入数据。

(1) 向 Employees2 表中插入 30 条记录。

启动 SQL * Plus 界面，输入以下 SQL 语句，按回车键执行命令。

SQL>INSERT INTO Employees2

  VALUES('001101', '王林',TO_DATE('1988-06-18', 'YYYY-MM-DD',1,

  '梅华路 2000 号', '660104', '13546897456',NULL, '005');

   (依次输入 30 条记录)

(2) 向 Departments 表中插入 10 条记录。

SQL>INSERT INTO Departments　VALUES('001', '销售部', NULL);

  (依次输入 10 条记录)

(3) 向 Salary 表中插入 30 条记录。

SQL>INSERT INTO Salary　VALUES('001101',3500.00, 809.00);

  (依次输入 30 条记录)

2. 使用 SQL 命令修改表 Salary 中的数据。

启动 SQL * Plus 界面，输入以下 SQL 语句，按回车键执行命令。

SQL>UPDATE Salary

  SET InCome=3800

  WHERE EmployeesID=001101;

  上述命令执行后，编号为 001101 的职工的收入将改为 3800。打开表，观察数据的变化。

然后仿照上例，做 2~3 个练习。

  练习：给所有收入在 1000 元以下的员工的工资增加 15%。

3. 使用 TRUNCATE TABLE 命令删除表中的所有行。

在 SQL * Plus 界面中输入以下 SQL 语句:

SQL>TRUNCATE TABLE Salary;

按回车键执行命令后将删除 Salary 表中所有的行。

提示：

做实验时，删除操作宜慎重进行。可做一个临时表，输入少量数据后进行删除操作练习。

最好先做一个脚本文件，将创建表和插入数据的命令都放在脚本文件中。实验中一旦出现误操作引起数据丢失，运行一次脚本文件即可恢复数据。因为后续的实验还将用到这些数据。

实验 3　查询数据

目的和要求：

1．掌握 SELECT 语句的基本语法。

2．掌握数据汇总的方法。

3．掌握 SELECT 语句的 GROUP BY 子句的作用和使用方法。

4．掌握 SELECT 语句的 ORDER BY 子句的作用和使用方法。

实验内容：

1．SELECT 语句的基本语法

(1) 查询 Employees2 表中所有雇员的信息。

在 SQL＊Plus 界面输入以下 SQL 语句：

SQL>SELECT ＊ FROM Employees2；

按回车键执行命令，将显示 Employees2 表中的所有数据。自己动手，用 SELECT 语句显示 Departments 表和 Salary 表中的所有记录。

(2) 查询每个雇员的姓名和邮编。

在 SQL＊Plus 界面输入以下 SQL 语句：

SQL>SELECT　Name，Zip　FROM　Employees2；

按回车键执行命令，将显示 Employees2 表中每个雇员的姓名和邮编。自己动手，用 SELECT 语句显示 Departments 表和 Salary 表中的某些列。

(3) 根据给定的条件查询雇员的相关信息。

在 SQL＊Plus 界面输入以下 SQL 语句：

SQL>SELECT　Address,PhoneNumber

FROM Employees2

WHERE EmployeeID='001102'；

按回车键执行命令，将显示 Employees 表中代码为 "001102" 的雇员的地址和电话号码。自己动手，用 SELECT 语句查询 Departments 表和 Salary 表中某些满足一定条件的数据。

(4) 计算每个雇员的实际收入。

在 SQL＊Plus 界面输入以下 SQL 语句：

SELECT　EmployeeID，InCome-OutCome AS　实际收入

FROM Salary；

按回车键执行命令，将显示 Salary 表中每个雇员的实际收入。

(5) 找出所有姓陈的雇员信息。

在 SQL * Plus 界面输入以下 SQL 语句：

SELECT　*

FROM Employees2

WHERE Name LIKE '陈%'；

按回车键执行命令，将显示 Employees2 表中所有姓陈的雇员信息。自己动手，用 SELECT 语句查询 Employees2 表中所有姓"黄"的雇员信息。

(6) 找出所有收入在 6000～8000 元之间的雇员信息。

在 SQL * Plus 界面输入以下 SQL 语句：

SELECT　*

FROM Salary

WHERE InCome BETWEEN 6000 AND 8000；

按回车键执行命令，将显示 Salary 表中所有收入在 6000～8000 之间的雇员信息。

2. GROUP BY 和 ORDER BY 子句的用法

(1) 查询 Employees2 表中各部门的雇员人数。

在 SQL * Plus 界面输入以下 SQL 语句：

SQL> SELECT COUNT(EmployeeID)

FROM Employees2

GROUP BY DepartmentID；

按回车键执行命令，将显示 Employees2 表中各部门的员工数。自己动手，用 SELECT 语句统计各部门收入在 3000 元以上的员工数。

(2) 查询 Employees2 表中所有雇员的工资高低情况。

在 SQL * Plus 界面输入以下 SQL 语句：

SQL>SELECT Employees2.* , Salary.*

FROM Employees2 , Salary

WHERE Employees2.EmployeeID=Salary.EmployeeID

ORDER BY InCome；

按回车键执行命令，将按由低到高的顺序显示员工工资。自己动手，用 SELECT 语句按由高到低的顺序显示员工工资。

实验 4　函数的使用

目的和要求：

1. 掌握常用函数的基本语法。
2. 掌握使用函数进行数据统计的方法。
3. 掌握函数的应用。

实验内容：

1. 将 Employees2 表中每个人的名字的首字母改成大写输出。
2. 编写查询语句，查看雇员的姓名及其姓名的长度。
3. 以大写方式输出所有雇员的姓名。

4．对员工工资四舍五入后保留一位小数。

5．按 DD-MM 格式显示出生日期。

6．编写查询语句显示出生日期，输出时，出生日期要求显示成当月的第一天。

7．将出生日期显示为当年的第一天。

8．把 PhoneNumber 的数据类型转换成数值型。

9．显示工资最高的职工编号。

10．求员工的平均工资。

11．求员工的最低工资。

12．求员工的总工资。

13．统计各部门的员工人数。

第 3 章　SQL*Plus 基础

本章学习目标：

- 掌握 SQL*Plus 的概念。
- 掌握如何设置 SQL*Plus 的环境。
- 掌握 SQL*Plus 工具的使用方法和操作命令。
- 掌握 SQL*Plus Worksheet 工具的使用方法。
- 掌握设置格式化输出的命令和使用方法。

3.1　SQL*Plus 简介

1．SQL*Plus 的概念

SQL*Plus 是 Oracle 提供的访问数据库服务器的客户端软件，是 Oracle 的核心产品。SQL*Plus 中的 SQL 是指 Structured Query Language，即结构化查询语言，而 Plus 是指 Oracle 将标准 SQL 语言进行扩展，它提供了另外一些 Oracle 服务器能够接受和处理的命令。开发者和 DBA 可以通过 SQL*Plus 直接存取 Oracle 数据库，包括数据提取、数据库结构的修改和数据库对象的管理，它所用的命令和函数都是基于 SQL 语言的。

SQL*Plus 完成的主要工作如下：

(1) 输入、编辑、存取和运行 SQL 命令。

(2) 测试 SQL 程序段的正确性。

(3) 调试 PL/SQL 程序段的正确性。

(4) 对查询结构进行格式化，计算、存储、打印或生成网络输出。

(5) 向其他客户端用户发送消息或接收反馈信息。

(6) 管理和维护数据库。

2．启动 SQL*Plus

在操作系统界面选择"开始"→"程序"→"Oracle-OraHome90"→"Application Development"→"SQL Plus"，出现如图 3-1 所示的"注册"界面。

在"注册"界面中，输入分配给你的用户名和口令，以及连接到服务器的主机字符串，然后单击【确定】按钮，即可进入如图 3-2 所示的 SQL*Plus 的工作环境。

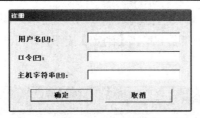

图 3-1 SQL*Plus 的"注册"界面

用户名和口令可以向系统管理员申请获得,也可以使用 Oracle 系统提供的 sys 和 system 默认的口令。sys 和 system 默认的口令分别为 change_on_install 和 manager。主机字符串是全局数据库名或由网络配置助手建立的网络服务名。

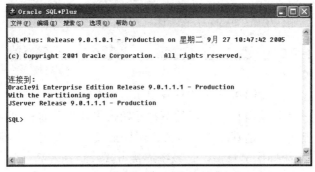

图 3-2 SQL*Plus 的工作环境

在图 3-2 所示的界面中显示的 SQL 提示符处输入 SQL 语句。每条 SQL 语句以分号(;)结尾,以保证语句能够立即执行。如果没有加分号,则光标返回到 SQL 提示符,不执行此语句。在这种情况下,可以输入一个斜杠(/)来执行上一条语句,斜杠的作用是执行上一条输入的 SQL 语句。可以使用编辑器来编辑 SQL 语句,此内容后述。

3. 启动 SQL*Plus Worksheet

SQL*Plus Worksheet(SQL*Plus 工作单)也是用于调试 SQL 命令或 PL/SQL 程序的工具。与 SQL*Plus 相比,它是一个全屏幕编辑器,屏幕显示网络为窗口式,一次可以同时执行多条命令,使用起来很方便。

在操作系统界面选择"开始"→"程序"→"Oracle"→"OraHome90"→"Application Development"→"SQL*Plus Wordsheet",出现如图 3-3 所示的"登录"界面。

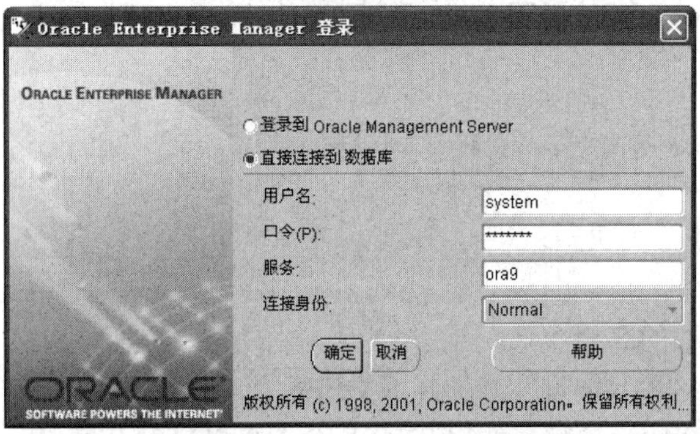

图 3-3 SQL*Plus Worksheet 的登录界面

在"登录"界面中选择"直接连接到数据库"，然后输入用户名、口令、服务(网络服务名或全局数据库名)，选择连接身份，单击【确定】按钮，即可进入如图 3-4 所示的 SQL*Plus Worksheet 的工作环境。

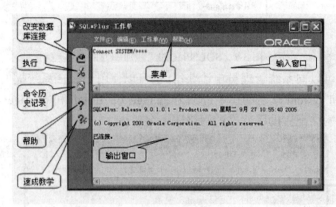

图 3-4　SQL*Plus Worksheet 的工作环境

在图 3-3 中，点击"连接身份"右边的下拉按钮，出现三种身份可供选择。

(1) Normal：正常身份，是基本连接方式，级别最低。一般用户用此身份登录。

(2) SYSOPER：系统操作员身份，是系统连接方式，级别较高。

(3) SYSDBA：管理员身份，是 DBA 连接方式，级别最高。

SQL*Plus Worksheet 的工作环境分为上下两个窗口，如图 3-4 所示，上面为输入窗口，用于输入要执行的命令；下面为输出窗口，用于显示命令执行的结果。图 3-4 中左边的一列按钮的功能分别为：改变数据库连接、执行、命令历史记录、帮助、速成教学。输入新命令时，擦去的旧命令将作为历史命令记录下来，可以被重复使用。单击"执行"图标，输入窗口中的所有命令将全部被执行。

3.2　设置 SQL*Plus 环境

在 SQL*Plus 中，利用许多环境参数可以控制 SQL*Plus 的输出格式。其环境参数一般由系统自动设置，用户可以根据需要将环境参数设置成自己所需要的值。系统提供了两种方式设置参数：第一种是使用 SET 命令，第二种是使用对话框。

1. 命令方式

使用 SET 命令可以改变 SQL*Plus 环境参数的值。

SET 命令格式：

SET <选项><值或开关状态>

其中：

<选项>：环境参数的名称；

<值或开关状态>：参数被设置成 ON 或 OFF，或是某个具体的值。

系统提供了几十个环境参数，使用 SHOW 命令可以显示 SQL*Plus 环境参数的值。

SHOW 命令格式一：

SQL>SHOW ALL

功能：显示所有参数的当前设置。

SHOW 命令格式二：

SHOW <参数>

功能：显示指定参数的当前设置。

2．对话框方式

在 SQL*Plus 的环境下，单击菜单栏中的"选项"→"环境"，可得到如图 3-5 所示的"环境"对话框。

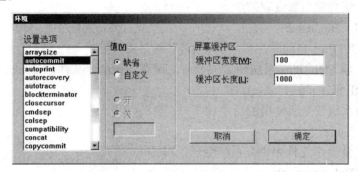

图 3-5　"环境"对话框

在"设置选项"列表中任选一项后，若"值"变亮，则表示可以重新进行设置。设置完成后，单击【确定】按钮即可完成该参数的设置。

3．常用的主要参数

1）LINESIZE 和 PAGESIZE

命令 SET LINESIZE 用来指定页宽是多少，最常用的设置为 80 和 132。

【例 3.1】　设置行宽为 60，设置页的长度为 30。

SQL>SET LINESIZE 60

SQL>SET PAGESIZE 30

命令 SET PAGESIZE 命令用来设置页的长度是多少，常用设置是 55 和 60。

2）ECHO

命令 SET ECHO 可以设置执行命令文件时命令是否显示在屏幕上。

【例 3.2】　在 SQL*Plus 的环境中执行如下命令。

SQL> SET ECHO ON

该设置表明，在 SQL*Plus 的环境下执行命令文件时，命令本身显示在屏幕上。

SQL> SET ECHO OFF

该设置表明，在 SQL*Plus 的环境下执行命令文件时，命令本身不显示在屏幕上。

3）PAUSE

当命令 SET PAUSE 设置为 ON 时，表示 SQL*Plus 在每页输出的开始处停止，按回车键后继续滚动。

4) TIME

当命令 SET TIME 设置为 ON 时，表示在每个命令提示前显示当前时间。

5) NUMFORMAT

命令 SET NUMFORMAT 后面接着数字，以设置查询结果中显示数字的缺省格式。

4. 保存系统变量

可以使用 STORE 命令在主机操作系统文件中保存当前的 SQL*Plus 系统变量。如果修改了任何变量，则可以通过运行该命令文件来恢复原来的值。若要运行一个修改系统变量的报告，并在报告完成后恢复它们的值，则采用这种方法比较有用。

保存全部系统变量当前设置的命令如下：

STORE SET　file_name；

缺省时，SQL*Plus 自动添加扩展名 ".sql" 到文件名后。

【例 3.3】　将 SQL*Plus 系统变量的当前值保存到新命令文件 plusstore.sql 中。

SQL>STORE SET plusstore.sql；

恢复保存的系统变量所使用的命令如下：

START file_name；

【例 3.4】　从命令文件中恢复系统变量，可使用下列命令：

SQL>START plusstore.sql；

3.3　格式化查询结果

在日常工作中，经常需要用到各式各样的报表。另外，在执行各种查询时，有许多条件不能事先确定，而只能够在执行程序的过程中根据实际情况来确定，这就要求提供格式化的报表。为此需要使用替换变量及动态修改页眉和页脚的技术。

3.3.1　替换变量

在 SQL*Plus 中可以用变量来替代列名或表达式，该变量称为替换变量。执行带替换变量的语句时，用户会得到提示，要求输入具体的值。用户输入的值存储在预定义的变量中。

替换变量可以用在单条 SQL 语句中，也可以用在 SQL*Plus 脚本中。

1. &替换变量

替换变量是在查询中定义和使用的。在 SELECT 语句中，如果某个变量前面使用了&符号，则表示该变量是替换变量。在执行 SELECT 语句时，系统会提示用户输入变量的值。

1) 替换变量

【例 3.5】　创建一个替换变量 cont_id，在查询中用 & 符号说明。

在图 3-6 中输入代码：

SQL>select employee_id,first_name,last_name

from hr.employees where employee_id=&cont_id；

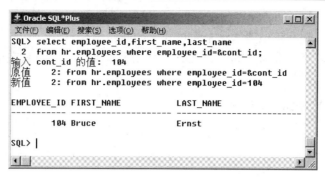

图 3-6　使用 & 替换变量

　　本例中创建了一个替换变量 cont_id，在查询中用 & 符号说明。执行 SQL 语句时，用户会得到提示，要求输入 cont_id 的值。

　　2）有日期和字符值的替换变量

　　当给变量输入不同类型的数据时，其格式是不一样的。如必须在单引号内说明字符或日期的值，而数值则不需要引号。因此，接受字符或日期值的替换变量要放在单引号内。

　　【例3.6】　接受用户的日期的 SQL 语句。

　　在图 3-7 中输入代码：

SQL>select employee_id,first_name,last_name,hire_date

from hr.employees

where hire_date='&hire_id';

　　当点击【执行】按钮时，用户将被提示输入日期。如果在定义替换变量时没有加单引号，则在输入值时必须加单引号。

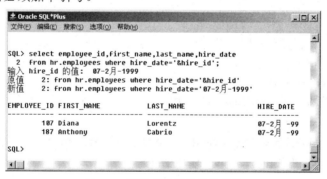

图 3-7　使用带日期的替换变量

　　说明：函数可以和替换变量一起使用，如 UPPER('&Name')

　　3）列名、表达式和文本的替换变量

　　列名、ORDER BY 子句、表名、整个 WHERE 子句表达式等均可以使用替换变量。

　　【例3.7】　替换变量用于列名。

SELECT &Col_Name FROM Employees;

　　执行此代码时，用户被要求输入列名。输入的列可以是任意多个，列与列之间用逗号分隔。

　　【例3.8】　替换变量用于表达式。

SQL>SELECT Name FROM Employees2 WHERE &var;

执行此代码时，用户应该输入一个表达式，如 name='李林'。

需要注意的是，不可以在 SQL 语句开头使用替换变量。变量只在定义的会话中是可用的。

2．DEFINE 和 UNDEFINE 命令

1）DEFINE

为了预定义替换变量的值，可以使用 DEFINE 命令。DEFINE 命令的用法和描述如表 3-1 所示。

表 3-1　DEFINE 命令的用法和描述

命　　令	定　　义
DEFINE Variable=value	创建定义变量并赋值
DEFINE Variable	显示变量、变量的值和数据类型
DEFINE	显示所有预定义变量

如果不带任何参数，直接使用 DEFINE 命令，则显示所有用户定义的变量。DEFINE Variable 用来显示指定变量的值和数据类型；DEFINE Variable=value 用来创建一个 CHAR 类型的用户变量，且为该变量赋初值。

【例 3.9】 显示"珠海"的雇员的姓名、性别、电话号码以及珠海籍员工的工资。

需要以同一个城市作为条件查询两个表。定义一个能用于查询的变量，并给它赋值"珠海"。

SQL>DEFINE City=珠海

执行 DEFINE 命令后，可以在下面 SQL 语句中使用同样的变量。

SQL>SELECT Name,sex,phonenumber

FROM Employees2

WHERE Address='&City';

SQL>SELECT Name, e.EmployeeID,Income

FROM Employees e,Salary s

WHERE e.EmployeeID =s.EmployeeID　AND e.Address='&City';

如果想要查看此变量的值，则可以使用命令：

SQL>DEFINE City；

如果想要查看所有预定义变量的值，则可以使用命令：

DEFINE；

2）UNDEFINE

使用 UNDEFINE 命令可以删除替换变量 City。例如，

SQL>UNDEFINE City；

【例 3.10】 定义数值变量，在 SQL 语句中使用变量，使用完后将变量删除。

SQL>DEFINE Salary=2000；

SQL>SELECT EmployeeID，Income

FROM Salary

WHERE Income>& Salary；

SQL>UNDEFINE Salary;

这段代码将显示工资高于 2000 的员工代码。

3．双 & 符号替换变量

在 SELECT 语句中，如果希望重新使用某个变量并且不希望重新提示输入该值，则可以使用双 & 符号替换变量(&&)。

【例 3.11】　分析以下代码。

SQL>SELECT EmployeeID, Name, Address, &&Column

FROM Employees

ORDER BY &&Column DESC;

上面的代码中两次用到替换变量&&Column。上述语句在执行时提示用户输入该变量的值。这个输入的值既要用在 SELECT 列表中，也要用在 ORDER BY 子句中，但用户只需要输入一次值即可。

4．VERIFY 命令

为了在执行替换变量时显示如何执行替换的值，可以使用 VERIFY 命令。也就是说，可以通过观察替换变量的值来说明前后的 SQL 语句。可用 SET VERIFY ON/OFF 命令设置此参数。若设置值为 ON，则此功能可用，可以用来验证输入的值是否正确；若设置值为 OFF，则该功能禁用。默认值为 ON。

【例 3.12】　分析以下语句。

SQL>SET VERIFY ON

SQL>SELECT Name FROM Employees WHERE EmployeeID=&EMP_ID;

输入了 EMP_ID 的值后，系统将显示该变量的新旧值。如输入值 000002，则其输出结果如下：

Old 1：SELECT Name FROM Employees WHERE EmployeeCode=&EMP_ID;

New 1：SELECT Name FROM Employees WHERE EmployeeCode=000002;

3.3.2　格式化查询输出

使用 SQL*Plus 提供的各种格式化命令可为查询的输出结果定制格式。

1．COLUMN 命令

使用 COLUMN 命令可以格式化实际的表列数据，设置列标题，为用户提供形式简单、意义清晰明了的标题。

语法格式：

COL[UMN] column_name [option]

说明：

option：可以用在 COLUMN 命令中，COLUMN 命令的选项及定义见表 3-2。

表 3-2　COLUMN 命令的选项及定义

选　项	定　义
CLE[AR]	除去列格式
HEA[DING] text	为列设置标题
FOR[MAT] format	改变列数据的外观
NOPRI[NT]	隐藏列
NUL[L] text	为空值分配要显示的文本
PRI[NT]	显示列

fromat：指定该列的格式字符和宽度。例如，对于字符和日期列，A10 表示该列是由字母数字组成的列，宽度为 10。对于数字字段，有一些格式掩码，使用的符号见表 3-3，这些格式掩码与 to_char 选项的格式掩码基本一致。格式化列既可以使用 format 选项，也可使用 select 语句的 to_char 选项。

表 3-3　format 掩码的符号

符　号	定　义	格　式	输出样本
9	单个零禁止数字	9999	6578
0	加前导零	09999	06578
$	在数值前加美元前缀	$9999	$6578
,	千位分隔符	9,999	6,578

显示或清除当前 COLUMN 设置的命令如表 3-4 所示。

表 3-4　COLUMN 命令

命　令	定　义
COL[UMN] column	显示指定列的当前列的设置
COL[UMN]	显示所有列的当前列的设置
COL[UMN] CLE[AR]	清除指定列的设置
CLE[AR] COL[UMN]	清除所有列的设置

【例 3.13】　为列 Name 设置标题为"Last Name"。

SQL>COLUMN Name HEADING 'Last Name'

若要求标题"Last Name"分两行显示，则在 Last 和 Name 之间插入"|"符号即可。

【例 3.14】　为 Income 列定制格式。要求在每个值前加￥符号作为前缀，并保留两个小数位。

SQL>COLUMN Income JUSTIFY RIGHT FORMAT　￥99,999.00

【例 3.15】　用"----"替换所有空值。

SQL>COLUMN EmployeeID FORMAT 999999 NULL　'----'

【例 3.16】　显示 EmployeeID 的当前设置。

SQL>COLUMN EmployeeID

【例 3.17】　清除 EmployeeID 列的设置。

SQL>COLUMN EmployeeID CLEAR

2．BREAK 命令

在日常工作中，常常会遇到生成报表时某字段出现重复值的情况。为抑止重复值，通常把行分为几个部分，可用 BREAK 命令来实现。BREAK 命令和 ORDER BY 命令一起使用效果最佳。

语法格式：

BREAK ON Column_Name

【例 3.18】　清除重复值(以查询 scott.emp 表中的数据为例)。

SQL>SELECT job, empno, ename, mgr, hiredate, sal, comm

FROM scott.emp;

输出结果如图 3-8 所示。

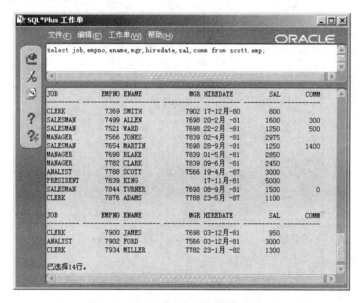

图 3-8　对 scott.emp 的一般查询结果

从查询结果可以发现有许多雇员的工种是一样的，在 JOB 列出现许多重复值。要避免重复值，可使用 BREAK 命令。

SQL>break on job;

SQL>select job, empno, ename, mgr, hiredate, sal, comm

from scott.emp order by job;

SQL>clear break

输出结果如图 3-9 所示。

此时将发现，在 JOB 列上的所有重复值都消除了，且按工种名称以升序排列。如果没有使用 ORDER BY 子句，则数据将根据数据表中的次序输出，也有可能出现重复行值，如图 3-10 所示。

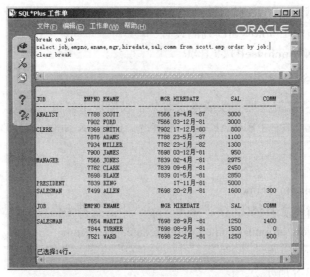

图 3-9　使用 BREAK 命令且排序后的查询结果

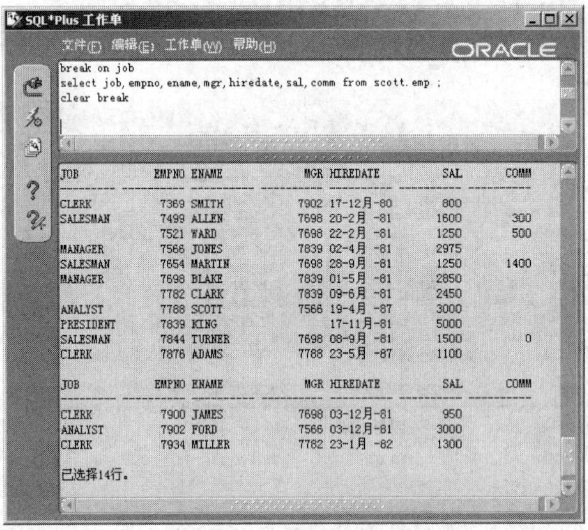

图 3-10　使用 BREAK 命令但没有排序的查询结果

3．TTITLE、BTITLE、REPHEADER 和 REPFOOTER 命令

TTITLE 命令用于设置报表中每页的顶部标题；BTITLE 用于设置报表中每页的底部标题；REPHEADER 用于设置报表的总标题；REPFOOTER 用于设置报表的脚注。

语法格式：

TTITLE [text｜OFF｜ON]

BTITLE [text｜OFF｜ON]

说明：

text：标题给出的文本。

OFF｜ON：ON 或 OFF。如果选项设定为 OFF，则不显示文本。

TTITLE 和 BTITLE 命令一般分别用于创建页眉和页脚。若页眉选项设置为 ON，则报表输出时将显示用户指定的标题、系统日期和页码等。

【例 3.19】　给出报表的标题为 "Candidates"，页脚为 "Tebisco"。

SQL>TTITLE 'Candidates'

SQL>BTITLE 'Tebisco'

使用格式化命令时应该注意，所有应用的格式仅在当前会话中可用。每次报表输出后，要将 SQL*Plus 设置为缺省值。在使用各种命令修改 SQL*Plus 设置后，应该重设恢复初始值。如果列有别名，则必须在 SQL 语句里引用别名而非列名。

【例 3.20】　现在需要代码为 "000002" 的雇员的月薪报表。要求报表标题显示 "月薪报表"，页脚显示 "大洋软件公司"，列标题分别为 "员工代码" 和 "月工资"。

编写查询，以显示 SQL*Plus 格式化输出。

SQL>TTITLE '月 薪 报 表';

SQL>BTITLE '大洋软件公司';

SQL>COLUMN Employee_ID HEADING '员工代码';

SQL>COLUMN salary HEADING '月工资';

SQL>COLUMN salary JUSTIFY RIGHT FORMAT $99,999.00;

SQL>SELECT Employee_ID, salary

　　　FROM HR.Employees

　　　WHERE Employee_ID between '100' and '106';

报表输出格式如图 3-11 所示。

图 3-11　格式化输出结果

3.4　SQL*Plus 编辑器的编辑命令

在 SQL 提示符后输入和编辑 SQL 语句时不能使用键盘上的箭头键，但可以使用退格键以编辑输入的语句。Oracle 也提供了编辑器，方便用户编辑 SQL 语句。

在 SQL*Plus 的工作环境中，可以使用两种编辑器键入命令或程序。

(1) 缓冲区编辑器：在 SQL 提示符下交互式地输入和修改 SQL 命令或 PL/SQL 程序，

类似于 DOS 环境，又称为 SQL 缓冲区。SQL*Plus 提供了一系列命令来提取并编辑存储在该缓冲区中的 SQL 语句和 PL/SQL 块。

(2) 外部编辑器：如 Notepad。

这两个编辑器可在一起配合使用，当前缓冲区中的命令或程序可以 .sql 文件的形式保存到磁盘上，存放在外部编辑器中的脚本也可以装入到缓冲区中，并可重新编辑。

1．缓冲区编辑器

SQL*Plus 是一个行式编辑器，一次只能编辑一行语句或命令。

在编辑 SQL 命令时，如果输入一条错误语句，则含有错误的行成为当前行，这时就可以立即编辑该行并纠正错误。表 3-5 给出了 SQL*Plus 中的常用编辑命令及功能。

表 3-5　SQL*Plus 中的常用编辑命令及功能

命　　令	说　　明
A<文本>	在缓冲区中当前行最后添加文本
C/<旧文本>/<新文本>	用新文本替换旧文本
C/<旧文本>…/<新文本>	用新文本替换从旧文本开始的所有文本信息
DEL n	删除第 n 行。如果没有第 n 行，则删除当前行
I	在当前行之后插入一行
L n	显示第 n 行。若没有第 n 行，则显示整个缓冲区内容
R	执行缓冲区中的命令
SAVE filename	在文件 filename.sql 中存储当前缓冲区的内容
GET filename	把文件 filename.sql 中的内容加载到缓冲区中
START filename 或@ filename	装载并执行 filename.sql

2．外部编辑器

使用外部编辑器时要先定义，然后再调用。

定义的方法：选择"编辑"→"编辑器"→"定义编辑器"，然后输入编辑器的名称，点击【确定】按钮，屏幕窗口如图 3-12 所示。

图 3-12　定义外部编辑器

调用的方法：选择"编辑"→"编辑器"→"调用编辑器"，屏幕如图 3-13 所示。

一旦进入到外部编辑器环境，系统便自动将当前行编辑缓冲区的 SQL 命令或 PL/SQL 程序调入到编辑器中，可以随意修改并保存，默认保存文件是"afiedt.buf"。修改完毕后，关闭窗口，系统将回到行编辑工作区，同时外部编辑器中当前的内容也放入了行编辑缓冲区，以便继续执行修改后的命令或程序。

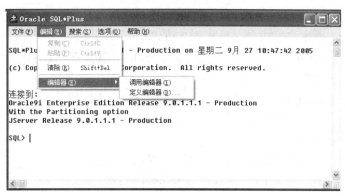

图 3-13　调用外部编辑器

3．应用实例

【**例 3.21**】　在缓冲区编辑器中按步骤完成如下任务(在 SQL>提示符下输入命令并运行)，如图 3-14 所示。

(1) 用 SQL 命令显示学生表 student 的内容。

SQL>select * from student；

(2) 将该 SQL 命令存入到 student.sql 文件中。

SQL>SAVE student.sql；

(3) 清空缓冲区。

SQL>DEL；

(4) 调入 student.sql 文件到内存中。

SQL>GET student.sql；

(5) 再次执行同样的 SQL 命令。

SQL>@student.sql；

或

SQL>START student.sql；

图 3-14　应用实例

3.5　假脱机输出

假脱机(spooling)是将信息写到磁盘文件的一个过程。在 SQL*Plus 中有许多时候需要使用假脱机，如记录一系列命令和结果或者存储来自一个命令的大量输出结果。

语法格式：

Spool spool_file_name

如果需要，则 spool_file_name 可以包含一个文件扩展名(如 .sql 或 .prn)。如果不指定扩展名，则扩展名 .lst 将附加在文件名的后面。可以在假脱机文件名中包含一个路径，该路径是存储假脱机文件的磁盘驱动器和目录的名称。如果不包含路径，则假脱机文件将存储在 oracle_home 目录下面的 bin 子目录中。

【例 3.22】 将 Employees2 表和 Departments 表的查询结果输出到文件 d:\spool_test.prn 中。

SQL>Spool d:\spool_test.prn

SQL>SELECT name,birthday,address FROM Employees2;

SQL>SELECT DepartmentID,DepartmentName FROM Departments;

SQL>Spool off

执行这些命令后，使用 Windows 资源管理器或文件管理器查找到存储 spool_test.prn 文件的位置。打开该文件，将看到曾出现在 SQL*Plus 屏幕中的所有内容的完整记录。

3.6 联 机 帮 助

SQL*Plus 中有两个能获取帮助的命令：help 和 describe。 help 是获取帮助的命令，describe 是获取表、函数、过程和包的描述信息。

1．help 命令

【例 3.23】 使用 help 命令可以得到联机的命令帮助信息。例如，

SQL>help

将显示所有命令的帮助信息。

若想查询某个具体命令的帮助信息，则可以在 help 命令后加上具体命令名，这样可以快速了解一个命令的用法说明。例如，

SQL>help spool

  spool

Stores query results in an operating system file, or sends the

file to a printer.

SPO[OL] [file_name[.ext] | OFF | OUT]

2．describe 命令

Oracle 中的 describe 命令有两个功能：一个是列出表的结构；另一个是列出有关函数、过程以及包的信息。describe 可以简写为 desc。

【例 3.24】 列出 emp 的表结构。

SQL> desc emp;

名称	是否为空?	类型
EMPNO	NOT NULL	NUMBER(4)

ENAME	VARCHAR2(10)
JOB	VARCHAR2(9)
MGR	NUMBER(4)
HIREDATE	DATE
SAL	NUMBER(7,2)
COMM	NUMBER(7,2)
DEPTNO	NUMBER(2)

SQL> desc SWAP
PROCEDURE SWAP

参数名称	类型	输入/输出默认值?
P1	NUMBER	IN/OUT
P2	NUMBER	IN/OUT

3.7　增强功能

最近几个版本的 SQL*Plus 改动比较少，但还是有一些改进。下面介绍 Oracle 10g 中几个比较有用的改进。

1. 可自定义的提示符

使用 SQL*Plus 时，常常不知道当前用户，也不知道用户是以什么身份连接的。在早期的版本中，必须进行编码来获取变量，Oracle 10g 改进了这个功能。

(1) 增加用户身份的提示符。使用以下命令：

SQL>set sqlprompt '_user _privilege>'

执行后，如果用户 SYS 作为 SYSDBA 登录，则 SQL*Plus 提示符显示为

SYS AS SYSDBA>

注意两个预先定义的特殊变量_user 和_privilege 的使用，它们定义了当前的用户和登录的权限。

(2) 增加提示日期的提示符。使用以下命令：

SQL>set sqlprompt "_user _privilege 'on'_date>"

执行完后，提示符变为

SCOTT on 12-8 月-07>

(3) 增加数据库连接标识符。使用以下命令：

SQL>set sqlprompt "_user 'on'_date 'at'_connect_identifier >"

执行完后，提示符变为

SCOTT on 12-8 月-07 at orclwinsid>

其中，orclwinsid 为连接标识符。

(3) 带更详细时间的提示符。使用以下命令：

SCOTT on 12-8 月 -07 at orclwinsid>alter session set nls_date_fromat='mm/dd/yyyy hh24:mi:ss';

则会话更改为

SCOTT on 08/12/2007 11:26:28 at orclwinsid>

2．改进的 CONNECT 命令

任何时候调用 SQL*Plus，都将运行当前目录中的 login.sql 文件，但是，有一个局限。在 Oracle 10g 以前，如果在 login.sql 文件中有如下命令：

set sqlprompt "_CONNECT_identifier >"

则在启动 SQL*Plus 与数据库 DB1 连接时，提示符显示：

DB1>

现在如果连接另一个数据库 DB2，则可使用以下命令：

DB1>CONNECT scott/tiger@db2

CONNECTER

DB1>

从上面的例子可以看出，虽然现在和 DB2 连接在一起，但提示符仍是 DB1，原因是在使用重连接命令 CONNECT 后没有执行 login.sql 文件。

在 Oracle 10g 中消除了这个错误，文件 login.sql 不仅在 SQL*Plus 启动时执行，而且在连接时也执行，因此在 Oracle 10g 中，如果当前与数据库 DB1 连接，后来改变了连接，则提示符将改变，例如：

SCOTT at DB1>CONNECT scott/tiger@db2

SCOTT at DB2>CONNECT john/meow@db3

JOHN at DB3>

3.8　小　　结

在 Oracle 中最常用的工具是 SQL*Plus 和 SQL*Plus Worksheet。SQL*Plus 是一个行编辑器，主要用于调试 SQL 语句和 PL/SQL 程序段，一次只能执行一条 SQL 语句和一个 SQL/Plus 程序段。与 SQL*Plus 相比，SQL*Plus Worksheet 是一个全屏幕编辑器，屏幕显示风格为窗口式，一次可以同时执行多条命令，使用起来更方便。在 SQL*Plus 的工作环境中，为方便程序的编辑和输入，可以使用编辑器。

可以使用替换变量来存储运行时可修改的列名和表达式。替换变量要在变量名前加上一个或两个 & 符号作为前缀。可使用 DEFINE 命令给变量预定义值。

在 SQL*Plus 中，可以利用环境参数控制 SQL*Plus 的输出格式。

格式化输出查询结果可以使用 COLUMN 命令来格式化实际的表列数据和设置列标题。为抑制重复值，把行分为几个部分，可用 BREAK 命令。TTITLE 命令用于设置报表中每页的顶部标题；BTITLE 用于设置报表中每页的底部标题；REPHEADER 用于设置报表的总标题；REPFOOTER 用于设置报表的脚注。

假脱机(spooling)是将信息写到磁盘文件的一个过程。在 SQL*Plus 中使用假脱机可以将查询得到的结果存储到一个指定的文件中。设置假脱机使用 spool 命令。

习题三

一、选择题

1. 替换变量前需加(　)前缀。
A. *　　　　　　　B. &　　　　　　　C. %　　　　　　　D. #
2. 在 SQL*Plus 的环境下执行(　)命令文件时，命令本身显示在屏幕上。
A. SET PAUSE ON　　　　　　　　B. SET PAUSE OFF
C. SET ECHO ON　　　　　　　　D. SET ECHO OFF
3. (　)命令可格式化实际的表列数据并设置列标题，为用户提供形式简单、意义清晰明了的标题。
A. SET　　　　　　B. COLUMN　　　　C. BREAK　　　D. CLEAR
4. 执行(　)命令后，使用 Windows 资源管理器或文件管理器可以查找到存储的假脱机文件。
A. SPOOL OFF　　　　　　　　　B. SET PAUSE OFF
C. SET ECHO OFF　　　　　　　　D. SET VERIFY OFF
5. 列出表中列的结构用(　)命令。
A. HELP　　　　B. SELECT　　　　C. PRINT　　　D. DESCRIBE

二、简答题

1. SQL*Plus 工具的作用是什么？它与 SQL*Plus Worksheet 有何区别？
2. 在 SQL*Plus 环境下为什么需调用外部编辑器？外部编辑器和缓冲编辑器中的内容是如何交换的？
3. 怎样设置 SQL*Plus 的环境参数？常用的参数有哪些？
4. 什么是替换变量？有什么作用？
5. DEFINE 命令有哪些功能？
6. 常用的格式化命令有哪些？分别叙述其主要功能。
7. 什么是假脱机输出？用什么命令实现假脱机操作？

上机实验三

实验 1　使用 Oracle 工具

目的和要求：
1. 学会使用 SQL*Plus 工具。

2．学会使用 SQL*Plus Worksheet 工具。

3．学会使用外部编辑器。

实验内容：

1．使用 SQL*Plus 启动和关闭数据库。在操作系统界面选择"开始"→"程序"→"Oracle"→"OraHome90"→"Application Development"→"SQL Plus"，出现登录窗口。在登录窗口中输入分配给你的用户名和口令，以及连接到服务器的主机字符串，然后单击【确定】按钮，即可进入 SQL*Plus 的工作环境。

2．使用 SQL*Plus Worksheet 启动和关闭数据库。在操作系统界面选择"开始"→"程序"→"Oracle"→"OraHome90"→"Application Development"→"SQL*Plus Worksheet"，出现登录窗口。在登录窗口中选择"直接连接到数据库"，然后输入用户名、口令、服务(网络服务名或全局数据库名)，选择连接身份，单击【确定】按钮，即可进入 SQL*Plus Worksheet 的工作环境。

3．使用外部编辑器。

定义的方法：选择"编辑"→"编辑器"→"定义编辑器"，然后输入编辑器的名称，单击【确定】按钮。

调用的方法：选择"编辑"→"编辑器"→"调用编辑器"。

实例练习：在缓冲区编辑器中按步骤完成如下任务(在 SQL>提示符下输入命令并运行)。

(1) 用 SQL 命令显示部门信息表 departments 的内容。

SQL>select * from departments；

(2) 将该 SQL 命令存入 departments.sql 文件。

SQL>SAVE departments.sql

(3) 清空缓冲区。

SQL>DEL

(4) 调入 departments.sql 文件到内存。

SQL>GET departments.sql

(5) 再次执行同样的 SQL 命令。

SQL>@departments.sql

或

SQL>START departments.sql

4．分别在 SQL*Plus 和 SQL*Plus Worksheet 环境下执行下列操作，观察和分析结果。

(1) 创建一个替换变量 Cont_name，在查询中用&符号说明。

SQL>SELECT Name,Address, PhoneNumber FROM Employees2

WHERE name=&Cont_name;

(2) 接受用户的日期的 SQL 语句。

SQL>SELECT EmployeeID,Name,sex,phonenumber,Birthday FROM Employees

WHERE Birthday ='&birth';

(3) 替换变量用于列名。

SQL>SELECT &Col_Name FROM departments;

(4) 替换变量用于表达式。

SQL>SELECT Name FROM Employees2 WHERE &var;

(5) 显示"广州"的雇员的姓名、性别、电话号码以及珠海籍员工的工资。

SQL>DEFINE City=广州;

SQL>SELECT Name,sex,phonenumber

FROM Employees

WHERE Address='&City';

SQL>DEFINE City=珠海;

SQL>SELECT Name, e.EmployeeID,Income

FROM Employees2 e,Salary s

WHERE e.EmployeeID =s.EmployeeID AND e.Address='&City';

SQL>DEFINE City;

SQL>DEFINE;

SQL>UNDEFINE City;

(6) 定义数值变量，在 SQL 语句里使用变量。使用完后将变量删除。

SQL>DEFINE Salary=1800;

SQL>SELECT EmployeeID,Income

FROM salary

WHERE Income>&Salary；

UNDEFINE Salary;

(7) 分析以下代码。

SQL>SELECT EmployeeID,Income, &&Column

FROM salary

ORDER BY &&Column DESC;

实验 2　假脱机输出

目的和要求：

1. 加深理解假脱机输出的概念。

2. 掌握使用命令实现假脱机输出的方法。

实验内容：

1. 将销售表(XSB)和学生成绩表(SCJ)的查询结果输出到文件 d:\spool_score.prn 中。

SQL>spool d:\spool_ score.prn

SQL>SELECT CPBH,CPMC,SCS,JG FROM XSB;

SQL>SELECT XH,XM,XB,YW,SX,YY,YW+SX+YY AS 总分 FROM SCJ；

SQL>Spool off

2. 将实验 3 综合练习的上机实验结果假脱机输出到文件中(学号+姓名.prn)。

实验 3 格式化查询结果

目的和要求：

(1) 掌握格式化命令的功能和用法。

(2) 掌握使用格式化命令对查询结果进行格式化的方法。

(3) 实例使用格式化命令。

实验内容：

1．使用格式化命令。

(1) 为列 departmentID 设置标题为"部门代码"。

SQL>COLUMN departmentID HEADING '部门代码'

(2) 为 Income 列定制格式。要求在每个值前加￥符号作为前缀，并保留一个小数位。

SQL>COLUMN Income JUSTIFY RIGHT FORMAT $99,999.0

(3) 用"--"替换所有空值。

SQL>COLUMN departmentID FORMAT 999 NULL   '--'

(4) 显示 departmentID 的当前设置。

SQL>COLUMN departmentID

(5) 清除 departmentID 列的设置。

SQL>COLUMN departmentID CLEAR

(6) 清除重复值。

SQL>SELECT DepartmentID,EmployeeID,Name,phonenumber FROM Employees2;

可能有许多雇员属于同一个部门，因此在 DepartmentID 列将有重复值出现。

SQL>BREAK ON DepartmentID;

SQL>SELECT DepartmentID,EmployeeID,Name,phonenumber

FROM Employees ORDER BY DepartmentID;

SQL>CLEAR BREAK

2．综合练习。

给学号为"0107000102"的学生打印成绩报告单。要求报表标题显示"学生成绩报告单"，页脚显示"珠海大学成绩管理系统"，列标题分别为"学号"、"姓名"、"性别"和"总分"。报表输出格式如下：

学生成绩报告单

学　　号	姓　　名	性　　别	总　　分
0107000102	陈红	女	527

珠海大学成绩管理系统

编写命令查询并显示 SQL*Plus 格式化输出。

第 4 章 Oracle 数据库体系结构

本章学习目标：

- 了解 Oracle 的体系结构组件。
- 掌握 Oracle 内存分配。
- 掌握 Oracle 后台进程。
- 掌握 Oracle 物理结构和逻辑结构。
- 建立数据库。
- 了解 Oracle 数据字典。

4.1 Oracle 体系结构组件概览

系统的体系结构决定了数据库如何使用内存、硬件和网络，以及哪个进程或程序运行在哪台机器上。了解 Oracle 的体系结构有助于 Oracle 的使用者和管理者对数据库系统有一个整体的、从外到内的全面认识。Oracle 体系结构如图 4-1 所示。

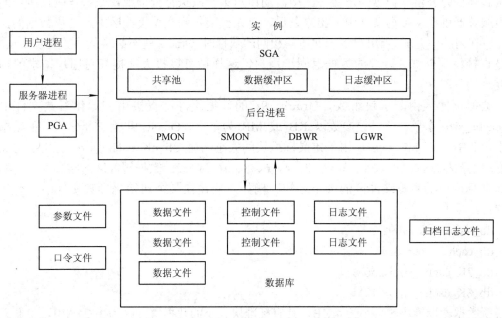

图 4-1 Oracle 体系结构

Oracle 数据库服务器有两个主要的组成部分：数据库和实例(instance)。Oracle 数据库用于存储和检索信息，是数据的集合。数据库包括逻辑结构和物理结构。逻辑结构代表了在 Oracle 数据库中能看到的组成部分(如表、索引等)，而物理结构代表了 Oracle 内部使用的存储方法(如数据文件、控制文件、日志文件等)。Oracle 实例是指数据库服务器的内存及相关处理程序，也就是说，数据库文件的操作都是通过这个实例来完成的，因此它又被称为 Oracle 数据库引擎。Orade 实例由系统全局区(SGA)和后台处理进程组成。

4.2　实　　例

4.2.1　内存结构

Oracle 的内存结构包含以下两部分：系统全局区(SGA)和程序全局区(PGA)。

1. 系统全局区

系统全局区(简称 SGA)是 Oracle 数据库存放系统信息的一个内存区域，是 Oracle 为一个数据库实例分配的一组共享内存缓冲区。多个进程可以同时对 SGA 中的数据进行访问和相互通信。SGA 保存着 Oracle 系统与所有数据库用户的共享信息，包括数据维护、SQL 语句分析、重做日志管理等，是实例的主要部分。SGA 在实例启动时被自动分配，当实例关闭时被收回。在系统全局区中，根据功能的不同，SGA 可分为如下关键部件。

1) 数据高速缓冲区(Data Buffer Cache)

在数据高速缓冲区中存放着 Oracle 系统最近使用过的数据库数据块。用户进程查看的数据必须首先驻留在数据高速缓冲区中。当用户第一次执行查询或修改操作时，所需的数据由服务器进程从数据文件中读出来之后，首先被装入到数据缓冲区中，这样数据的操作就可以在内存中完成。当用户下一次访问相同的数据时，Oracle 就不必再从数据文件中读取，而是直接将数据缓冲区中的数据返回给用户，这样做可以极大地提高对用户请求的响应速度。

数据缓冲区由若干块组成，Oracle 9i 的数据缓冲区直接由初始化参数文件中的 db_cache_size 参数决定，该参数以 KB 或 MB 为单位。Oracle 9i 允许指定不同的数据块大小，其中，db_block_size 用于定义标准块的大小，而 db_nK_cache_size 可用于定义非标准块的数据缓冲区的大小，n 为 2、4、6、8、16 或 32。数据缓冲区的实际大小是标准块和非标准块的数据缓冲区的大小之和。例如，假设在某个初始化参数文件中具有如下设置：

db_block_size=4096
db_cache_size=1024M
db_2K_cache_size=256M
db_8K_cache_size=512M

则说明数据库标准块的大小为 4 KB，具有标准块大小的数据缓冲区为 1024 MB，除此之外还有块大小为 2 KB 的数据缓冲区 256 MB，块大小为 8 KB 的数据缓冲区 512 MB。

数据缓冲区对数据块的存取速度有直接影响。如果能够使用更大的数据缓冲区，则可以提高数据库的访问性能，但是系统的物理内存总是有限的，数据缓冲区过大，也会影响到操作系统和数据库其他方面的性能。如果要查询数据缓冲区的大小，则具有 DBA 权限的用户可按如下方法查看：

```
SQL>show parameter db
```

NAME	TYPE	VALUE
db_16k_cache_size	big integer	0
db_2k_cache_size	big integer	0
…		
db_block_size	integer	4096
db_cache_size	big integer	33554432
…		

2) 共享池(Shared Pool)

共享池相当于程序高速缓冲区，所有的用户程序都存放在共享 SQL 池中。共享池是对 SQL、PL/SQL 程序进行语法分析、编译、执行的内存区域。共享池由库缓冲和数据字典缓冲组成。其中，库缓冲含有最近执行的 SQL、PL/SQL 语句的分析码和执行计划；数据字典缓冲含有从数据字典中得到的表、索引、列定义和权限等信息。共享池的大小直接影响数据库的性能。

共享池的大小由初始化参数 shared_pool_size 决定，该参数以 KB 或 MB 为单位，默认大小为 8 MB。用户不能控制库缓冲和数据字典缓冲的大小，它们的大小由系统决定。如果共享池设置过小，则运行 SQL、PL/SQL 语句所占用的时间会较长，影响数据库性能。

要了解共享池的大小，可以使用以下方法：

(1) 在初始化参数文件中查询参数 shared_pool_size。

(2) 使用 show 命令查询。

```
SQL>show parameter shared_pool_size
```

NAME	TYPE	VALUE
shared_pool_size	big integer	46137344

(3) 查询数据字典 v$parameter。

```
SQL>set pagesize 20 linesize 600
SQL>select name, value from v$parameter where name = 'shared_pool_size';
```

NAME	VALUE
shared_pool_size	46137344

3) 重做日志缓冲区(Redo Log Buffer)

重做日志缓冲区用于缓冲在对数据进行修改的操作过程中生成的重做记录。当用户执行 insert、update、delete 语句对表进行修改，或者执行 create、alter、drop 等语句创建或修改数据库对象时，服务器进程会自动为这些操作生成重做记录，并同时将重做记录写入到重做日志缓冲区中。数据库进行修改的任何事务在记录到重做日志之前都必须首先放到重做日志缓冲区中。重做日志缓冲区中的数据达到一定量时，由日志写入进程 LGWR 写入重做日志文件。

重做日志缓冲区是一个循环缓冲区，在使用时从顶端向底端写入数据，然后再返回到缓冲区的起始点循环写入。重做日志缓冲区的大小由 log_buffer 初始化参数指定，该参数也可以在数据库运行过程中动态修改。重做日志缓冲区的大小对数据库的性能有很大影响。重做日志缓冲区过小会增加写盘的次数，增加系统的 I/O 负担。通常较大的重做日志缓冲区能够减少重做日志文件的 I/O 次数。

要查询重做日志缓冲区的大小，可以使用以下方法：

(1) 在初始化参数文件中查询参数 log_buffer。

(2) 使用 show 命令查询。

SQL> show parameter log_buffer

NAME	TYPE	VALUE
log_buffer	integer	524288

(3) 查询数据字典 v$parameter。

SQL> select name, value from v$parameter where name like '%buffer';

NAME	VALUE
log_buffer	524288

2. 程序全局区(PGA)

PGA 是用户进程私有的内存区域，不能共享。PGA 包含单个服务器进程或单个后台进程的数据和控制信息、进程会话变量及内部数组等。PGA 在用户进程连接到数据库并创建一个会话时自动分配，进程中的不同部分可以相互通信，但与外界没有联系。当一个用户会话结束后，PGA 释放。

4.2.2　进程结构

当用户连接到 Oracle 数据库实例并进行事务处理时，会产生不同类型的进程来实现事务处理。一般来说，有三种类型的进程，即用户进程、服务器进程和后台进程。

1. 用户进程和服务器进程

在 Oracle 运行和交互过程中涉及两类进程：用户进程和服务器进程。

(1) 用户进程：在客户端负责将用户的 SQL 语句传递给服务器进程，并从服务器端取回查询数据。

(2) 服务器进程：由 Oracle 系统创建，用来处理用户进程提出的请求，根据请求进行实际的操作，并将操作结果返回用户进程。

2. 后台进程

Oracle 数据库中,为了使系统性能最好并协调多个用户,实例系统中使用一些附加进程,这些进程称为后台进程。这些后台进程存在于操作系统中, 在实例启动时自动启动,并且在实例关闭时停止运行。下面简要介绍一下这些进程。

(1) 数据库写入进程(DBWR):该进程用来管理数据缓冲区和字典缓冲区的内容,分批将修改后的数据块写回数据库文件。系统可以拥有多个该进程。

(2) 日志写入进程(LGWR):该进程用于将联机重做日志缓冲区的内容写入到联机重做日志文件中,是唯一能够读/写日志文件的进程。

(3) 系统监控进程(SMON):该进程用来检查数据库的一致性,在数据库系统启动时执行恢复性工作的强制进程,并对有故障的 CPU 或实例进行恢复。

(4) 进程监控进程(PMON):该进程用于恢复失败的数据库用户的强制性进程。当用户进程失败后,进程监控器后台进程会进行清理工作,并回滚用户进程还没有做完的事务,释放该用户占用的所有数据库资源。

(5) 归档进程(ARCH):该进程用于在数据库设置为归档日志模式的情况下,当每次日志切换时对已满的日志组进行备份或归档。

(6) 检查点进程(CKPT):该进程用于确保缓冲区内的内容隔一定时间进行一次对数据文件的更新。否则,当数据库发生毁损时,要用很长时间才可从日志文件的记录中还原回来,这会造成系统的负担。

4.3　Oracle 数据库的逻辑结构

4.3.1　逻辑结构

Oracle 数据库的逻辑结构描述了数据库在逻辑上是如何存储其中的数据的。数据库逻辑结构包括表空间、逻辑对象、段、区间、数据块等,在逻辑上是按照层次进行管理的。从图 4-2 中可以看出,数据库的逻辑结构共有 6 层,由底向上分别如下所述。

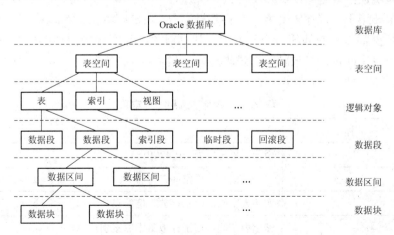

图 4-2　Oracle 数据库的逻辑结构

1. 数据块

数据块是 Oracle 数据库读/写数据的最小存储单元，它的大小由初始化参数 db_block_size 决定，在 Oracle 数据库创建时就决定了 db_block_size 的值，该数据块的常见大小为 2 KB 或 4 KB，通常为操作系统默认数据块大小的整数倍。

2. 数据区间

数据区间(extent)由一组连续的数据块构成，是数据库存储空间分配的一个逻辑单位。数据区间是由段分配的，分配的第一个数据区间称初始数据区，以后分配的数据区间称增量数据区。控制数据区分配的参数有 INITIAL、NEXT、MAXEXTENTS 和 MINEXTENTS，分别表示初始区的大小、下一区的大小、最大区间数和最小区间数。

3. 数据段

数据段(segment)由若干个数据区间构成。每个段在创建时都会分配一定指定数目的初始区，当段中初始区的存储空间都使用完后，Oracle 将继续为段分配新的区。段有多种类型，对应于不同类型的数据库对象，常见的段类型有：数据段、索引段、临时段、回滚段。

(1) 数据段：用于存放数据。

(2) 索引段：用于存放索引数据。

(3) 回滚段：用于存放要撤消的信息。

(4) 临时段：执行 SQL 语句时，用于存放中间结果和数据。一旦执行完毕，临时段占用的空间将归还给系统。

4. 逻辑对象

逻辑对象是指用户可操作的数据库对象。Oracle 系统中包括表、索引、视图、簇、同义词、序列、触发器、过程、函数等 21 种数据库对象。

5. 表空间

任何数据库对象在存储时都必须存储在某个表空间中。表空间是由一个或多个磁盘文件构成的，一个数据库中的数据被逻辑地存储在表空间上，表空间相当于操作系统中的文件夹，表空间实质上就是组织数据文件的一种途径。

表空间主要用于管理逻辑对象。在将数据插入 Oracle 数据库之前，必须首先建立表空间，然后将数据插入表空间的一个对象中。建立对象时，必须指定要存放的所有信息的数据类型。一个表空间可以存放若干个逻辑对象。当 Oracle 安装完毕后，通常系统将自动建立 9 个默认的表空间，如表 4-1 所示。

表 4-1 系统默认的表空间

名　　　称	作　　　用
CWMLITE	用于联机分析处理(OLAP)
DRSYS	用于存放与工作空间设置有关的信息
EXAMPLE	实例表空间，用于存放实例信息
INDEX	索引表空间，用于存放数据库索引信息

续表

名　　称	作　　用
SYSTEM	系统表空间，用于存放表空间名称、所含数据文件等管理信息
TEMP	临时表空间，用于存放临时表
TOOLS	工具表空间，用于存放数据库工具软件所需的数据库对象
UNDOTBS	回滚表空间，用于存放数据库恢复信息
USERS	用户表空间，用于存放用户的私有信息

6．数据库

数据库由若干个表空间构成。实际上，一个数据库服务器上可以有多个数据库，一个数据库可以有多个表空间。在 Oracle 数据库中，可以将表空间看做是一个容纳数据库对象的容器，其中被划分为一个个独立的段，在数据库中创建的所有对象都必须保存在指定的表空间中。一个表空间可以有多个表(或其他类型数据对象，如索引等)，一个表可以有多个段(segment)，一个段可以有多个区(extent)，一个区可以有多个数据块(database block)，而一个数据块对应硬盘上的一个或多个物理块。数据块是数据库进行操作的最小单位。

4.3.2　管理表空间

1．表空间的类型和状态

表空间可以简单地分为系统(SYSTEM)表空间和非系统(NON-SYSTEM)表空间。

系统表空间是在创建数据库时一同创建的，它用于存储数据字典对象，并且包含系统回滚段(System Undo Segment)。

非系统表空间还可以分为以下三类：永久表空间、临时表空间和撤消表空间。永久表空间用于存储用户数据。临时表空间用于存储临时数据，如用户数据进行排序时产生的数据。撤消表空间用于自动还原管理，它包含回滚记录，提供了对用户数据进行回滚的能力。

表空间主要有以下几种状态：联机、脱机和只读或可读/写。

处于联机状态的表空间称为联机表空间，这是表空间的正常工作状态，用户可以正常访问此表空间中的数据。处于脱机状态的表空间称为脱机表空间，这时表空间以及表空间中的数据暂时不可用，用户不能访问此表空间中的数据。当数据库处于打开状态时，除了SYSTEM 表空间外，任何其他表空间都能够由联机状态改为脱机状态，或者由脱机状态改为联机状态。当 DBA 需要对表空间进行脱机备份，或者需要对应用程序进行升级或维护，或者要禁止用户访问数据库中的一部分数据，但又不影响对数据库中其他部分的正常访问时，DBA 可以将数据库中的某个表空间设置为脱机状态。

一般情况下，联机表空间是可读/写的。用户可以更改表空间为只读状态，以限制用户对表空间的数据进行写操作。

2．表空间的作用

表空间是 Oracle 数据库内部最高层次的逻辑存储结构。表空间虽然属于数据库逻辑存储结构的范畴，但是它与数据库物理结构有着十分密切的关系，表空间在物理上是由一个或多个数据文件组成的。

在创建数据库时，Oracle 会自动建立一些默认的表空间，其中最重要的就是 SYSTEM 表空间。对于一个小的数据库来说，使用一个 SYSTEM 表空间就可能满足要求。但是对于大部分数据库来说，Oracle 建议为每个应用都创建独立的表空间，这样可以实现各个应用数据分离，用户数据与系统数据分离。使用多个表空间来存放数据，DBA 能够更方便地管理数据库，用户对数据库的操作也会更灵活。

使用多个表空间可以使数据库对象的管理具有以下优势：

(1) 能够将数据字典与用户数据分离，避免由于字典对象和用户对象保存在同一个数据文件中而产生 I/O 冲突。

(2) 能够将回退数据与用户数据分离出来，避免由于硬盘损坏而导致永久性的数据丢失。

(3) 能够将表空间的数据文件分散保存到不同的硬盘上，平均分布物理 I/O 操作。

(4) 能够将某个表空间设置为脱机状态或联机状态，以便对数据库的一部分进行备份和恢复。

(5) 能够将某个表空间设置为只读状态，从而将数据库的一部分设置为只读状态。

(6) 能够为某种特殊用途专门设置一个表空间，比如临时表空间等，以优化表空间的使用效率。

3. 管理表空间的操作

1) 创建表空间

表空间在使用之前必须先创建。可以用两种方法来创建表空间：一种是使用企业管理控制台，这种方法比较简单、直观，容易掌握；另一种是使用命令方式，这种方法比较灵活，语法清晰，适合于有经验的数据库用户。

(1) 使用企业管理控制台创建表空间。

① 在企业管理控制台上登录到 Oracle 9i 数据库后，选择"存储"→"表空间"选项，单击鼠标右键，如图 4-3 所示。在弹出的快捷菜单中选择"创建"选项，将出现如图 4-4 所示的"创建表空间"窗口，此窗口包括"一般信息"和"存储"两个选项卡。设置新建表空间的"一般信息"。在"一般信息"中主要设置如下参数：在"名称"文本框中输入新建表空间的名称 USERTAB；在"数据文件"区域中输入新建表空间所对应的数据文件信息，一个表空间可以指定一个数据文件，也可以指定多个数据文件；数据文件的扩展名为".ora"或".dbf"；数据文件存放的目录通常采用默认值，不进行修改。

图 4-3　Oracle 数据库的逻辑结构

图 4-4　"创建表空间"窗口(1)

② 在"状态"区域中设置新建表空间的状态信息。新建表空间的初始状态默认为"联机"状态，此处也可以选择"脱机"状态。注意：SYSTEM 表空间不能被设置为脱机状态，因为在数据库运行过程中始终会使用到 SYSTEM 表空间中的数据。 在"类型"区域中设置新建表空间的类型，类型分为三种：永久、临时和撤消。

③ 设置新建表空间的"存储"项，即在"存储"项中设置参数，如图 4-5 所示。在"存储"项中设置表空间的存储管理方式。表空间的存储管理方式有本地管理和在字典中管理两种方式，在 Oracle 9i 中对于新建表空间默认为本地管理方式。注意：存储管理方式在创建完表空间后不能够再改变。

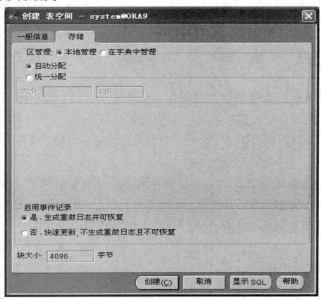

图 4-5　"创建表空间"窗口(2)

　　如果选用默认的本地管理方式，则对于区管理，区的分配方式有"自动分配"和"统一分配"两种。在 Oracle 9i 中默认设置为自动分配。在自动分配方式下，Oracle 自动管理区的分配；在统一分配方式下，表空间中所有区都具有相同的大小。

　　如果选用"在字典中管理"方式，则表空间使用数据字典来管理存储空间的分配。如图 4-6 所示，对于区管理，可以选择是否覆盖默认区值。如果选择覆盖，则需指定区的初始大小、下一个区的大小和增量等选项。

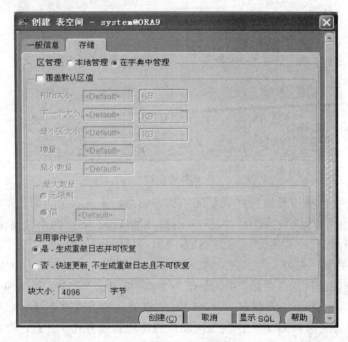

图 4-6　"创建表空间"窗口(3)

　　④ 在"启用事件记录"区域中设置是否生成重做日志并可恢复属性。如果选中"是"单选项，则启用事件记录并创建重做日志，该操作所用时间比不启用事件记录所用时间长，但可以在遇到意外失败的情况下恢复更新。如果选中"否"，则不启用事件记录，也就不会生成重做日志。

　　⑤ 在"块大小"区域中设置该表空间块的大小。通常一个数据库中所有表空间都采用相同的块大小，因此，块大小数值通常不进行更改。

　　⑥ 完成"一般信息"和"存储"选项卡中参数的设置后，单击【创建】按钮，Oracle 开始创建表空间。

　　(2) 使用命令行方式创建表空间。创建表空间必须拥有 CREATE TABLESPACE 系统权限。CREATE TABLESPACE、CREATE TEMPORARY TABLESPACE 和 CREATE UNDO TABLESPACE 分别用于创建永久表空间、临时表空间和撤消表空间。

语法格式：

CREATE TABLESPACE 表空间名

DATAFILE 文件标识符[,文件标识符]...

[AUTOEXTEND ON[NEXT n MAXSIZE UNLIMITED | n] | OFF]

[DEFAULT STORAGE(存储配置参数)]

[AUTOEXTEND ON[NEXT n MAXSIZE UNLIMITED | n] | OFF]]

[EXTENT MANAGEMENT LOCAL [AUTOLLOCATE | UNIFORM [SIZE n]]]

[LOGGING | NOLOGGING]

[ONLINE | OFFLINE];

参数说明：

DATAFILE 参数：用于指定数据文件。一个表空间可以指定一个或多个数据文件，当指定多个数据文件时，每两个数据文件之间用","号分隔。SIZE 参数用于指定数据文件的长度。REUSE 参数用于覆盖现有文件。

AUTOEXTEND 参数：用于指定数据文件是否采用自动扩展方式增加表空间的物理存储空间。ON 表示采用自动扩展，同时用 NEXT 参数指定每次扩展物理存储空间的大小，用 MAXSIZE 参数指定数据文件的最大长度，UNLIMITED 表示无限制；OFF 参数表示不采用自动扩展方式。

EXTENT MANAGEMENT LOCAL 参数：用于指定新建表空间为本地管理方式的表空间。AUTOLLOCATE 和 UNIFORM 参数用于指定本地管理表空间中区的分配管理方式。其中，AUTOLLOCATE 为默认值，表示区分配自动管理；UNIFORM 表示新建表空间中所有区都具有统一的大小，默认值为 1 MB。

LOGGING 参数：用于指定该表空间中所有的 DDL 操作和直接插入记录操作，它们都应当被记录在重做日志中。这是默认的设置。如果使用了 NOLOGGING 参数，则上述操作都不会被记录在重做日志中，可以提高操作的执行速度，但无法进行数据库的自动恢复。

ONLINE 参数：用于指定表空间在创建之后立即处于联机状态。这是默认的设置。参数 OFFLINE 表示脱机状态。

【例 4.1】 创建多个数据文件的表空间。

```
SQL>create tablespace usertbs
  2    datafile 'c:\oracle\oradata\usertbs01.dbf' size 50M,
  3      'c:\oracle\oradata\usertbs02.dbf' size 50M,
  4      'c:\oracle\oradata\usertbs03.dbf' size 50M
  5    extent management dictionary;
```

在本例中，未指定的参数选用默认值。

2) 修改表空间

修改表空间的设置也可以采用企业管理控制台和命令行两种方式。修改表空间必须具有 ALTER TABLESPACE 或 MANAGE TABLESPACE 系统权限。表空间建立以后，对于本地管理的一般表空间来说，可以修改的一些参数有：添加、删除或重命名数据文件，可改变一个表空间的状态(ONLINE | OFFLINE)并使一个表空间设为只读或读/写状态(READ ONLY | READ WRITE)。

(1) 利用企业管理控制台修改表空间。利用企业管理控制台修改表空间的方式如图 4-7 所示，选中要修改或查看的表空间，在数据文件栏内可以增加或删除、重命名数据文件等。在状态栏和类型栏内进行相应的修改，此处不再赘述。

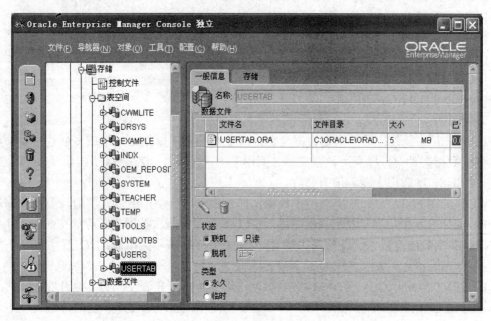

图 4-7　利用企业管理控制台修改表空间

(2) 使用命令行方式修改表空间。

语法格式:

ALTER TABLESPCE 表空间名

(ADD DATAFILE 文件标识符[,文件标识符]...　　　　--增加数据文件

\RENAME DATAFILE '文件名' [,'文件名']...TO '文件名' [,'文件名']...

　　　　　　　　　　　　　　　　　　　--修改表空间数据文件的路径

\DEFAULT STORAGE(存储配置参数)　　　　--修改表空间的存储参数

\ONLINE\OFFLINE[NORMAL\IMMEDIATE]　　--表空间联机/脱机

\(BEGIN\END)BACKUP);　　　　　　　　--修改表空间的备份状态

【例 4.2】　修改表空间,增加一个 20 MB 的数据文件。

SQL>ALTER TABLESPACE usertbs

　　　ADD DATAFILE ' c:\oracle\oradata\usertbs04.dbf ' SIZE 20M;

表空间已更改。

【例 4.3】　改变表空间的可用性。

SQL>ALTER TABLESPACE usertbs offline normal(正常方式);

表空间已更改。

3) 删除表空间

当表空间不需要时,可以删除表空间。删除表空间要具有 DROP TABLESPACE 系统权限。删除表空间可以使用企业管理控制台,也可以使用命令行方式。

(1) 使用企业管理控制台删除表空间。利用企业管理控制台删除表空间的方式如图 4-8 所示,在快捷菜单中选择"移去"选项,系统询问是否要移去 USERTABS 表空间,选择"是",则进行删除。默认只删除表空间内容而不删除对应的数据文件。

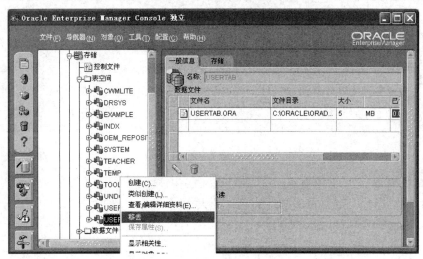

图 4-8　利用企业管理控制台删除表空间

(2) 使用命令行方式删除表空间。

语法格式:

DROP TABLESPACE 表空间名[INCLUDING CONTENTS];

【例 4.4】　删除表空间(不包括对应的数据文件)。

SQL>DROP TABLESPACE dmusertbs INCLUDING CONTENTS;

表空间已丢弃。

【例 4.5】　删除表空间(包括对应的数据文件)。

SQL>DROP TABLESPACE dmusertbs INCLUDING CONTENTS AND DATAFILES;

表空间已丢弃。

4) 查看表空间信息

利用控制台和命令行方式可以查看表空间信息。表空间信息如图 4-7 所示,选中所要查看的表空间,将出现对应表空间的信息。

如果使用命令行方式查看表空间信息,则可以借助数据字典视图或动态性能视图,如V$TABLESPACE、DBA_TABLESPACE、USER_TABLESPACE、DBA_DATA_FILES 等。

【例 4.6】　查看表空间的名称及大小。

SQL> select t.tablespace_name, round(sum(bytes/(1024*1024)),0) ts_size

　　2　from dba_tablespaces t, dba_data_files d

　　3　where t.tablespace_name = d.tablespace_name

　　4　group by t.tablespace_name;

TABLESPACE_NAME	TS_SIZE
CWMLITE	20
DRSYS	20
EXAMPLE	153
INDX	25

OEM_REPOSITORY	35
SYSTEM	325
TEACHER	5
TOOLS	10
UNDOTBS	290
USERS	25
USERTAB	5

已选择 11 行。

【例 4.7】 查看表空间物理文件的名称及大小。

```
SQL>set pagesize 40 linesize 600
SQL>   select tablespace_name, file_name,
  2       round(bytes/(1024*1024),0) total_space
  3        from dba_data_files
  4       order by tablespace_name;
```

TABLESPACE_NAME	FILE_NAME
------------------	--
CWMLITE	C:\ORACLE\ORADATA\ORA9\CWMLITE01.DBF
DRSYS	C:\ORACLE\ORADATA\ORA9\DRSYS01.DBF
EXAMPLE	C:\ORACLE\ORADATA\ORA9\EXAMPLE01.DBF
INDX	C:\ORACLE\ORADATA\ORA9\INDX01.DBF
OEM_REPOSITORY	C:\ORACLE\ORADATA\ORA9\OEM_REPOSITORY.DBF
SYSTEM	C:\ORACLE\ORADATA\ORA9\SYSTEM01.DBF
TEACHER	C:\ORACLE\ORADATA\ORA9\TEACHER.ORA
TOOLS	C:\ORACLE\ORADATA\ORA9\TOOLS01.DBF
UNDOTBS	C:\ORACLE\ORADATA\ORA9\UNDOTBS01.DBF
USERS	C:\ORACLE\ORADATA\ORA9\USERS01.DBF
USERTAB	C:\ORACLE\ORADATA\ORA9\USERTAB.ORA

已选择 11 行。

4.4　Oracle 数据库的物理结构

　　Oracle 数据库的物理结构主要是指从物理存储的角度分析数据库的组成，也就是 Oracle 数据库系统创建和使用的操作系统的物理文件。Oracle 的物理文件可分为三类，即数据文件、重做日志文件和控制文件。Oracle 服务器除了使用这三种文件外，也使用一些其他文件，包括初始化参数文件、归档日志文件、跟踪文件等。这里主要介绍初始化参数文件。

4.4.1　数据文件

数据库中的数据在物理上都保存在一些操作系统的文件中，这些操作系统的文件就是数据文件，通常是后缀名为 .dbf 的文件。每个 Oracle 数据库都有一个或多个数据文件。一个数据文件只能属于一个数据库。每个数据文件又由若干个物理块组成。

数据文件的内容包括表数据、索引数据、数据字典定义、数据库对象(如存储过程、函数包等)、用户定义、排序时产生的临时数据以及为保证事务重做(回滚数据)所必需的数据等。

作为 SYSTEM 用户或一些其他具有特权的用户登录，通过查询 v$datafile 动态性能视图可以查找数据文件的存放位置、大小和状态。

【例 4.8】　查找数据文件的存放位置、大小和状态。

SQL>set pagesize 40 linesize 600

SQL>select status, bytes, name from v$datafile;

```
STATUS          BYTES NAME
------- ---------- -------------------------------------------
SYSTEM      340787200 C:\ORACLE\ORADATA\ORA\SYSTEM01.DBF
ONLINE      209715200 C:\ORACLE\ORADATA\ORA\UNDOTBS01.DBF
ONLINE       20971520 C:\ORACLE\ORADATA\ORA\CWMLITE01.DBF
ONLINE       20971520 C:\ORACLE\ORADATA\ORA\DRSYS01.DBF
ONLINE      159907840 C:\ORACLE\ORADATA\ORA\EXAMPLE01.DBF
ONLINE       26214400 C:\ORACLE\ORADATA\ORA\INDX01.DBF
ONLINE       10485760 C:\ORACLE\ORADATA\ORA\TOOLS01.DBF
ONLINE       26214400 C:\ORACLE\ORADATA\ORA\USERS01.DBF
ONLINE       52428800 C:\ORACLE\ORADATA\USERTBS.DBF
ONLINE       52428800 C:\ORACLE\ORADATA\SORT01.DBF
ONLINE        5242880 C:\ORACLE\ORADATA\ORA\TEACHER.ORA
```

已选择 11 行。

4.4.2　控制文件

每个 Oracle 数据库都有相应的控制文件。控制文件是一个二进制文件，它定义了数据库的状态，其主要信息有：数据库名和标识符、数据库创建的时间、表空间的名字、数据文件和日志文件的名字和位置、当前重做日志文件的序列号、回滚段的起点与终点、重做日志的归档信息以及备份信息等。控制文件通常为 .ctl 格式。

数据库系统在运行前要首先转至控制文件，以检查数据库是否良好，确定系统运行所需的操作系统文件(数据文件、重做日志文件等)。如果控制文件一切正常，那么实例才能加载并打开数据库。如果出现某个数据文件丢失或者特定文件在数据库未使用时被更换的情况，则控制文件将通知数据库系统中出现了故障。如果检查出数据库文件中存在错误，则在问题排除之前，系统不能继续工作。

一个控制文件只能属于一个数据库，一个数据库中必须至少有一个控制文件。由于控制文件非常重要，因此建议使用两个或更多的控制文件。建议在数据库创建完成后，应及时备份控制文件，因为在数据库操作过程中，一旦出现控制文件损坏，数据库将无法使用。

可以通过下面两种方法查找控制文件的名字和位置。

(1) 在参数文件中查找。参数文件为 initxxxx.ora，它缺省存放在 ORACLE_HOME\admin\...\pfile 目录下。

(2) 作为 SYSTEM 用户或一些其他有特权的用户登录，执行 select 语句。

SQL>select name from v$controlfile;

NAME

\-

C:\ORACLE\ORADATA\ORA9\CONTROL01.CTL

C:\ORACLE\ORADATA\ORA9\CONTROL02.CTL

C:\ORACLE\ORADATA\ORA9\CONTROL03.CTL

4.4.3　重做日志文件

重做日志文件用于记录数据库所做的全部变更(如增加、删除、修改)，以便在系统发生故障时，用它对数据库进行恢复。重做日志文件通常为 .log 格式，日志文件由 Oracle 的后台进程 LGWR 进行写入。只要事务被提交，LGWR 就从 SGA 的重做日志缓冲区将事务的重做日志写到重做日志文件中，并且分配一系统变化号来为每个提交的事务识别重做日志。

一个数据库至少需要两个重做日志文件，用来记录用户对数据库所做的任何改变。在创建数据库时，可以设置一个或多个重做日志组同时工作，每个重做日志组包括多个重做日志文件，重做日志文件以循环方式写入日志。日志文件的工作原理如图 4-9 所示。第一个日志组文件被填满时，进行日志交换，向第二个日志组文件写入，以此类推，当所有日志组文件都被填满时，再对第一个日志组文件进行重写，此时，系统根据日志工作模式的不同(归档日志模式和非归档日志模式)来处理以前的日志信息。

数据库分为以下两种归档模式：Archivelog(归档日志)模式和 NoArchivelog(非归档日志)模式。

(1) 归档模式(Archivelog)：又称为全恢复模式，将保留所有的重做日志内容。如果数据库系统工作在归档模式下，那么当第三个日志组写满后又回头向第一个日志组中写入时，第一个日志组以前的日志信息将全部保留备份。这样，数据库可以从所有类型的失败中恢复，该模式是最安全的数据库工作方式。

(2) 非归档模式(NoArchivelog)：不保留以前的重做日志内容。如果数据库系统工作在非归档模式下，那么当第三个日志组写满后又回头向第一个日志组中写入时，第一个日志组以前的日志信息将被覆盖。这样，一旦数据库出现故障，就只能根据日志文件中记载的内容进行部分恢复。

为了防止日志文件本身发生故障，数据库管理员可以为每个日志文件建立映像。如图 4-9 所示，每个日志组可由多个成员组成，当日志写入日志文件时，也同时写入组内每个成员文件。建议各成员保存在不同磁盘上，以防止磁盘设备整个出现故障。只要组里有一个成员是有效的，数据库就能正常工作。

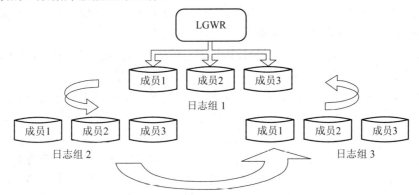

图 4-9　带有多个成员的重做日志组

作为 SYSTEM 用户或一些其他有特权的用户登录，通过查询 v$logfile 动态性能视图可以查找日志文件信息。

【例 4.9】　查找日志文件信息。

SQL>select member from v$logfile;

MEMBER

C:\ORACLE\ORADATA\ORA9\REDO03.LOG

C:\ORACLE\ORADATA\ORA9\REDO02.LOG

C:\ORACLE\ORADATA\ORA9\REDO01.LOG

4.4.4　初始化参数文件

初始化参数文件是一个 ASCII 文本文件，记录 Oracle 数据库运行时的一些重要参数，如数据块的大小、内存结构的配置等。初始化参数文件的名字通常为 initsid.ora 格式，sid 相当于它所控制的数据库的标识符。每个 Oracle 数据库和实例都有它自己唯一的 init.ora 文件。

初始化参数文件并不属于 Oracle 物理结构文件，但它对数据库有很大影响。当数据库启动时，在创建实例或读取控制文件之前，先读取 init.ora 文件。init.ora 文件中的值决定着数据库和实例的特性，例如共享池、高速缓冲、重做日志缓冲分配、后台进程的自动启动、控制文件的读取、为数据库指出归档日志的目标、自动联机回滚段等。直到数据库被关闭并重新启动，对 init.ora 文件中参数的更改才被承认。

Oracle 9i 除了保留文本参数文件外，还提供了服务器端二进制参数文件(SPFILE)，默认情况下使用服务器端参数文件启动实例。在 Oracle 9i 中，初始化参数文件不仅可以在运行时修改，还可以通过 scope 选项决定修改过的参数值是只在本次运行中有效，还是要写入到服务器端参数文件中永久有效，这样可以免去修改初始化参数时必须先关闭实例，然后修改参数，再重启实例的麻烦。

4.5　建立数据库

　　基于对 Oracle 数据库体系结构的介绍，我们可以创建一个数据库来加深对其体系结构的理解。Oracle 数据库在物理结构上是由一系列操作系统文件组成的。这些文件主要包括数据文件、控制文件和日志文件等。创建数据库的过程就是按照特定的规则在 Oracle 所基于的操作系统上建立这些文件，并利用这些文件来存储和管理数据。

　　建立数据库有两种方式，即使用数据库配置助手(DBCA)和采用命令行方式。DBCA 提供用于创建、管理、配置和删除数据库的图形化工具。它主要采用向导方式，提供了相当多的细节控制和设置建议，比如数据库的大小、所需硬件资源、数据库的逻辑结构和物理结构、初始化参数文件以及初始化参数(全局数据库名称、控制文件、数据库块大小、缓冲区高速缓存、共享池和大型缓冲池、SGA 区最大尺寸等)，并且充分利用了 Oracle 9i 的优点创建高效的数据库。下面我们主要以 DBCA 为例来创建一个数据库 ORACLEDB。

4.5.1　使用 DBCA 创建数据库

　　(1) 在操作系统界面上选择"开始"→"程序"→"Oracle-OraHome90"→"Configuration and Migration Tools"→"Database Configuration Assistant"选项后，出现如图 4-10 所示的"欢迎使用"窗口，单击【下一步】按钮。

图 4-10　"欢迎使用"窗口

　　(2) 出现如图 4-11 所示的操作窗口，选择"创建数据库"单选钮，单击【下一步】按钮。

图 4-11　创建数据库步骤(1)

(3) 出现如图 4-12 所示的数据库模板窗口，选择"General Purpose"数据库模板，单击【下一步】按钮。

图 4-12　创建数据库步骤(2)

(4) 出现如图 4-13 所示的数据库标识窗口，在"全局数据库名称"栏中输入要创建的数据库名，单击【下一步】按钮。

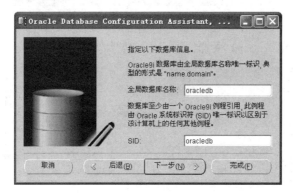

图 4-13　创建数据库步骤(3)

(5) 出现如图 4-14 所示的数据库连接选项窗口，选择"共享服务器模式"，单击"下一步"按钮。

图 4-14　创建数据库步骤(4)

(6) 出现如图 4-15 所示的"初始化参数"窗口。该窗口包括内存的设置、归档日志模式的设置、数据库块/类区域大小的设置、初始化参数文件的设置等。设置完这些初始化参数后，单击【下一步】按钮。

图 4-15   创建数据库步骤(5)

(7) 出现如图 4-16 所示的数据库存储窗口。在此窗口中可以设置数据文件、控制文件和日志文件的文件名及存储位置等信息。

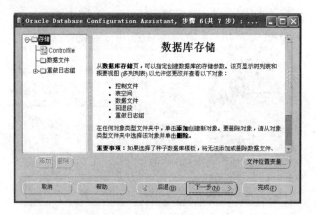

图 4-16   创建数据库步骤(6)

(8) 出现如图 4-17 所示的"概要"窗口。在"概要"窗口中，所有设置都以表格的形式列出，主要包括公共选项、初始化参数、字符集、数据文件、控制文件和重做日志组。

图 4-17   创建数据库步骤(7)

(9) 单击【确定】按钮后，开始创建数据库的工作。数据库创建完成后将出现如图 4-18 所示的窗口。单击【确定】按钮后，表示利用 DBCA 创建数据库的过程全部结束。

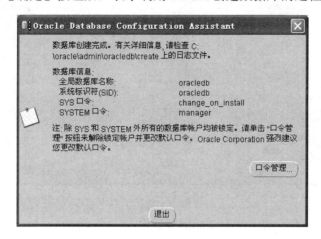

图 4-18　数据库创建完毕显示窗口

4.5.2　查看数据库信息

数据库创建结束后，就可以登录到新建的数据库进行查看和访问。查看数据库信息主要有三种方法：使用 SQL*Plus，使用 SQL*Plus Worksheet，使用企业管理控制台。这里主要使用企业管理控制台来查看数据库信息。

(1) 启动企业管理控制台。在操作系统界面上选择"开始"→"程序"→"Oracle-OraHome90"→"Enterprise Manager Console"，通过"独立启动"方式启动企业管理控制台，如图 4-19 所示。

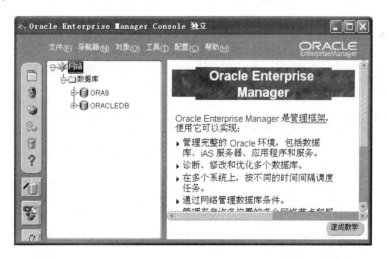

图 4-19　通过"独立启动"方式启动企业管理控制台

(2) 双击要管理的数据库(例如 ORACLEDB)，出现如图 4-20 所示的"数据库连接信息"窗口，输入一个具有 SYSDBA 或 SYSOPER 权限的用户名称，并且在"连接身份"下拉列表框中选择 SYSDBA 选项，然后单击【确定】按钮，连接数据库。

图 4-20 "数据库连接信息"窗口

(3) 如果数据库连接成功，则可在左侧导航栏中展开数据库的相关管理选项，如图 4-21 所示。

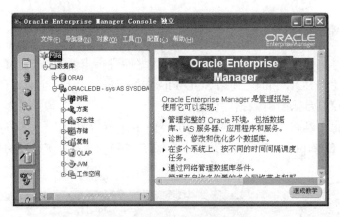

图 4-21 数据库连接成功窗口

(4) 查看默认用户信息。在图 4-21 所示的窗口中选择"安全性"→"用户"，将出现如图 4-22 所示的默认用户信息窗口。

图 4-22 默认用户信息窗口

(5) 查看默认控制文件。选择"存储"→"控制文件",将出现如图 4-23 所示的控制文件信息窗口。在默认情况下,新建立的数据库有 3 个控制文件,默认存放的目录为 C:\ORACLE\ORADATA\ORACLEDB\。

图 4-23 默认控制文件信息窗口

(6) 查看默认表空间。选择"存储"→"表空间",将出现如图 4-24 所示的表空间信息窗口。

图 4-24 默认表空间信息窗口

4.6 Oracle 数据字典

Oracle 数据字典由一组表和视图构成,用于存储 Oracle 系统的活动信息和所有用户数据库的定义信息等。根据所存储内容的不同,可以把数据字典划分为两大类:静态数据字典和动态性能表。

4.6.1 静态数据字典

数据字典是数据库系统的一部分,它所在的表空间为 SYSTEM 表空间。数据字典中记录了系统资源信息、用户登录信息及数据库信息等几乎所有的内容,这些信息都是系统自动建立并维护的，用户只需利用数据字典得到自己想要的信息即可。数据字典是由一些视图组成的，这些视图可分为 4 种类型，可通过前缀来区分，如表 4-2 所示。

表 4-2　数据字典的视图的前缀类型及说明

前　缀	说　明
All	所有对象的信息
User	用户私有的对象信息
Dba	DBA 管理的数据库信息
v$	运行中动态改变的信息

下面以 user_ 为例介绍几个常用的静态视图。

1．user_users 视图

该视图主要描述当前用户的信息，包括当前用户名、帐户 ID、帐户状态、表空间名、创建时间等。

【例 4.10】 查看当前用户的信息。

SQL>select * from user_users;

USERNAME USER_ID ACCOUNT_STATUS　LOCK_DATE EXPIRY_DAT　DEFAULT_TABLESPAC

-------- ------- -------------- --------- ---------- ---------------

SYSTEM　　5　　　OPEN　　　　　　　　　　　　　　　　　　SYSTEM

2．user_tables 视图

该视图主要描述当前用户拥有的所有表的信息，包括表名、表空间名、簇名等。通过此视图可以清楚地了解当前用户可以操作的表有哪些。

3．user_objects 视图

该视图主要描述当前用户拥有的所有对象的信息，包括表、视图、存储过程、触发器、包、索引、序列等。该视图比 user_tables 视图更加全面。

【例 4.11】 获取一个名为"employees"的对象类型及其状态信息。

SQL>select object_type,status

　　2　from user_objects

　　3　where object_name=upper('employees');

OBJECT_TYPE　　　　　STATUS

---------------------- -----------------------

TABLE　　　　　　　　VALID

4．user_tab_privs 视图

该视图主要用来存储当前用户对所有表的权限信息。

上述视图均以 user_开头，其实以 all_开头的也完全一样，只是列出来的信息是当前用户可以访问的对象，而不是当前用户拥有的对象。对于 dba_开头的视图，则需要管理员权限，其他用法也完全一样，此处不再赘述。

4.6.2　动态性能表

动态性能表是一组虚拟表，它们记录了当前数据库的活动情况和性能参数。数据库管理员通过查询动态性能表可以了解系统运行情况，诊断和解决系统运行中出现的问题。动态性能表提供了 Oracle 系统性能信息的基本接口，Oracle 所提供的管理工具(如 Oracle Enterprise Manager 和 Oracle Trace 等)也是通过动态性能表来取得数据库运行状态信息的。为了便于访问，Oracle 将动态性能表作为基表(以 v$开头)，建立了公用同义词(以 v$开头)，数据库管理员或授权用户使用 v$对象可访问系统性能表数据。下面就几个主要的动态性能视图进行介绍。

1．v$access

该视图显示数据库中锁定的数据库对象以及访问这些对象的会话对象(session 对象)。

运行如下命令：

```
SQL>select * from v$access;
SID    OWNER    OBJECT                    TYPE
27     DKH      V$ACCESS                  CURSOR
27     PUBLIC   V$ACCESS                  SYNONYM
27     SYS      DBMS_APPLICATION_INFO     PACKAGE
27     SYS      GV$ACCESS                 VIEW
```

(因记录较多，故这里只是节选了部分记录。)

2．v$session

该视图列出了当前会话的详细信息。该视图字段较多，这里不列详细字段。为了解详细信息，可以直接在 SQL*Plus 命令行下键入 desc v$session。

3．v$active_instance

该视图主要描述在当前数据库下活动的实例信息。

4．v$context

该视图列出当前会话的属性信息，比如命名空间、属性值等。

4.6.3　常用数据字典视图

在 Oracle 的绝大多数数据字典视图中都有像 DBA_TABLES、ALL_TABLES 和 USER_TABLES 一样的视图家族。Oracle 中有超过 100 个视图家族，表 4-3 列出了最重要和最常用的视图家族。需要注意的是，每个视图家族都有一个 DBA_、一个 ALL_和一个 USER_视图，如表 4-3 所示。

表 4-3　常用的视图家族及描述

视图家族	描　　　述
COL_PRIVS	包含了表的列权限，包括授予者、被授予者和权限
EXTENTS	数据范围信息，比如数据文件、数据段名(segment_name)和大小
INDEXES	索引信息，比如类型、唯一性和被涉及的表
IND_COLUMNS	索引列信息，比如索引上的列的排序方式
OBJECTS	对象信息，比如状态和 DDL time
ROLE_PRIVS	角色权限，比如 GRANT 和 ADMIN 选项
SEGMENTS	表和索引的数据段信息，比如 tablespace 和 storage
SEQUECNCES	序列信息，比如序列的 cache、cycle 和 ast_number
SOURCE	除触发器之外的所有内置过程、函数、包的源代码
SYNONYMS	别名信息，比如引用的对象和数据库链接 db_link
SYS_PRIVS	系统权限，比如 grantee、privilege、admin 选项
TAB_COLUMNS	表和视图的列信息，包括列的数据类型
TAB_PRIVS	表权限，比如授予者、被授予者和权限
TABLES	表信息，比如表空间(tablespace)、存储参数(storage parms)和数据行的数量
TRIGGERS	触发器信息，比如类型、事件、触发体(trigger body)
USERS	用户信息，比如临时的和缺省的表空间
VIEWS	视图信息，包括视图定义

　　在 Oracle 中还有一些不常用的数据字典表，但这些表不属于真正的字典家族，它们是一些重要的单一视图，如表 4-4 所示。

表 4-4　重要的单一视图及描述

视 图 名 称	描　　　述
USER_COL_PRIVS_MADE	用户授予他人的列权限
USER_COL_PRIVS_RECD	用户获得的列权限
USER_TAB_PRIVS_MADE	用户授予他人的表权限
USER_TAB_PRIVS_RECD	用户获得的表权限

4.7　小　　结

　　Oracle 数据库服务器有两个主要的组成部分：数据库和实例。数据库可划分为逻辑结构和物理结构。实例由内存结构和一组后台进程组成。

　　Oracle 物理结构主要由数据文件、控制文件和日志文件组成。Oracle 逻辑结构主要包括表空间、数据对象、段、区和数据块。Oracle 内存由 SGA 和 PGA 组成。Oracle 后台进程主要由数据写进程(DBWR)、日志写进程(LGWR)、系统监控(SMON)、进程监控(PMON)、检查点进程(CKPT)构成。

　　Oracle 数据字典由一组表和视图构成,可以把数据字典划分为静态数据字典和动态性能表两大类。

习题四

一、选择题

1. Oracle 数据库由一个或多个称为()的逻辑存储单元组成。(选择一项)

A. 表　　　　　　　B. 表空间　　　　　　C. 行　　　　　　D. 单元

2. 下面( )所指定的方式可控制正在运行的数据库的 REDO 日志。(选择两项)

A. NOARCHIVELOG MODE　　　　　B. ARCHIVELOG MODE

C. LOG MODE　　　　　　　　　　D. TRIMARCHIVELOG MODE

E. INDEX ARCHIVELOG MODE

3. 以下( )内存区不属于 SGA。

A. PGA　　　　B. 日志缓冲区　　　C. 数据缓冲区　　D. 共享池

4. ( )数据字典视图包含了当前连接到数据库的用户信息。

A. v$DATABASE　　　　　　　　　B. DBA_USERS

C. v$SESSION　　　　　　　　　　D. USER_USERS

5. 数据库由( )文件组成。

A. 参数文件　　　B. 口令文件　　　C. 数据文件

D. 控制文件　　　E. 重做日志

6. 例程启动和关闭信息记载到以下( )文件中。

A. 警告文件　　　B. 后台进程跟踪文件　C. 用户进程跟踪文件

7. 例程恢复是由( )后台进程来完成的。

A. DBWR　　　B. LGWR　　　　　C. SMON　　　　D. PMON

8. 当进行日志切换时，以下( )后台进程会开始工作。

A. CKPT　　　B. LGWR　　　　　C. DBWR　　　D. ARCH

E. SMON　　　F. PMON

9. ( )后台进程用于同步数据库文件。

A. DBWR　　　B. LGWR　　　　　C. CKPT

10. 当在表上执行 INSERT 操作时，( )会发生数据变化。

A. 表段　　　　　B. 临时段　　　　　C. UNDO 段

二、简答题

1. 试述 Oracle 系统的特点。

2. Oracle 数据库体系结构由哪两个主要组件构成？

3. Oracle 数据库的逻辑结构包括什么内容？

4. Oracle 数据库的物理结构包括什么内容？各有什么作用？

5. SGA 主要由哪几部分组成？SGA 和 PGA 有什么区别？

6. 试述数据缓冲区的作用。

7. Oracle 数据库有哪几个主要的后台进程？

📧 上机实验四

实验 1　创建控制文件副本

目的与要求：

1．了解控制文件。

2．掌握创建控制文件的方法。

实验内容：

1．用户要为数据库创建一个新的控制文件副本，其步骤如下：

(1) 首先启动 SQL*Plus，以 SYSDBA 身份连接到数据库。

SQL>conn sys/change_on_install as SYSDBA

已连接。

利用数据字典 v$controlfile 查询实例当前使用的控制文件。

SQL>select name from v$controlfile;

NAME

C:\ORACLE\ORADATA\ORA9\CONTROL01.CTL

C:\ORACLE\ORADATA\ORA9\CONTROL02.CTL

C:\ORACLE\ORADATA\ORA9\CONTROL03.CTL

(2) 修改 SPFILE，使用 alter system set control_files 命令来改变控制文件的位置。

alter system set control_files =

'C:\ORACLE\ORADATA\ORA9\CONTROL01.CTL',

'C:\ORACLE\ORADATA\ORA9\CONTROL02.CTL',

'C:\ORACLE\ORADATA\ORA9\CONTROL03.CTL',

'E:\ORA_BAK\ORA9\CONTROL01.CTL' scope=spfile;

运行命令，系统提示：系统已更改。

注：这一步要求数据库启动时使用动态服务器初始化参数文件 SPFILE，即具有 SYSDBA 权限的用户可以创建动态服务器初始化参数文件。使用如下命令：

Create spfile from pfile;

Oracle 将在$oracle_home\DATABASE 目录下产生默认 SPFILE 文件 spfileora9.ora。

如果系统没有使用动态服务器初始化参数文件 SPFILE，则要求关闭数据库后手工将新的控制文件名添加到参数文件指定的 control_files 参数中。

(3) 使用 SHUTDOWN 命令关闭数据库。

SQL>SHUTDOWN IMMEDIATE

数据库已经关闭。

(4) 使用操作系统命令将现有控制文件复制到指定位置。将 C:\ORACLE\ORADATA\ORA9\CONTROL03.CTL 文件复制到 E:\ORA_BAK\ORA9\CONTROL01.CTL。

(5) 重新启动 Oracle 数据库，如 startup。

(6) 使用 Select name from v$controlfile 语句查询实例当前使用的控制文件。

SQL>Select name from v$controlfile;

NAME

C:\ORACLE\ORADATA\ORA9\CONTROL01.CTL

C:\ORACLE\ORADATA\ORA9\CONTROL02.CTL

C:\ORACLE\ORADATA\ORA9\CONTROL03.CTL

E:\ORA_BAK\ORA9\CONTROL01.CTL

实验 2　创建联机重做日志组和联机重做日志文件

目的与要求：

1．了解日志文件。

2．掌握创建重做日志文件的方法。

实验内容：

创建一个新的联机重做日志组，此组包含一个大小为 1024 KB 的重做日志文件 C:\ORACLE\ORADATA\EXAMDB\RED07_01.LOG。

SQL>ALTER DATABASE

　　　ADD LOGFILE GROUP 4 ('C:\ORACLE\ORADATA\ORA9\RED07_01.LOG')

　　　SIZE 1024K;

执行 SQL 语句 SELECT MEMBER FROM V$LOGFILE，查看重做日志文件 RED07_01.LOG。

SQL>SELECT MEMBER FROM V$LOGFILE;

MEMBER

C:\ORACLE\ORADATA\ORA9\REDO03.LOG

C:\ORACLE\ORADATA\ORA9\REDO02.LOG

C:\ORACLE\ORADATA\ORA9\REDO01.LOG

C:\ORACLE\ORADATA\ORA9\RED07_01.LOG

在已创建的重做日志组中，增加一个重做日志文件 RED07_02.LOG。

SQL>ALTER DATABASE

　　　ADD LOGFILE GROUP 5 ('C:\ORACLE\ORADATA\ORA9\RED07_02.LOG')

　　　SIZE 1024K;

实验 3　管理表空间

目的与要求：

利用 OEMC 图形化工具和命令行方式完成管理表空间的实验。

1．创建表空间。

2．更改表空间状态。

3．查看表空间。

实验内容：

1．创建本地管理表空间 APP，大小为 50 MB，本地管理，自动分配。

2．增加一个 20 MB 的数据文件 APP1。

3．更改表空间状态。

(1) 使表空间脱机。

(2) 使表空间联机。

(3) 更改表空间为只读。

(4) 更改表空间为可读/写。

4．更改数据文件状态。

(1) 使数据文件脱机。

(2) 使数据文件联机。

5．更改数据文件存储参数，数据文件 APP1 的大小为 40 MB，并更改自动增量为 1024 KB，最大为 100 MB。

6．查看表空间 APP 的信息。

实验 4　查看视图

目的与要求：

1．了解数据字典。

2．使用数据字典获取视图信息。

实验内容：

1．查看 USER 视图。

SQL>select * from USER_TABLES;

2．查看 ALL 视图。

SQL>select * from ALL_TABLES;

3．查看 DBA 视图。

SQL>select * from DBA_TABLES;

实验 5　综合训练

利用 DBCA 创建数据库，使用 OEMC 查看数据库信息。

目的与要求：

1．掌握 DBCA 创建数据库的步骤和方法。

2．使用 OEMC 查看数据库信息。

3．通过练习深入理解 Oracle 数据库的体系结构。

实验内容：

1．利用 DBCA 创建数据库。

2．使用 OEMC 查看数据库信息。

第 5 章　数 据 库 对 象

本章学习目标:

- 掌握表、同义词、序列、视图、索引等数据库对象的基本概念和功能。
- 掌握利用企业管理控制台创建、查看、修改和删除表、同义词、序列、视图及索引的方法。
- 掌握利用命令行方式创建、查看、修改和删除表、同义词、序列、视图及索引的方法。

5.1　表

表用来存放数据,它是数据库最基本的对象,是数据实际存放的地方。

表由行和列组成,表中的一行称为一条记录,表中的一列称为一个字段。一般一个表中都具有多个字段,每个字段都具有特定的属性,包括字段名、字段数据类型、字段长度、约束、默认值等,这些属性在创建表时即被确定。字段名在表中必须是唯一的。

5.1.1　创建表

创建表是用户最常用的存储数据的方式。当建立表时,Oracle 数据库会自动为该表建立相应的段,并且段的名称与表名完全相同,而且段的数据只能存放在一个表空间中。

在 Oracle 数据库中创建表有两种方式:企业管理控制台方式和命令行方式。

1. 用企业管理控制台方式创建表

使用企业管理控制台方式创建表非常直观,它通过方案管理器来完成。使用企业管理控制台方式又可以分为创建和使用向导两种方式。

1) 创建方式

下面以创建一个名为 TEACHER 的表为例来说明创建方法,主要介绍"一般信息"选项卡和"约束条件"选项卡。

登录到数据库后,双击"方案"的某个模式下的"方案名",右击"表"条目,在弹出的快捷菜单中单击"创建",出现"创建表"窗口,如图 5-1 所示。

(1) 在"一般信息"选项卡中定义表的一般属性。在"名称"栏输入表的名称"TEACHER",选择表所属的方案为"SCOTT",确定表所属的表空间为"USERS",选择表的类型为"标准",选择"定义列",然后手工输入表中列的名称、数据类型、大小、是否为空等。若选中"定义查询"，则将出现滚动的可编辑文本区域，该区域可用于输入创建表的 SQL 查询语句。

图 5-1   "创建表"的"一般信息"选项卡

(2) 在"约束条件"选项卡中定义表的完整性约束(CONSTRAINT)。

为了防止向表中输入无效或有问题的数据，保证数据的完整性和一致性，Oracle 引入了约束。如果对表进行 DML 或 DDL 操作，则会造成表中的数据违反约束条件，Oracle 数据库管理系统就会拒绝执行这种操作。例如，如果在定义员工工资表时规定工资额不能低于500，则在输入数据时输入小于 500 的数据，系统将会拒绝接收这个值并给出提示。

Oracle 数据库中的完整性约束有六种：PRIMARY KEY、FOREIGN KEY、UNIQUE、CHECK、NOT NULL、DEFAULT。

在"约束条件"选项卡中有四种约束：PRIMARY 称为主键约束，被定义为主键的列中不能出现重复值，即每一个值都必须是唯一的，且不能有空值；FOREIGN 称为外键约束，用来保证两个表中数据的一致性；UNIQUE 称为唯一约束，它要求定义了唯一约束的列中每个值都必须是唯一的，但可以有一个空值；CHECK 称为检查约束，它根据给定的条件检查输入的数据是否在指定的范围内。

如图 5-2 所示，在"名称"栏中输入一个有效的 Oracle 标识符作为约束条件的名称(若不输入，则系统将指定一个默认名称)；选择约束条件类型；指定约束条件是否禁用；当约束类型为 FOREIGN 时，选择"引用方案"，然后在"引用表"中选择要引用的表，再在"级联删除"处视具体情况选择是否级联删除；当约束类型选择为 CHECK 时，在"检查条件"处输入该字段的检查条件；其余部分可不设置。

【例 5.1】   教师编号的取值范围为 00010～00100，即检查约束为

CHECK(t_no between '00010' and '00100')

【例 5.2】   学生入学成绩必须大于 500，即检查约束为

CHECK(s_score>500)

图 5-2　"创建表"的"约束条件"选项卡

(3) 在"存储"选项卡中定义数据表的物理存储设置。可以使用两种方法来定义存储参数：一种是明确方法，另一种是自动计算方法。

明确方法是指用户明确指定所有存储参数，包括区、空间利用率、事务处理数量、空闲列表和缓冲池五部分。"区"指物理存储区，系统会自动为该表分配最小数量的存储空间，一般为 1。空间利用率指数据块空间的利用效率。

自动计算方法是指使用系统推荐的方法来计算最佳存储参数。

这两种方法分别如图 5-3 和图 5-4 所示。

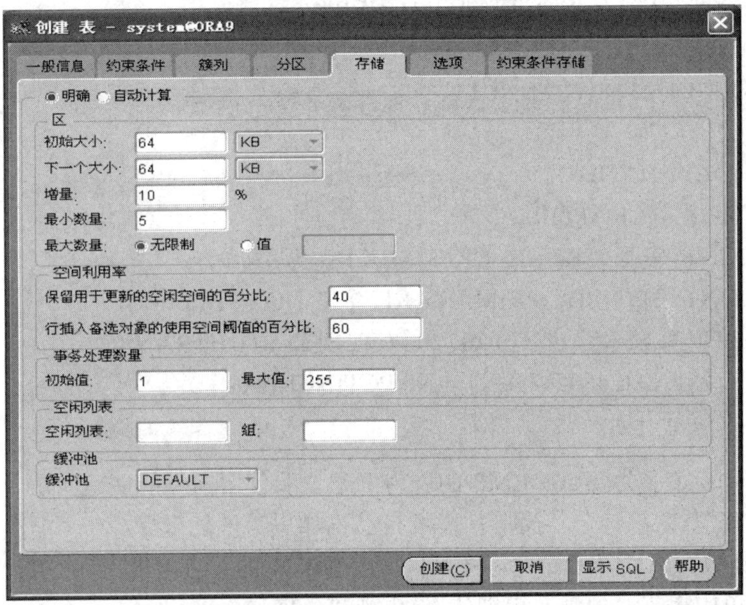

图 5-3　"创建表"的"存储"选项卡中的"明确"方法

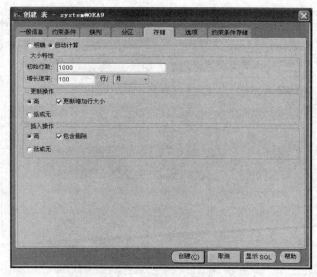

图 5-4　"创建表"的"存储"选项卡中的"自动计算"方法

(4) 在"选项"选项卡中定义表的并行操作和事务日志及统计信息。

(5) 在"簇列"选项卡中将数据库簇的关键字列与新创建的表中的列相关联。

(6) 在"分区"选项卡中定义数据表的分区信息。它可以将大数据表的数据动态分离到若干个小数据表中，从物理上将数据分割开来，但从逻辑上来讲，它仍是一个整体，这样能够提高查询和事务处理效率。

(7) 在"约束条件存储"选项卡中定义表的约束条件和存储方式。

上述(4)～(7)的设置通常选择系统的默认设置。

在所有设置完成后，单击【显示 SQL】按钮，得到创建表的 SQL 语句如下：

```
SQL>CREATE TABLE "SCOTT"."TEACHER"
("T_NO" CHAR(6) NOT NULL,
"T_NAME"    CHAR(8) NOT NULL,
"T_SEX" CHAR(2),
"T_BIRTHDAY" DATE,
"TECH_TITLE"    CHAR(10),
CONSTRAINT "SEX_CK" CHECK(T_SEX IN('男','女')),
CONSTRAINT "TEC_PRI" PRIMARY KEY("T_NO", "T_SEX"))
TABLESPACE "USERS" PCTFREE 20 PCTUSED 60 INITRANS 2
STORAGE (INITIAL 45056 NEXT 4096 PCTINCREASE 0)
```

2) 使用向导方式

下面以创建一个名为 STUDENT 的表为例来说明使用向导的创建方法。下面主要介绍步骤 1～步骤 7，其余部分非常简单，读者自己稍加思考便能掌握。

(1) 登录到数据库后，双击"方案"的某个模式下的"方案名"，右击"表"条目，在弹出的快捷菜单中单击"使用向导创建"，出现"表向导"窗口。

(2) 在步骤 1"简介"窗口中输入表的名称，选择方案并选择表空间，如图 5-5 所示。

图 5-5　"简介"窗口

(3) 在步骤 2"列定义"窗口中输入"列名"、选择"列数据类型"，输入"大小"，确定"小数位"和默认值，如图 5-6 所示。若想增加列，则可点击【添加】按钮；选中某列后，单击【移去】按钮即可删除一列。

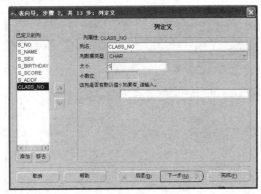

图 5-6　"列定义"窗口

(4) 在步骤 3"主关键字定义"窗口中为表中的某一列定义主关键字约束条件，如图 5-7 所示。在"约束条件名称"编辑框中输入主键约束的名称，否则系统将给出缺省名称。在"次序"列中单击某列，出现数字 1，则该列即为主关键字，再次单击，数字消失，表示取消主键设置。

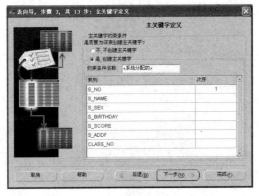

图 5-7　"主关键字定义"窗口

(3) 在步骤 4 "空约束条件和唯一性约束条件" 窗口中为表中的列定义空值约束和唯一约束, 如图 5-8 所示。

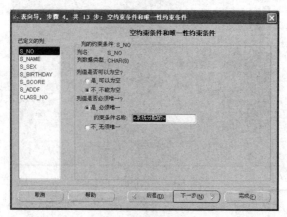

图 5-8   "空约束条件和唯一约束条件" 窗口

(6) 在步骤 5 "外约束条件" 窗口中为表中的列定义外键约束, 如图 5-9 所示。

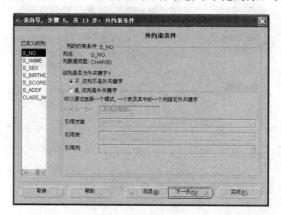

图 5-9   "外约束条件" 窗口

(7) 在步骤 6 "检查约束条件" 窗口中为表中的列定义检查约束条件, 如图 5-10 所示。在 "约束条件名称" 编辑框中输入约束名, 否则系统将给出缺省名称。先在 "已定义的列" 中选中一个列, 然后在 "该列的检查条件是什么?" 编辑框中输入检查条件。

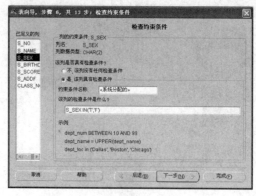

图 5-10   "检查约束条件" 窗口

(8) 在步骤 7 "存储信息"窗口中为表定义存储信息，如图 5-11 所示。

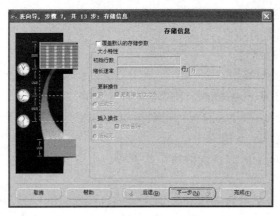

图 5-11　"存储信息"窗口

(9) 单击【完成】按钮，在"概要"窗口中显示自动形成的创建表的 SQL 命令，完成新表的创建，如图 5-12 所示。

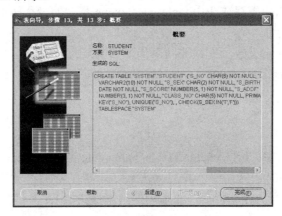

图 5-12　"概要"窗口

2．用命令行方式创建表

使用 CREATE TABLE 命令在 SQL*Plus 或 SQL*Plus Worksheet 中创建表。

语法格式：

CREATE TABLE [schema.]table_name

(column_name datatype [DEFAULT expression][column_constraint],…,n)

[PCTFREE integer]

[PCTUSED integer]

[INITRANS integer]

[MAXTRANS integer]

[TABLESPACE tablespace_name]

[STORAGE storage_clause]

[CLUSTER cluster_name(cluster_column,…,n)]

[AS subquery];

说明：

table_name：所创建新表的名称。

schema：新表所属的方案名。

column_name：表的列名。

datatype：该列的数据类型。

DEFAULT：指定由 expression 表达式定义的默认值。

PCTFREE：指定表或者分区的每一个数据块为将来更新表行所保留的空间百分比。其取值为 1～99 的正整数，默认值为 10。

PCTUSED：指定 Oracle 维持表的每个数据块已用空间的最小百分比。其取值为 1～99 的正整数，默认值为 40。

INITRANS：指定分配给表的每一数据块中的事务条目的初始数量。其取值为 1～255 的正整数，默认值为 1。

MAXTRANS：指定可更新分配给表的数据块的最大并发事务数。其取值为 1～255 的正整数，默认值为数据块大小的函数。

TABLESPACE：指定表存放在由 tablespace_name 指定的表空间中。如果不指定此项，则表存放在默认表空间中。

column_constraint：定义一个完整的约束作为列定义的一部分。此子句的语法格式如下：

CONSTRAINT constraint_name

[NOT] NULL

[UNIQUE]

[PRIMARY KEY]

[FOREIGN REFERENCES [schema.] table_name(column_name)]

[CHECK (condition)]

STORAGE：指定表的存储特征。此子句的基本格式如下：

STORAGE

(INITIAL integer K | integer M

　NEXT integer K | integer M

　MINEXTENTS integer

　MAXEXTENTS integer | UNLIMITED

　PCTINCREASE integer

　FREELISTS integer

　FREELIST GROUP integer)

其中，INITIAL 指定分配给表的第一个区的大小；NEXT 指定第一个扩展区的大小；MINEXTENTS 为创建段时已分配的总区数；MAXEXTENTS 表示 Oracle 数据库可以分配给该对象的总区数；PCTINCREASE 指定每个区相对于上一个区的增长百分比；FREELISTS 指定表、簇或索引的每个空闲列表组的空闲列表数量；FREELIST GROUP 指定表、簇或索引的空闲列表组的数量。

CLUSTER：指定该表是命名为 cluster_name 的簇的一部分。

AS subquery：表示将由子查询返回的行插入到所创建的表中。

【例 5.3】　创建授课表 teaching_sql，如图 5-13 所示。

SQL>CREATE TABLE teaching_sql

(t_no char (6) REFERENCES scott.teacher(t_no) ON DELETE　CASCADE,

　course_no char(5) REFERENCES scott.course(course_no),

　CONSTRAINT pri_tc PRIMARY KEY (t_no, course_no));

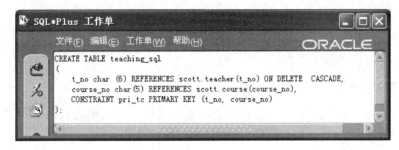

图 5-13　创建表 teaching_sql

【例 5.4】　创建教师表 teacher，如图 5-14 所示。

SQL>CREATE TABLE teacher

(t_no char (6) PRIMARY KEY ,

　t_name char(8) NOT NULL,

　t_sex char(2) CHECK(t_sex IN ('男', '女')),

　t_birthday DATE,

　tech_title char(10))

TABLESPACE users

PCTFREE 10

PCTUSED 60

INITRANS 2 MAXTRANS 255

STORAGE (INITIAL 64K NEXT 64K MINEXTENTS 1 MAXEXTENTS 20

PCTINCREASE 50);

图 5-14　创建表 teacher

使用 CREATE TABLE 命令创建表时，要求用户必须具有 CREATE TABLE 系统权限。如果要在其他用户模式中建表，则必须具有 CREATE ANY TABLE 系统权限。当建立表时，Oracle 会为该表分配相应的表段，因为表段所需空间是从表空间上分配的，所以要求表的所有者必须在表空间上具有相应的空间配额，或具有 UNLIMITED TABLESPACE 系统权限。

5.1.2　查看表

当表创建完成后，可以通过企业管理控制台查看已创建好的表，也可以使用命令行方式来显示创建好的表的相关信息。

1．企业管理控制台方式

在企业管理控制台中，选中要查看的表，双击鼠标左键或单击右键，在弹出的快捷菜单中选择"查看/编辑详细资料"选项，即可出现查看表窗口，从中查看表的结构。

2．命令行方式

在 SQL*Plus 或 SQL*Plus Worksheet 中，使用 DESC 命令查看表。若需要查看表的字段信息，则使用 DESC 命令；若需要查看表的存储信息，则使用 SELECT 命令。

表创建成功后，其相关信息存储在 Oracle 数据库的多个数据字典中。数据字典即 Oracle 数据库的系统表，使用 DESC 命令可以查看其中的详细信息。存放表参数的数据字典如表 5-1 所示。

表 5-1　存放表参数的数据字典

数据字典名	存 储 的 参 数
DBA_TABLES	表的表空间、存储参数、块空间管理参数、事务处理参数等信息
DBA_TAB_COLUMNS	表的字段信息
DBA_CONSTRAINTS	表的约束信息
DBA_CONS_COLUMNS	字段的约束信息

【例 5.5】　查看 DBA_TABLES 数据字典中存储的参数信息，如图 5-15 所示。
SQL>desc dba_table;

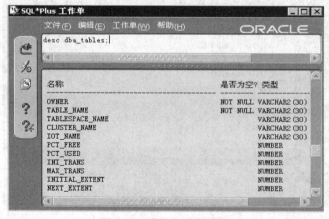

图 5-15　查询参数的结果

【例5.6】 查看teacher表的方案、表空间、存储参数、块空间管理参数等信息，如图5-16所示。

SQL>SELECT owner 方案名，tablespace_name 表空间，pct_free 保留更新百分比，

pct_used 插入空间阈值百分比，initial_extent 第一个区大小，next_extent 下一个区

大小，min_extents 最小数量，max_extents 最大数量，pct_increase 增量

FROM   dba_table

WHERE table_name='TEACHER';

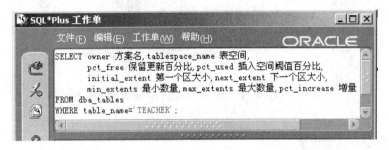

图5-16　查询参数

【例5.7】 查看表teacher的字段信息，如图5-17所示。

SQL>DESC teacher;

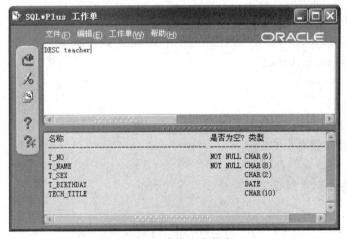

图5-17　查询字段信息

5.1.3　修改表

修改表有两种方式：企业管理控制台方式和命令方式。

1．采用企业管理控制台方式修改表结构

在企业管理控制台中选中要修改的表，双击鼠标左键或单击右键，在弹出的快捷菜单中选择"查看/编辑详细资料"选项，即可出现修改表窗口。修改表的基本操作同创建表，单击【显示SQL】按钮，可显示自动形成的修改表的ALTER TABLE语句，如图5-18所示。

使用企业管理控制台方式修改表是最简单、方便的方式，一般均采用此方式。

图 5-18　修改表结构

2．采用命令方式修改表结构

采用命令方式可以增加、修改和删除列。

语法格式：

ALTER TABLE [schema.]table_name

[ADD(column_name datatype [DEFAULT expression][column_constraint],…,n)]

[MODIFY ([datatype][DEFAULT expression] [column_constraint],…,n)];

[STORAGE storage_clause]

[DROP drop_clause]

说明：

ADD：添加列或完整性约束。

MODIFY：修改已有列的定义。

STORAGE：修改表的存储特征。

DROP：从表中删除列或约束。其基本格式如下：

    DROP

        COLUMN column_name | PRIMARY | UNIQUE (column_name,…,n)|

        CONSTRAINT(constraint_name) | [CASCADE]

其中，COLUMN 用来删除由 column_name 指定的列；PRIMARY 用来删除表的主键约束；UNIQUE 用于在由 column_name 指定的列上删除 UNIQUE 约束；CONSTRAINT 用来删除名为 constraint_name 的完整性约束；CASCADE 用于删除其他所有的完整性约束，这些约束依赖于被删除的完整性约束。在删除约束时应该注意，如果外键没有删除，则不能删除引用完整性约束中的 UNIQUE 和 PRIMARY KEY 约束。

【例 5.8】　向表 teacher 中添加 age、salary、salary_add 三个字段，如图 5-19 所示。

SQL>ALTER TABLE teacher

    ADD (age number(2),salary number(3), salary_add number(2));

    DESC teacher;

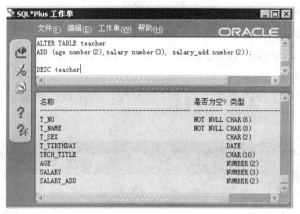

图 5-19 修改表 teacher

【**例 5.9**】 从表 teacher 中删除一个字段 age，如图 5-20 所示。

SQL>ALTER TABLE teacher DROP COLUMN age;

DESC teacher；

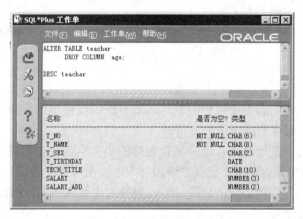

图 5-20 删除表中的字段

【**例 5.10**】 从表 teacher 中删除两个字段 salary、salary_add，如图 5-21 所示。

SQL>ALTER TABLE teacher DROP (salary、salary_add);

DESC teacher；

注意：删除一个字段和删除多个字段的命令格式不同。

图 5-21 删除表中的多个字段

【例 5.11】 修改表 teacher 字段，如图 5-22 所示。

SQL>ALTER TABLE teacher

    MODIFY (t_name char(10),tech_title DEFAULT '讲师');

      DESC teacher;

注意：要改变表中字段的类型或缩小字段长度，该字段的所有记录值必须为空。如果该字段存在记录值，则字段长度只能扩大，不能缩小。

图 5-22　修改表中的字段

3. 维护表中的数据

在企业管理控制台中选中要维护的表，单击右键，在弹出的快捷菜单中选择"表数据编辑器"选项，即可出现数据表维护窗口。

利用表格对表数据进行修改，选中某行左端的小方框，单击右键，在弹出的快捷菜单中选择"删除"选项将该行删除，选择"添加行"选项在该行下添加一空数据行，单击【显示 SQL】按钮，即可显示自动形成的修改、插入、删除表中数据的 UPDATE、INSERT、DELETE 语句，如图 5-23 所示。

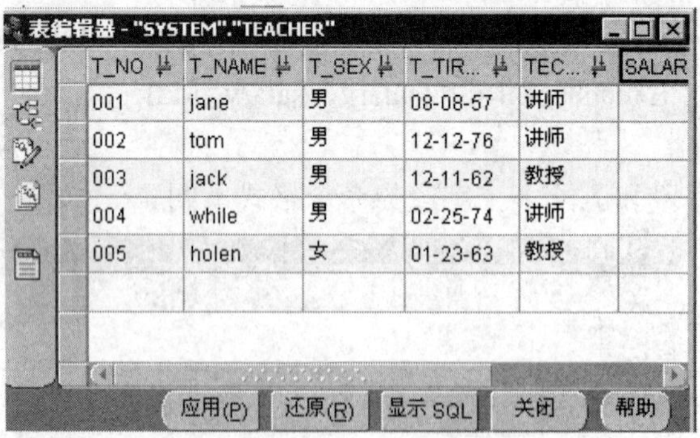

图 5-23　修改表中的数据

5.1.4　删除表

删除表结构和表内数据有两种方式：企业管理控制台方式和命令行方式。

1．企业管理控制台方式

在企业管理控制台中选中要删除的表，单击右键，在弹出的快捷菜单中选择"移去"选项，即可删除表。

2．命令行方式

使用 DROP TABLE 命令可在 SQL*Plus 或 SQL*Plus Worksheet 中删除表结构和表内的数据。

语法格式：

DROP TABLE [schema.] table_name;

【例 5.12】　删除表 teacher，然后用 SELECT 命令查看表的信息，将发现表已经被删除，如图 5-24 所示。

SQL>DROP TABLE teacher;
　　　　SELECT table_name FROM DBA_TABLES
　　　　　WHERE table_name='TEACHER';

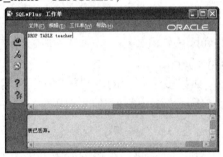

图 5-24　删除表

5.2　同　义　词

同义词是指用新的标识符来命名一个已经存在的数据库对象，是数据库对象(表、视图、序列、过程、函数、包等)的别名。为了给不同的用户在使用数据库对象时提供一个简单的、唯一标识数据库对象的名称，可以为数据库对象创建同义词。

同义词的定义存储在数据字典中。同义词可划分为两类：公用(PUBLIC)同义词和私有(PRIVATE)同义词。公用同义词可为数据库中每一个用户所存取，私有同义词仅为定义者或授权的用户所使用。使用同义词能够掩盖一个数据库对象的名字及其持有者，也可以为一个分布式数据库的远程对象提供位置透明性。

5.2.1　创建同义词

1．创建公用同义词

数据库管理员或有管理员权限的用户可以使用 CREATE PUBLIC SYNONYM 语句创建公用同义词。数据库管理员可以授予 CREATE PUBLIC SYNONYM 特权给用户，只有被授权的用户才可以创建公用同义词。

语法格式：

CREATE PUBLIC SYNONYM[schema.]Synonym_Name

　　　FOR[schema.]Object_Name[@dblink];

说明：

PUBLIC 表示创建一个公用同义词；第一个 schema 指定将要创建同义词所属的方案，默认情况下为当前用户；第二个 schema 表示同义词指向的对象所属的方案；@dblink 表明同义词是远程数据库同义词。

【例 5.13】 为 student 表创建名为 syn_s 的 PUBLIC 同义词，然后用 SELECT 语句查询。

SQL>CREATE PUBLIC SYNONYM syn_s FOR student;

SQL>SELECT * FROM student;

SQL>SELECT * FROM syn_s;

【例 5.14】 为 scott 用户的 emp 表创建名为 syn_emp 的 PUBLIC 同义词，然后用 SELECT 语句查询。

SQL>CREATE PUBLIC SYNONYM syn_emp FOR scott.emp;

SQL>SELECT * FROM emp;

SQL>SELECT * FROM syn_emp;

这种同义词的好处在于：如果多个不同的用户需要使用一个用户下的对象，则可以只创建一次公用同义词，然后在所属方案下将对象的权限授予 PUBLIC。

2．创建私有同义词

任何用户都可创建 PRIVATE 同义词。在缺省方式下创建的就是 PRIVATE 同义词。PRIVATE 同义词只能被创建它的人访问。如果是为不同方案下的对象建立私有同义词，则需要在方案下将对象的权限授予创建同义词的用户。

语法格式：

CREATE PRIVATE SYNONYM[schema.]Synonym_Name

　　　FOR[schema.]Object_Name[@dblink];

【例 5.15】 为 teacher 表创建名为 syn_t 的 PRIVATE 同义词。

SQL>CREATE PRIVATE SYNONYM syn_t FOR teacher;

5.2.2　查看同义词

同义词可以查看，但不能修改。如果某个同义词创建错误，则只能先删除，再创建。

查看同义词有两种方法：企业管理控制台方式和命令行方式。

1．企业管理控制台方式

在企业管理控制台中选中要查看的同义词，单击右键，在弹出的快捷菜单中选择"查看/编辑详细资料"选项，即可出现查看同义词的窗口。

2．命令行方式

Oracle 数据库内的 DBA_SYNONYMS、ALL_SYNONYMS、USER_SYNONYMS 视图

都能显示与同义词相关的信息。DBA_SYNONYMS 中存储的是同义词所属的方案、同义词名称、同义词所代表的数据库对象所属的方案、同义词代表的数据库对象的名称、数据库链接等信息。使用 SELECT 命令和 DESC 均可查看同义词的信息。

【例 5.16】 试引用 SCOTT 方案下对象的公用同义词。

```
SQL>SELECT *
    FROM ALL_SYNONYMS
    WHERE TABLE_OWNER ='SCOTT';
```

【例 5.17】 用 DESC 命令查看存储在 DBA_SYNONYMS 中的同义词信息。

```
SQL>DESC DBA_SYNONYMS;
```

【例 5.18】 查看 student 表的同义词信息。

```
SQL>SELECT *
    FROM DBA_SYNONYMS
    WHERE TABLE_NAME ='STUDENT';
```

5.2.3 删除同义词

删除同义词有两种方法：企业管理控制台方式和命令行方式。

只有数据库管理员或者拥有 DROP PUBLIC SYNONYM 系统权限的用户才可以删除 PUBLIC 同义词。要删除私有同义词，用户必须拥有这个同义词，或者具有 DROP ANY SYNONYM 系统权限。

1．企业管理控制台方式

在企业管理控制台中选中要删除的同义词，单击右键，在弹出的快捷菜单中选择"移去"选项，即可删除该同义词。

2．命令行方式

语法格式：

```
DROP [PUBLIC] SYNONYM [schema.] Synonym_Name;
```

【例 5.19】 删除同义词 syn_t。

```
SQL>DROP SYNONYM syn_t;
```

5.3 序 列

序列(sequence)是以有序的方式创建一个不重复的整数值的数据库对象。其值可以按升序或降序生成，通常用作表的主键或唯一键。使用序列可以减少编写序列生成代码所需的应用代码的工作量，程序员经常用序列来简化一些程序的设计工作。

序列建立后，或者连续增加，或者连续减少，直到达到指定的最大值或最小值为止。序列可以是循环的(当一个序列第 1 次被查询调用时，它将返回一个预定值，在随后的每一次查询中，序列将产生一个按其指定的增量增长的值)，可以是正增长的，也可以是负增长的。

序列定义存储在数据字典中。创建序列并不依赖于任何表，因此，为一个表创建的序列也可用在其他表里。

5.3.1 创建序列

在 Oracle 数据库中创建序列有两种方法：企业管理控制台方式和命令行方式。

1. 企业管理控制台方式

登录数据库后，选择"方案"中的"序列"选项，单击鼠标右键，在弹出的快捷菜单中选择"创建"选项，出现创建序列窗口，输入序列名称，再进行其他相关的设置即可。设置完毕后，单击【显示 SQL】按钮即可显示自动形成的创建序列的 CREATE SEQUENCE 语句，单击【创建】按钮即可完成新序列的创建。

2. 命令行方式

用 CREATE SEQUENCE 语句创建序列。

语法格式：

```
CREATE SEQUENCE [schema.] sequence_name
INCREMENT BY integer
START WITH integer
[MAXVALUE integer | NOMAXVALUE]
[MINVALUE integer | NOMINVALUE]
[CYCLE | NOCYCLE]
[CACHE | NOCACHE]
[ORDER | NOORDER];
```

说明：

sequence_name：正在创建的序列名。

INCREMENT BY：数值递增值，即两个整数之间的间隔，缺省值为 1。

START WITH：序列的起始值。

MAXVALUE：序列中的最大值。

NOMAXVALUE：递增序列的最大值是 10^{27}，递减序列的最大值是 -1。

MINVALUE x：序列中的最小值。

NOMINVALUE：指出 1 是递增序列的最小值，-10^{27} 是递减序列的最小值。

CYCLE | NOCYCLE：序列到达最大值后，是否从头开始继续循环生成序列号。

CACHE | NOCACHE：预存在内存里的序列号数目，缺省值为 20。

ORDER | NOORDER：是否按次序生成序列值。

【例 5.20】 创建一个序列。

```
SQL>CREATE SEQUENCE tID_Seq
    INCREMENT by 1
    START WITH 1
    MAXVALUE 100
```

NOMINVALUE

NOCYCLE

NOCACHE;

使用序列时，如果序列用于生成主键值，则不要使用 CYCLE 选项。在给序列命名时，为了方便操作，最好按用途命名序列。

为 INCREMENT BY 子句指定一个负数值，可以按递减顺序创建序列。

所有创建的序列都以文档形式保存在数据字典中。序列号存储在 USER_OBJECTS 数据字典表中。选择 USER_SEQUENCES 数据字典视图可确认序列的设置。

【例 5.21】 验证序列是否已经创建。

SQL>SELECT SEQUENCE_NAME,MIN_VALUE,MAX_VALUE,

INCREMENT_BY,LAST_NUMBER

FROM USER_SEQUENCES;

5.3.2 使用序列

通常用 INSERT 和 UPDATE 语句访问序列，用伪列 NEXTVAL 和 CURRVAL 来访问序列号的整数。伪列就是在表中能像普通列一样返回列值而实际上又不存在的列。

在序列中，使用 NEXTVAL 伪列抽取相连的有序号。在 SQL 语句中，NEXTVAL 前要加上序列名作为前缀。在 INSERT 语句中，引用 sequence_name.NEXTVAL 将产生一个新的序列号，而序列产生的上一个值则保存在伪列 CURRVAL 中。在 CURRVAL 引用序列号之前，必须先用 NEXTVAL 生成一个序列号，CURRVAL 也必须加序列名作为前缀。这样在引用 sequence_name.CURRVAL 时将显示返回给用户进程的上一个值。

序列可用于以下情况：不作为子查询的一部分 SELECT 语句；INSERT 语句里的子查询；INSERT 语句的 VALUES 子句；UPDATE 语句的 SET 子句。

序列不可用于以下情况：视图的 SELECT 列表；在 SELECT 语句中使用 DISTINCT 关键字；在 SELECT 语句中使用 GROUP BY、HAVING 或 ORDER BY 子句；SELECT、DELETE 或 UPDATE 语句的子查询；CREATE TABLE 或 ALTER TABLE 语句的 DEFAULT 表达式。

【例 5.22】 对 teacher 表的 t_no 列插入新值，通过 NEXTVAL 利用以前创建的序列 tID_Seq 自动生成 t_no 列的值。

SQL>INSERT INTO teacher (t_no,t_name,t_sex,t_birthday,tech_title)

VALUES(tID_Seq.NEXTVAL,'jack', '男', '02-AUG-1978', null);

为查看已经插入到表里的序列号，可使用伪列，例如：

SQL>SELECT tID_Seq.CURRVAL FROM Dual;

5.3.3 修改序列

在 Oracle 数据库中，修改序列有两种方法：企业管理控制台方式和命令行方式。

1. 企业管理控制台方式

在企业管理控制台界面中，选择需要修改的序列，单击鼠标右键，在弹出的快捷菜单中选择"查看/编辑详细资料"选项，出现修改序列窗口。其基本操作方法同创建序列的方法，单击【显示 SQL】按钮即可显示自动形成的修改序列的 ALTER SEQUENCE 语句。

2．命令行方式

使用 ALTER SEQUENCE 语句可修改序列。

语法格式：

ALTER SEQUENCE [schema.]sequence_name

INCREMENT BY integer

START WITH integer

[MAXVALUE integer | NOMAXVALUE]

[MINVALUE integer | NOMINVALUE]

[CYCLE | NOCYCLE]

[CACHE | NOCACHE];

【例 5.23】 将 MAXVALUE 改为 1000。

SQL>ALTER SEQUENCE tID_Seq

    MAXVALUE 1000;

修改序列时需要注意的是：只有序列属主或有 ALTER 权限的用户才能修改序列；不能使用 ALTER SEQUENCE 语句更改现有的序列整数；不能使用 ALTER SEQUENCE 语句修改 START WITH 选项中的值；在执行修改序列的语句时会执行一些确认操作。

5.3.4　删除序列

删除序列有两种方法：企业管理控制台方式和命令行方式。

1．企业管理控制台方式

在企业管理控制台中选中要删除的序列，单击右键，在弹出的快捷菜单中选择"移去"选项，即可删除该序列。

2．命令行方式

使用 DROP SEQUENCE 命令从数据字典中撤消序列。

语法格式：

DROP SEQUENCE sequence_name;

【例 5.24】 删除序列 tID_Seq。

SQL>DROP SEQUENCE tID_Seq;

5.4　视　　图

视图是数据库的逻辑结构，用户可以像查询普通表一样查询视图。视图内没有存储任何数据，它只是对表的一个查询。

5.4.1　视图的概念

视图是为了确保数据表的安全性和提高数据的隐蔽性从一个(或多个)表中或其他视图中使用 SELECT 语句导出的虚表。数据库中仅存放视图的定义，而不存放视图对应的数据，数据仍存放在基础表中，对视图中数据的操纵实际上仍是对组成视图的基础表的操纵。通过使用视图，基础表中的数据能以各种不同的方式提供给用户，以加强数据库的安全性。

例如，对于一个学校，其学生的情况存于数据库的一个或多个表中，而作为学校的不同职能部门，所关心的学生数据的内容是不同的，即使是同样的数据，也可以有不同的操作要求。于是可以根据他们的不同需求，在物理的数据库上定义他们对数据库所要求的数据结构。这种根据用户的需求所定义的数据结构就是视图。

使用视图的优点如下：

(1) 用来检索表中所选的列。

(2) 用视图创建简单的查询，可容易地检索需要频繁调看的结果。

(3) 视图可用来从多个表中检索数据，从而简化查询操作。

(4) 用户或用户组可根据视图里指定的准则来访问数据。

(5) 视图可在不需要的时候被删除，而不影响数据库。

(6) 视图定义好后，可像普通表一样被引用。

视图分为以下两类：

(1) 简单视图：从单个表中导出数据，不包含字符或组合等函数。

(2) 复杂视图：从多个表中导出数据，可包含字符或组合等函数。

5.4.2　创建视图

在 Oracle 数据库中创建视图有两种方式：企业管理控制台方式和命令行方式。

1. 企业管理控制台方式

使用企业管理控制台方式创建视图是通过方案管理器来完成的。企业管理控制台方式又可以分为创建方式和使用向导方式两种。

1) 创建方式

下面以创建一个名为 teach_info 的视图为例来说明创建方法。

在企业管理控制台中选择"方案"中的"视图"选项，单击鼠标右键，在弹出的快捷菜单中选择"创建"选项，出现创建视图的窗口。

在"一般信息"选项卡中可输入视图的名称，选择视图的所属方案，写出查询文本，还可以指定别名。在"高级"选项卡中可定义视图的约束条件。

2) 使用向导方式

在企业管理控制台中选择"方案"中的"视图"选项，单击鼠标右键，在弹出的快捷菜单中选择"使用向导创建"选项，出现创建视图向导的窗口。

(1) 在"简介"窗口中为视图指定名称、所属方案。

(2) 在"选择列"窗口中为视图选择列，这些可以来自一个表或多个表。

(3) 在"指定显示名称"窗口中为视图中的列指定显示名称,可以用别名,以增加隐藏性,也可以用汉字作别名。

(4) 在"指定条件"窗口中为视图指定数据查询条件和多个表的连接条件。

(5) 在"概要"窗口中将出现自动形成的创建视图的 SQL 命令,单击【完成】按钮即可完成视图的创建。

2. 命令行方式

使用 CREATE VIEW 语句可创建视图。

语法格式:

CREATE [OR REPLACE] VIEW [schema.] view_name

AS select_statement

[WITH CHECK OPTION [CONSTRAINT constraint_name]]

WITH READ ONLY [CONSTRAINT constraint_name]];

说明:

OR REPLACE:覆盖视图中原来的内容,在修改时使用。

view_name:新建的视图名。

select_statement:用于创建视图的查询语句。

WITH CHECK OPTION:指出在视图上所进行的修改都要符合视图的数据查询条件。

WITH READ ONLY:指出视图是只读的,不能进行插入、删除、修改等操作。

创建视图时不能使用 ORDER BY 子句。但如果是通过视图来检索数据,则可以用这个子句。

如果创建附带 WITH CHECK 选项的视图时没有指定约束的名称,则系统将按 SYS_Cn 格式分配一个名字。在 SYS_Cn 格式中,n 是一个整数,它使得约束名在系统内是唯一的。

【例 5.25】 创建视图 student_view。

SQL>CREATE VIEW student_view

    AS

    SELECT s_no,s_name,s_score

       FROM student;

5.4.3 管理视图

1. 查询数据

当视图创建好以后,就可以使用 SELECT 语句通过视图来访问数据。特别是对于要查询来自于多个表的数据,使用视图能够简化其操作。

通过视图访问数据的 SELECT 语句其格式如下:

SELECT column_list FROM view_name;

【例 5.26】 查询视图 student_view 中的数据。

SQL>SELECT * FROM student_view;

当通过视图访问数据时,Oracle 服务器执行以下步骤:

(1) 从数据字典表中回复视图定义的材料；

(2) 检查基表的访问权限；

(3) 把在视图上的查询转换为在基表上的等价操作。

2．更改视图

当已经创建好一个视图后，又想在原来的视图中增加或减少一列或多列，则可以通过对视图进行更改来实现。

更改视图可使用 CREATE OR REPLACE VIEW 语句。使用这条语句可以直接修改视图，而不必删除或重新创建视图，也不必重新分配视图权限。

语法格式：

CREATE OR REPLACE VIEW view_name;

AS subquery;

【例 5.27】 更改视图 student_view。

SQL>CREATE OR REPLACE VIEW student_view

　　AS

　　SELECT s_no,s_name,s_sex,s_score

　　　　FROM student;

3．重命名视图

当对所定义的视图名称不满意，而视图又已经创建好时，可以使用 RENAME 语句给视图重新命名。

语法格式：

RENAME <old_view_name> TO <new_view_name>;

说明：

old_view_name：视图的现有名称。

new_view_name：视图的新名称。

【例 5.28】 给 student_view 重新命名为 stu_view。

SQL>RENAME student_view TO stu_view;

4．删除视图

当所创建的视图不需要时，可以使用 DROP VIEW 语句从数据库中删除视图。删除视图并不会影响数据库，因为视图是创建它的表的一个子集，是一个虚表。

语法格式：

DROP VIEW view_name;

【例 5.29】 删除视图 stu_view。

SQL>DROP VIEW stu_view;

5．查询视图与数据字典

Oracle 的视图与表类似，使用方法也一样，但视图的信息存储在另一组数据字典中。表 5-2 列出了与视图有关的数据字典。

表 5-2　与视图有关的数据字典

数 据 字 典	说　　　明
ALL_VIEWS	描述当前用户可用的视图信息
USER_VIEWS	描述当前用户自己创建的视图信息
DBA_VIEWS	描述所有视图信息
DBA_XML_VIEWS	描述 XML 视图信息
DBA_XML_VIEW_COLS	描述 XML 视图的列信息

5.5　索　　引

索引和表一样，是数据库中常见的概念。索引是为了提高数据检索性能而建立的，使用它可以快速地确定所要检索信息的物理存储路径。

在数据库中，性能的一个主要衡量标准就是数据库的存取速度，而磁盘 I/O 又是决定存取速度的重要因素，访问 I/O 次数越少，其性能越好。使用索引能减少使用 I/O 的次数。索引类似于书的目录，在目录中找内容比到正文中找内容要快得多。

5.5.1　索引的概念

索引是一种供服务器在表中快速查找一个行的数据库结构，它在逻辑上和物理上都独立于基表。索引在表外存储了被索引列的全部数据和数据在表中的行地址，它是一个存储按序排列的数据的一个单独的表。表里只包含一个键值字段和一个指向表中行的指针(而不是整个记录)，它的建立和删除对表没有影响。

索引可以在表的一列或多列上建立，对表进行插入、更新和删除操作时，Oracle 将自动维护索引。如果一个数据表被撤消，则索引和约束会自动撤消，但是视图和顺序仍存在。

数据库管理员负责创建和维护索引。用户必须具有 CREATE TABLE 特权才可以在它的模式中创建索引。如果要在任何模式中创建索引，则用户必须具有 CREATE ANY INDEX 特权。

为了加快查询速度，索引一般在用于连接、WHERE 子句、ORDER BY 子句或 GROUP BY 子句的列上创建。对于规模比较小的表、频繁进行更新的表以及在查询中很少用到的列等，建议不需要创建索引，因为此时创建的索引对于提高查询性能没有明显的效果。

使用索引主要有以下优点：

(1) 快速存取数据。

(2) 改善数据库性能，实施数据的唯一性和参照完整性。

(3) 多表检索数据的过程快。

(3) 进行数据检索时，利用索引可以减少排序和分组的时间。

使用索引的缺点如下：

(1) 索引将占用磁盘空间。

(2) 创建索引需要花费时间。

(3) 延长了数据修改的时间，因为在数据修改的同时，还要更新索引。

5.5.2　索引的分类

索引可以按存储方法来划分，也可以按功能和索引对象来划分。

1．按存储方法分类

(1) B*索引：B*索引的存储结构类似于书的索引结构，有"分支"和"页"两类存储数据块，分支块相当于书的大目录，叶块相当于索引到的具体书页，这种方式可以保证用最短的路径访问数据。这是使用最多而且是默认的索引类型。常见的唯一索引、逆序索引均属于此类。

(2) 位图索引：位图索引主要用于节省空间，减少 Oracle 对数据块的访问，它采用位图偏移方式来与表的行 ID 号对应，适用于具有很少列值的列(也叫低基数列)。当创建表的命令中包含有唯一性关键字或创建全局分区索引时，不能选用位图索引。

2．按功能和索引对象分类

(1) 唯一索引：保证被索引的列中不会有两行相同的索引键值。通常通过在表中设置主关键字来建立唯一索引。

(2) 非唯一索引：不对索引列的值进行唯一性限制。

(3) 分区索引：索引可以分散地存在于多个不同的表空间中。其好处是可以提高数据的查询效率。

(4) 未排序索引：又称为正向索引。在创建索引时，不必对其进行排序，可使用默认的顺序。

(5) 逆序索引：又称反向索引。该索引同样保持索引列按顺序排列，但是颠倒已索引的每列的字节。这种索引适用于 Oracle 实时应用集群。

(6) 基于函数的索引：指索引中的一列或者多列是一个函数或者表达式，索引根据函数或者表达式计算索引列的值。这种索引包含一个函数预先计算的值。

5.5.3　创建索引

创建索引有三种方法：随数据库表一起创建，在企业管理控制台中单独创建，利用 SQL 命令 CREATE INDEX 创建。

1．随创建数据库表一起创建

在创建数据库表时，如果表中包含唯一关键字或主关键字，则 Oracle 将自动为这两种关键字所包含的列建立索引。如果不指定，则系统将默认为索引定义一个名字。为方便以后对数据库对象的管理，应该为索引指定一个和它所包含信息相关的名字。

2．在企业管理控制台中单独创建

(1) 登录数据库后，选择"方案"→"方案名"→"索引"，单击右键，在弹出的快捷菜单中选择"创建"选项，即可出现创建索引窗口，然后进行相应的设置。

(2) 所有选项卡均设置完成后，单击【显示 SQL】按钮，即可显示自动形成的创建索引的 CREATE INDEX 语句，该语句即为用命令行方式创建索引的命令，如图 5-25 所示。

图 5-25　创建索引

3. 利用 SQL 命令 CREATE INDEX 创建

使用 SQL 命令可以灵活方便地创建索引。

在使用命令创建索引时，必须达到如下要求：

(1) 索引的表必须在自己的模式中；

(2) 必须在要索引的表上具有 INDEX 权限；

(3) 必须具有 CREATE INDEX 权限。

语法格式：

CREATE [UNIQUE] INDEX [schema.] index_name

ON [schema.]table_name(column_name[ASC | DESC],…,n)

CLUSTER[schema.] cluster_name

[TABLESPACE tabl espace_name]

[PCTFREE integer]

[INITRANS integer]

[MAXTRANS integer]

[STORAGE storage_clause]

[NOSORT | REVERSE] ;

说明：

UNIQUE：指定索引所基于的列值必须是唯一的。

index_name：指要创建的索引名。

CLUSTER：创建 cluster_name 簇索引。

NOSORT：数据库中的行以升序保存，在创建索引时不必对行进行排序。

REVERSE：表示索引类型是反序。

其他关键字的说明请参照前面的内容。

【例 5.30】　为 teacher 表的 tech_title 字段创建索引，如图 5-26 所示。

```
SQL>CREATE   INDEX teach_sql
    ON teacher(teach_title)
    TABLESPACE users
    PCTFREE 10
    INITRANS 2 MAXTRANS 255
    STORAGE (INITIAL 64k NEXT 64k   MINEXTENTS 1
         MAXEXTENTS 20   PCTINCREASE 10)
```

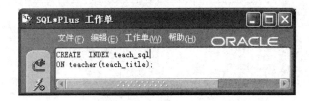

图 5-26　使用命令方式创建索引

5.5.4　管理索引

索引创建以后，还需要对索引进行管理和维护。其工作内容包括查看索引、修改索引和删除索引。

1. 查看索引

当用户具有访问索引的权限时，可通过使用数据字典视图 DBA_INDEXES 查看表中所有的索引名。在 USER_IND_COLUMNS 视图中列出了创建索引的列。

表 5-3 给出了与索引有关的数据字典。

表 5-3　与索引有关的数据字典

数 据 字 典	说　　　明
DBA_INDEXES	描述所有索引的信息
USER_INDEXES	描述当前用户的索引信息
USER_IND_COLUMNS	描述索引所对应的字段信息

查看索引有两种方法：企业管理控制台方式和命令行方式。

1) 企业管理控制台方式

在企业管理控制台中选中要查看的索引，单击右键，在弹出的快捷菜单中选择"查看/编辑详细资料"选项，即可出现查看索引的窗口。

2) 命令行方式

在 Oracle 数据库中，使用 SELECT 命令和 DESC 均可查看索引的信息。

【例 5.31】 检查索引是否已经创建。

```
SQL>SELECT index_name
    FROM USER_INDEXES
    WHERE table_name ='EMPLOYEE';
```

【例5.32】 使用 DESC 得到存储在 DBA_INDEXES 中的索引信息，如图 5-27 所示。

SQL>desc dba_indexes;

图 5-27　查看索引

【例5.33】 使用 SELECT 查看表 teacher 的索引信息，如图 5-28 所示。

SQL>SELECT owner　模式名, index_type　索引类型,

pct_free　保留更新百分比, initial_extent　第一个区大小,

next_extent　下一个区大小, min_extents　最小数量,

max_extents　最大数量

FROM DBA_INDEXES

WHERE table_name='TEACHER';

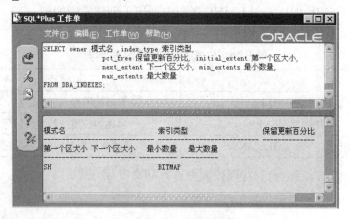

图 5-28　查看索引信息

2．修改索引

修改索引有两种方法：企业管理控制台方式和命令行方式。

1) 企业管理控制台方式

在企业管理控制台中选中要修改的索引，双击鼠标左键或单击右键，在弹出的快捷菜单中选择"查看/编辑详细资料"选项，即可出现修改索引窗口。修改索引的基本操作同创建索引，单击【显示 SQL】按钮，可显示自动形成的修改索引的 ALTER INDEX 语句。

2) 命令行方式

用户必须在拥有 ALTER ANY INDEX 系统权限时，才能利用 ALTER INDEX 命令修改索引。

语法格式：

ALTER INDEX [schema.] index_name

[PCTFREE integer]

[INITRANS integer]

[MAXTRANS integer]

[STORAGE storage_clause]

[RENAME TO new_index_name];

说明：

RENAME TO：给索引重新命名为 new_index_name。

其他的参数含义请参考前面的内容。

【例 5.34】 修改 teach_sql 索引，如图 5-29 所示。

SQL>ALTER INDEX teach_sql

　　　REBUILD PCTFREE 40

　　　MAXTRANS 40;

图 5-29　修改索引

3. 删除索引

删除索引有两种方法：企业管理控制台方式和命令行方式。

1) 企业管理控制台方式

在企业管理控制台中选中要修改的索引，双击鼠标左键或单击右键，在弹出的快捷菜单中选择"移去"选项，即可删除该索引。

2) 命令行方式

为了删除索引，用户必须是它的拥有者，或者用户拥有 DROP ANY INDEX 权限。撤消数据字典里的索引可使用 DROP INDEX 命令。

语法格式：

DROP INDEX [schema.] index_name

【例 5.35】 删除 teach_sql 索引，如图 5-30 所示。

　　　SQL>DROP INDEX teach_sql;

图 5-30　删除索引

5.6　小　　结

在 Oracle 数据库中，所有数据库对象的管理方法分成两种方式：企业管理控制台方式和命令行方式。企业管理控制台方式是在可视化编辑环境中通过登录到数据库企业管理控制台对数据库对象进行管理的；命令行方式为在 SQL*Plus 或 SQL*Plus Worksheet 中使用 SQL 命令对数据库对象进行管理。

表是最重要的数据库对象之一，是数据实际存放的地方。Oracle 数据库中对表的管理分为创建、修改、查看和删除。

同义词是数据库对象的别名。用户可以创建 PUBLIC 和 PRIVATE 两种类型的同义词。

序列是用于创建唯一的连续整数值的数据库对象。序列存储在 USER_OBJECTS 数据字典表中。可以使用伪列 NEXTVAL 从序列中抽取连续的序列号。CURRVAL 用于引用当前用户上一次创建的序列号。

视图是为了确保数据的安全性和隐藏性而从一个或多个表中通过使用 SELECT 语句得到的虚表。一旦建立，对它的操作基本就等同于对普通表的操作。CREATE VIEW 语句用于在数据库中创建视图。CREATE OR REPLACE VIEW 语句用于修改视图的结构。DROP VIEW 语句用于从数据库里删除视图。

数据库的索引和书的索引类似，提供对表中行的快速访问。利用索引可以快速找到所需要的内容。Oracle 数据库对索引的管理分为创建、修改、查看和删除。

习题五

一、选择题

1. 如果想删除 EMP 表格中的所有数据，但不删除表格，而且此命令必须可以回滚，则可选用下面(　)选项。

A. Delete from   B. Update   C. Alter table   D. Truncate table

2. 用户 Jane 和用户 Scott 在表格 Patient 上具有相同的权限。Scott 在 exclusive(排他锁)状态下更新 Patient 表格。在他发出 COMMIT 命令以前，Scott 请求 Jane 登录到数据库中并检查他的修改，下列( )情况将发生。

A. Jane 不能访问表格 Patient

B. Jane 可以看到 Scott 所做的修改

C. Jane 不可以看到 Scott 所做的修改

D. Jane 可以访问此表并且可以修改 Scott 所做的修改

3. 下面( )函数用来限制行输出。

A. SELECT   B. FROM   C. WHERE   D. GROUP BY

4. ( )操作符号可以和 NULL 值进行比较。

A. ! =   B. =   C. <>   D. is null

5. 下面哪 3 种方法可以结束 SQL 缓冲区？( )

A. 输入(/)   B. 输入(RETURN)

C. 输入(*)   D. 输入(;)

E. 输入(RETURN)两次   F. 输入(ESC)两次

6. 在以下命令中，( )将会出错。

CREATE force VIEW id_number,description

AS SELECT id_number "Product Number",description

FROM inventory

WHERE price>5.00

GROUP BY description

ORDER BY id_number;

A. CREATE force VIEW id_number,description

B. AS SELECT id_number "Product Number", description

C. FROM inventory

D. WHERE price>5.00

E. ORDER BY id_number

7. 视图存放在( )。

A. 数据库的表格中

B. 数据字典的 SELECT 语句中

C. FROM 列表的第一个表格的 SELECT 语句中

D. 列表的第二个表格的 SELECT 语句中

二、简答题

1. 表的主要作用是什么？

2. 在创建完表后能修改其初始大小吗？为什么？

3. 索引的作用是什么？在创建完索引后能修改其区参数吗？

4. 简述视图的主要作用。

5．简述同义词的主要作用。

6．简述序列的主要作用。

7．表和视图有什么区别？

📝 上机实验五

实验 1　创建表和维护表

目的和要求：

1．掌握在企业管理控制台方式下创建表和维护表的方法。

2．掌握使用命令方式创建表和维护表的方法。

实验内容：

1．创建招生院校信息表"college"。college 表的结构如表 5-4 所示。

表 5-4　college 表的结构

字段名称	类　型	长　度	约　束	说　明
YXBH	Number	4	主键	院校编号
YXMC	Char	20	不允许为空	院校名称
LQFSX	Number	3	300～700 之间	录取分数线
ZSRS	Number	3	<=20	计划招生人数
LQRS	Number	3	默认初值为 0	已经录取人数

(1) 在企业管理控制台方式下创建 college 表。

(2) 使用命令 CREATE TABLE 方式创建 college 表。

创建命令语句如下：

```
SQL>CREATE TABLE COLLEGE
(
YXBH number(4) PRIMARY KEY,
YXMC char(20) NOT NULL,
LQFSX number(3) CHECK(LQFSX BETWEEN 300 AND 700),
ZSRS number(3) CHECK(ZSRS<=10),
LQRS number(3) DEFAULT 0
);
```

2．创建考生志愿信息表"student1"。student1 表的结构如表 5-5 所示。

表 5-5　student 表的结构

字段名称	类 型	长 度	约 束	说 明
XSBH	Number	5	主键	考生编号
XSXM	Char	8	不允许为空	考生姓名
XB	Char	1	1 表示男，2 表示女	性别
ZF	Number	3	<=700	高考总分
TYTJ	Char	1	默认为 0	同意调剂。0 表示不同意，1 表示同意
NO1	Number	4	外键，参照 YXBH	一志愿的院校编号
NO2	Number	4	外键，参照 YXBH	二志愿的院校编号
LQZT	Char	1	默认为 0	录取状态。0 表示未录取，1 表示录取
LQYX	Number	4	外键，参照 YXBH	录取院校的编号
LQZY	Char	1	默认为空	考生的哪个志愿被录取
LQRQ	Data		默认为空	录取的日期
CZR	Char	10	默认为空	对考生投档的操作人

(1) 在企业管理控制台方式下创建 student1。

(2) 使用命令 CREATE TABLE 方式创建 student1。

创建命令语句如下：

```
SQL>CREATE TABLE STUDENT1
  (XSBH number(5) PRIMARY KEY,
  XSXM char(8) NOT NULL,
  XB Char(1) CHECK(XB IN('1', '2'),
  ZF number(3) CHECK(ZF<=700),
  TYTJ Char(3) DEFAULT '0',
  NO1 number(4),
  NO2 number(4),
  LQZT Char(1) DEFAULT '0',
  LQYX number(4) DEFAULT NULL,
  LQZY number(4) DEFAULT NULL,
  LQRQ DATE,
  CZR CHAR(10),
  CONSTRAINT FK_1 FOREIGN KEY(NO1) REFERENCES COLLEGE(YXBH),
  CONSTRAINT FK_2 FOREIGN KEY(NO2) REFERENCES COLLEGE(YXBH),
  CONSTRAINT FK_3 FOREIGN KEY(LQYX) REFERENCES COLLEGE(YXBH)
  );
```

3．分别在两个表中使用 Insert 命令录入数据。

(1) 在 college 表中录入 20 条虚拟数据。请依照下列语句输入数据。

```
SQL>Insert into college values(1001,'清华大学',650,5,0);
```

SQL>Insert into college values(1002, '北京大学',650,5,0);

SQL>Insert into college values(1003, '中国人民大学',620,8,0);

SQL>Insert into college values(1004, '中山大学',610,10,0);

…

(2) 在 student1 表中录入 60 条虚拟数据。在插入数据中使用序列，可自动生成考生编号。创建序列语句如下：

SQL>CREATE SEQUENCE student_squ

　　START WITH 10001

　　INCREMENT BY 1

　　NOCACHE

　　NOCYCLE;

在插入语句中使用序列。例句如下：

SQL>Insert into student1(XSBH，XSXM，XB，ZF，NO1，NO2，TYTJ)

　　Values(student_squ.NEXTVAL, '李林', '1',625,1005,1008, '0');

SQL>Insert into student1(XSBH，XSXM，XB，ZF，NO1，NO2，TYTJ)

　　Values (student_squ.NEXTVAL, '王小明', '1',578,1011,1018, '0');

SQL>Insert into student1(XSBH，XSXM，XB，ZF，NO1，NO2，TYTJ)

　　Values (student_squ.NEXTVAL, '何键', '1',641,1001,1018, '0');

SQL>Insert into student1(XSBH，XSXM，XB，ZF，NO1，NO2，TYTJ)

　　Values (student_squ.NEXTVAL, '张宁', '2',609,1002,1012, '0');

…

4．检查插入的数据。

SQL>SELECT * FROM student1;

SQL>SELECT * FROM college;

5．更新数据。经检查发现录入的数据有误，编号(XSBH)为 10038 的考生成绩录入出现错误，录入分数为 523，实际分数为 532，通过以下更新语句进行修改。

SQL>UPDATE student1

　　SET ZF=532

　　WHERE XSBH=10038;

　　COMMIT;

6．联合查询数据。

(1) 查询考生填报的院校名称。其语句如下：

SQL>SELECT XSM,ZF,YXBH,NO1,YXMC

　　FROM student1 s,college c

　　WHERE s.NO1=c.YXBH

(2) 查询考生填报的院校的录取分数线。其语句如下：

SQL>SELECT XSM, NO1, YXMC, LQFSX

　　FROM student1 s,college c

　　WHERE s.NO1=c.YXBH

上述例句中的"s"和"c"是为了简化语句的输入而给表取的别名,此别名只在本语句中有效。如要在其他语句中使用相同的别名,请创建同义词。

请学生仿照上述例句自己进行练习。

实验 2　创建视图和维护视图

目的和要求:

1．掌握在企业管理控制台方式下创建视图和维护视图的方法。

2．掌握在命令方式下创建视图和维护视图的方法。

实验内容:

1．创建考生成绩视图。为了方便查看学生的成绩,创建一个学生的成绩视图。该视图将显示考生的编号、姓名和成绩。基表为 student。

2．创建考生录取视图。该视图只显示录取的考生信息,为只读视图。基表为 student1 和 college。

3．创建录取情况视图。该视图显示录取情况,为只读视图。基表为 college。

实验 3　创建同义词、序列和索引

目的和要求:

1．掌握序列的概念和使用方法。

2．掌握同义词的概念和使用方法。

3．掌握索引的概念和使用方法。

4．进行综合练习。

实验内容:

1．创建索引。创建 YXMC 字段的一个唯一性索引,并查询它的基本信息,以此表明该索引确实被创建。通过查询 user_indexes 视图可以查到名为 college_index2 的索引。

2．查询索引的信息。

3．删除索引。

4．创建序列。创建一个初始值 1000,增量为 10,直到该序列达到 1100,然后重新从 1000 开始的递增序列 coll_sequence。

5．修改序列。修改序列 coll_sequence 的增量为 20,并且设置最大值为 10000。

6．使用序列。使用序列可以通过访问 NEXTVAL 和 CURRVAL 伪列来实现。NEXTVAL 伪列返回序列的下一个值,CURRVAL 伪列返回序列的当前值。

向 college 表 YXBH 列内插入序列的下一个值,YXMC 值为"华南大学"。

7．删除序列。删除序列 coll_sequence。

8．创建同义词。创建表 college 的同义词。创建考生成绩视图的公用同义词。

步骤提示:

具有 CREATE PUBLIC SYNONYM 权限的用户才能创建公用同义词。

9．查看同义词。查询表 college 对象的公用同义词。

10．删除同义词。删除创建的同义词。

第 6 章　PL/SQL

本章学习目标:

- 理解 PL/SQL 语言的概念。
- 掌握 PL/SQL 程序块的结构
- 了解数据类型及其用法。
- 理解控制结构的内容。
- 了解动态 SQL 语句和游标的使用。
- 了解错误处理的方法。

6.1　PL/SQL 语言简介

PL/SQL 是一种高级数据库程序设计语言。它是 Oracle 对标准数据库语言的扩展,是过程语言(Procedural Language)与结构化查询语言(SQL)结合而成的编程语言。它支持多种数据类型,如大对象和集合类型,可使用条件和循环等控制结构,可用于创建存储过程、触发器和程序包,还可以处理业务规则、数据库事件或给 SQL 语句的执行添加程序逻辑。另外,PL/SQL 还支持许多增强的功能,包括集合类型、面向对象的程序设计和异常处理等。

利用 PL/SQL 语言编写的程序也称为 PL/SQL 程序块。PL/SQL 程序块的基本单位是块,PL/SQL 程序都是由块组成的。完整的 PL/SQL 程序块包含三个基本部分:声明部分、执行部分和异常处理部分。PL/SQL 程序块的基本结构如下:

[DECLARE]

--declaration statements 声明部分

BEGIN

--executable statements 可执行部分

[EXCEPTION]

--exception statements 异常处理部分

END

说明:

声明部分:这部分由关键字 DECLARE 开始,包含变量和常量的数据类型、初始值和游标。PL/SQL 程序块中使用的所有变量、常量等需要声明的内容必须在声明部分中集中定义。如果不需要声明变量或常量,则可以忽略这一部分。

可执行部分：这部分由关键字 BEGIN 开始，以 END 为结束标识，包含对数据库的数据操纵语句和各种流程控制语句。所有可执行语句都放在这一部分，其他的 PL/SQL 块也可以放在这一部分。

异常处理部分：这部分包含在执行部分中，是可选的，由关键字 EXCEPTION 开始，包含对程序执行中产生的异常情况的处理程序。

上述三个部分中只有执行部分是必备的，其他两个部分可以省略。PL/SQL 程序块可以相互嵌套。

PL/SQL 块中的每一条语句都必须以分号结束，SQL 语句可以是多行的，分号表示该语句的结束。一行中可以有多条 SQL 语句，它们之间以分号分隔。每一个 PL/SQL 块由 BEGIN 或 DECLARE 开始，以 END 结束。单行注释由 "—" 标识，多行注释由 "/*,*/" 标识。

PL/SQL 程序块可以是一个命名的程序块，也可以是一个匿名程序块。匿名程序块可以用在服务器端，也可以用在客户端。

命名程序块可以出现在其他 PL/SQL 程序块的声明部分，这方面比较明显的是子程序，子程序可以在执行部分引用，也可以在异常处理部分引用。PL/SQL 程序块可被独立编译并存储在数据库中，任何与数据库相连接的应用程序都可以访问这些存储的 PL/SQL 程序块。

【例 6.1】　用一个完整的 PL/SQL 块实现查询雇员号为 "7934" 的雇员信息。

```
Declare
    p_sal    number(7,0);
    p_comm number(7,0);
Begin
    select sal,comm into p_sal,p_comm from emp where empno=7934;
Exception
    When no_data_found Then
    Dbms_output.put_line('员工号不存在');
End;
```

6.2　PL/SQL 语言的基本语法

6.2.1　常量值

常量值也称为常数。在 PL/SQL 语言中，常量值包括 4 种类型：数字常数、字符和字符串常数、布尔常数、日期常数。

1. 数字常数

数字常数包括整数和实数两种。数字常数可以用科学计数法描述。例如，25、–89、0.01、2E–2 都是数字常数。

2. 字符和字符串常数

字符常数包括字母(a～z，A～Z)、数字(0～9)、空格和特殊符号。字符常数必须放在英文单引号内，例如，'a'、'8'、'?'、'-'、'%'、'#' 都是字符常数。零个或多个字符常数构成字符串常数，字符串常数也必须放在英文单引号内，例如，'hello world！'。

3．布尔常数

布尔常数是系统预先定义好的值，包括 TRUE(真)、FALSE(假)和 NULL(不确定或空)。

4．日期常数

日期常数为 Oracle 能够识别的日期。日期常数也必须放在英文单引号内，例如，'12-六月-1999'、'12-JUN-98' 都是日期常数。

6.2.2　变量声明

变量和常量由用户定义。使用变量和常量前需在 PL/SQL 程序块的声明部分对其进行声明，目的是为它分配内存空间。

语法：

<变量I常量名>[CONSTANT]<数据类型>[NOT NULL][:=IDEFAULT<初始值>];

说明：

(1) 变量名和常量名必须以字母 A～Z 开头，不区分大小写，其后跟可选的一个或多个字母、数字(0～9)、特殊字符($、#或_)，长度不超过 30 个字符，变量名和常量名中不能有空格。

(2) CONSTANT 是声明常量的关键字，只在声明常量时使用。

(3) 每一个变量或常量都有一个特定的数据类型。

(4) 每个变量或常量声明占一行，行尾使用分号 "；" 结束。

(5) 常量必须在声明时赋值。变量在声明时可以不赋值。如果变量在声明时没有赋初值，那么 PL/SQL 语言自动为其赋值 NULL。若在变量声明中使用了 NOT NULL，则表示该变量是非空变量，即必须在声明时给该变量赋初值，否则会出现编译错误。在 PL/SQL 程序中，变量值是可以改变的，而常量的值不能改变。变量的作用域是指从声明开始到 PL/SQL 程序块结束。

例如：

```
num constant integer default 4;
str constant char(12):= 'Hello world！';
v_tel varchar2(15);
```

6.2.3　数据类型

PL/SQL 提供的 4 种数据类型为：标量数据类型、LOB 类型、复合类型、引用数据类型。

1．标量数据类型

标量(scalar)数据类型没有内部组件，它们大致可分为数字、字符、布尔值(BOOLEAN)和日期时间值(DATE)等数据类型。

1) 数字数据类型

数字数据类型存储的数据为数字，用此数据类型存储的数据可用于计算。此类型包括 BINARY_INTEGER、NUMBER 和 PLS_INTEGER。

(1) BINARY_INTEGER：用于存储带符号的整数，值的范围为 $-2^{31}-1 \sim 2^{31}-1$。PL/SQL 预定义了以下 BINARY_INTEGER 的子类型。

① NATURAL：可以限制变量存储非负整数值。

② NATURALN：可以限制变量存储自然数，且非空。

③ POSITIVE：可以限制变量存储正整数。

④ POSITIVEN：可以限制变量存储正整数，且非空。

⑤ SIGNTYPE：可以限制变量只存储值 –1、0、1 三个值。

(2) NUMBER：用于存储整数、定点数和浮点数，以十进制格式进行存储。它便于存储，但是在计算上，系统会自动将它转换为二进制格式进行运算。

定义方式为 NUMBER(P, S)。其中，P 是精度，最大为 38 位；S 是刻度范围，可在 –84～127 间取值。例如，NUMBER(5, 2) 可以用来存储 –999.99～999.99 间的数值。P、S 可以在定义中省略，例如，NUMBER(5)、NUMBER 等。

NUMBER 数据类型包括以下子类型：

① DECIMAL：用于声明最高精度为 38 位的十进制数字的定点数。

② FLOAT：用于声明最高精度为 126 位的二进制数字的浮点数。

③ INTEGER：用于声明最高精度为 38 位的十进制数字的整数。

④ REAL：用于声明最高精度为 63 位的二进制数字的浮点数。

(3) PLS_INTEGER：用于存储带符号的整数。PLS_INTEGER 的大小范围为 $-2^{31} \sim 2^{31}$。与 BINARY_INTEGER 基本相同，但采用机器运算时，PLS_INTEGER 可提供更好的性能。与 NUMBER 数据类型相比，PLS_INTEGER 需要的存储空间更小。通常建议只要是在 PLS_INTEGER 数值范围内的计算都使用此数据类型，以提高计算效率。

2) 字符数据类型

字符数据类型用于存储字符串或字符数据。字符数据类型包括以下几种。

(1) CHAR：描述定长的字符串。如果实际值不够定义的长度，则系统将以空格填充。它的声明方式为 CHAR(L)，L 为字符串长度，缺省值为 1，作为变量，其长度最大为 32 767 个字符。

(2) CHARACTER：存储定长字符串，如果长度没有确定，则缺省值为 1。

(3) LONG：存储可变长度字符串。在数据库存储中，LONG 可以用来保存高达 2 GB 的数据，作为变量，可以表示一个最大长度为 32 760 B 的可变字符串。

(4) RAW：类似于 CHAR，声明方式为 RAW(L)，L 为长度，以字节为单位，作为数据库列，最大为 2000 B，作为变量，最大为 32 767 B。RAW 用于存储二进制数据和字节字符串，当在两个数据库之间进行传递时，RAW 数据不在字符集之间进行转换。

(5) LONGRAW：类似于 LONG，作为数据库列最大可存储 2 GB 的数据，作为变量，最大为 32 760 B。同样地，它也不能在字符集之间进行转换。

(6) ROWID：与数据库 ROWID 类型相同，能够存储一个行标示符，可以将行标示符看做数据库中每一行的唯一键值，可以利用 ROWIDTOCHAR 函数来将行标识转换成为字符。

(7) VARCHAR2：描述变长字符串。它的声明方式为 VARCHAR2(L)，其中，L 为字符串长度，没有缺省值，作为变量最大为 32 767 B，作为数据存储在 Oracle 中最大为 4000 B。在多字节语言环境中，实际存储的字符个数可能小于 L 值。例如，当语言环境为中文 (SIMPLIFIED CHINESE_CHINA.ZHS16GBK)时，一个 VARCHAR2(200)的数据列可以保存 200 个英文字符或者 100 个汉字字符。

(8) NCHAR，NVARCHAR：国家字符集，与环境变量 NLS 指定的语言集密切相关，使用方法和 CHAR、VARCHAR2 相同。

3) BOOLEAN

BOOLEAN 用来存储逻辑值 TRUE、FALSE 或 NULL，无参数。

4) DATE

DATE 用来存储固定长的日期和时间值，日期值中包含时间。它支持的日期范围为公元前 4712 年 1 月 1 日到公元 9999 年 12 月 31 日。日期函数 sysdate 返回当前日期和时间。

2. LOB 类型

LOB(Large OBject，大对象)数据类型用于存储类似图像、声音等大型数据对象。LOB 数据对象可以是二进制数据，也可以是字符数据，其最大长度不超过 4 GB。LOB 数据类型支持任意访问方式，LONG 只支持顺序访问方式。LOB 存储在一个单独的位置上，同时一个 "LOB 定位符" (LOB locator)存储在原始的表中，该定位符是一个指向实际数据的指针。在 PL/SQL 中操作 LOB 数据对象时可使用 Oracle 提供的包 DBMS_LOB.LOB。数据类型可分为以下四类：

(1) BFILE；

(2) BLOB；

(3) CLOB；

(4) NCLOB。

3. 复合类型

PL/SQL 语言的复合类型是用户定义的。常用的复合类型有属性、记录、表和数组。复合类型是标量类型的组合，使用这些数据类型可以拓宽应用范围。对于复合类型，应先定义，再声明，最后才能使用。

1) 属性类型

属性用于引用数据库列的数据类型，以及表示表中一行的记录类型。属性类型有以下两种。

(1) %TYPE：用于引用变量和数据库列的数据类型。例如，使用%TYPE 声明变量：

empcode emp.empno%TYPE;

该段代码声明了变量 empcode，它的数据类型与表 emp 中的 empno 列的数据类型相同。

(2) %ROWTYPE：用于提供表示表中一行的记录类型。

例如，使用%ROWTYPE 声明变量：

emp_ex emp%ROWTYPE;

该段代码声明了变量 emp_ex，可以用于存储从 emp 中提取的记录。

2) 记录类型

PL/SQL 记录是由一组相关的记录成员组成的，通常用来表示对应数据库表中的一行。使用 PL/SQL 记录时应自定义记录类型和记录变量，也可以使用%ROWTYPE 属性定义记录变量。引用记录成员时，必须将记录变量作为前缀。

自定义记录类型和记录变量的语法如下：

TYPE <记录类型名> IS RECORD(

<数据项 1> <数据类型>[NOT NULL[:=<表达式 1>]],

<数据项 2> <数据类型>[NOT NULL[:=<表达式 2>]],

⋮

⋮

<数据项 n> <数据类型>[NOT NULL[:=<表达式 n>]]);

<记录变量名>　<记录类型名>;

【例 6.2】 将学生信息定义为记录类型。

```
 1   declare
 2       type emp_record_type is record
 3       (v_ename      emp.ename%type,
 4         v_job    emp.job%type,
 5         v_sal    emp.sal%type);
 6       emp_rec emp_record_type;
 7    begin
 8       select ename,job,sal into emp_rec
 9       from emp where empno=&eno;
10       dbms_output.put_line(emp_rec.v_ename||':'||
11       emp_rec.v_job||':'||emp_rec.v_sal);
12  end;
```

SQL> /

输入 eno 的值： 7782

原值   9:   from emp where empno=&eno;

新值   9:   from emp where empno=7782;

CLARK:MANAGER:2470

PL/SQL 过程已成功完成。

说明：emp_record_type 为记录类型名；v_ename、v_job、v_sal 为数据项，分别对应 emp 表中的各个字段；最后声明 emp_rec 为 emp_record_type 类型的变量名。

3) 表类型

表是一种比较复杂的数据结构，与数据库中的表是有区别的。数据库表是一种二维表，以数据库表的形式存储。这里的表是一种复合数据类型，是保存在数据缓冲区中的、没有特别存储次序的、可以离散存储的数据结构，它可以是一维的，也可以是二维的。当使用PL/SQL 表时，首先必须在声明部分定义该类型和变量，然后在执行部分引用该变量。

　　语法：

　　TYPE <表类型名> IS TABLE OF <数据类型> INDEX BY BINARY_INTEGER;

　　<表变量名>　　　　　<表类型名>;

　　表类型名是用户定义的；数据类型是表中元素的数据类型，表中所有元素的数据类型是相同的；索引变量缺省为 BINARY_INTEGER(范围介于 $-2^{31}-1 \sim 2^{31}-1$ 之间)类型的变量，用于指定索引表元素下标的数据类型。

　　【例 6.3】　索引表类型的定义。

```
SQL> DECLARE
  2      TYPE ename_table_type IS TABLE OF emp.ename%TYPE
  3      INDEX BY BINARY_INTEGER;
  4      Ename_table ename_table_type;
  5   BEGIN
  6      SELECT ename INTO ename_table(1) FROM emp
  7      WHERE empno=7902;
  8      Dbms_output.put_line('员工名：'|| ename_table(1));
  9   END;
 10   /
员工名：FORD
PL/SQL 过程已成功完成。
```

　　4）数组类型

　　数组也是一种复合类型。数组和表类似，不同之处在于，声明了一个数组，就确定了数组中元素的数目。同时，进行数组存储时，其元素的次序是固定且连续的，而且索引变量从 1 开始一直到其定义的最大值为止。语法如下：

　　TYPE <数组类型名> IS VARRAY　(<MAX_SIZE>)OF <数据类型>;

　　<表变量名>　　　　　<表类型名>;

　　数组类型名是用户定义的；数据类型是数组中元素的数据类型，所有数组元素的数据类型是一致的；MAX_SIZE 指明数组元素个数的最大值。

　　4．引用类型

　　PL/SQL 语言中的引用类型是用户定义的指向某一数据缓冲区的指针，与 C 语言中的指针类似。游标即为 PL/SQL 语言的引用类型。详细内容将在 6.5 节讲述。

6.2.4　表达式

　　PL/SQL 语言常见的表达式分为算术表达式、字符表达式、关系表达式和逻辑表达式四种。

1．算术表达式

算术表达式是由数值型常量、变量、函数和算术运算符组成的。算术表达式的计算结果是数值型数据，它使用的运算符主要包括()、**、*、/、+、—等，运算的优先次序为( )→**→*、/→+、—。

2．字符表达式

字符表达式由字符或字符串型常量、变量、函数和字符运算符组成，字符表达式的计算结果仍然是字符型。唯一的字符运算符是并置(‖)，这个运算符将两个或者多个字符串连接在一起。如果并置运算中的所有操作数是 CHAR 类型，那么表达式的结果也为 CHAR 类型。如果所有操作数都为 VARCHAR2 类型，那么表达式的结果也为 VARCHAR2 类型。

例如，"PL"‖"/SQL"的结果为"PL/SQL"。

3．关系表达式

关系表达式是由字符表达式或者算术表达式与关系运算符组成的。关系表达式的格式如下：

　　<表达式> <关系运算符> <表达式>

关系运算符两边表达式的数据类型必须一致，因为只有相同类型的数据才能比较。关系表达式的运算结果为逻辑值，若关系表达式成立，则结果为真(TRUE)，否则为假(FALSE)。

关系运算符主要有六种： <、 >、=、<=、>=、!=。 谓词操作符 LIKE、BETWEEN 和 IN 也可以作为关系运算符。

4．逻辑表达式

逻辑表达式由关系表达式和逻辑运算符组成。逻辑表达式的运算结果为逻辑值。逻辑运算符包括 NOT、OR 和 AND。逻辑运算符的运算优先次序为 NOT→AND→OR。逻辑表达式的一般格式如下：

　　<关系表达式> <逻辑运算符> <关系表达式>

关系表达式和逻辑表达式实际上都是布尔表达式，其值为布尔值(TRUE、FALSE 或者 NULL)。

6.2.5　绑定变量

绑定变量也称为主机变量。这些变量在 SQL*Plus 环境中声明，匿名块不带任何参数。绑定变量可以作为参数传递给过程和参数。声明绑定变量的语法如下：

VARIABLE variablename datatype

例如：

SQL> variable gno number

当用 VARIABLE 命令声明一个数字变量时，不使用精度和标度值。声明 VARCHAR2 类型的变量时，不使用长度。在 SQL*Plus 环境中，用 PRINT 命令来显示主机变量的值。

Oracle 能够重复利用执行计划的方法就是采用绑定变量。绑定变量的实质是用于替代 SQL 语句中常量的替代变量。绑定变量能够使得每次提交的 SQL 语句都完全一样。

普通 SQL 语句：

SELECT　ename,sal,deptno from emp WHERE empno = 7369;

SELECT　ename,sal,deptno from emp WHERE empno = 7499;

SELECT　ename,sal,deptno from emp WHERE empno = 7566;

含绑定变量的 SQL 语句：

SQL>SELECT　ename,sal,deptno from emp WHERE empno = :emp_no;

SQL*Plus 中使用绑定变量：

SQL>variable emp_no number;

SQL>exec :emp_no := 7900;

PL/SQL 过程已成功完成。

SQL> SELECT　ename,sal,deptno from emp WHERE empno =:emp_no;

　　下面的例子使用两种变量：局部变量 v_num 和绑定变量 g_num。绑定变量 g_num 在 SQL*Plus 中用 VARIABLE 语句来声明。程序块用冒号(:)前缀引用。局部变量不需使用冒号前缀。程序将给局部变量赋值 3，将它翻倍后赋值给绑定变量 g_num，然后使用 PRINT 语句显示结果。

SQL> variable g_num number

SQL> declare

　　2　　v_num number;

　　3　begin

　　4　　v_num:=3;

　　5　　:g_num:=v_num * 2;

　　6　end;

　　7　/

PL/SQL 过程已成功完成。

SQL> print g_num

　　G_NUM

　　　　6

　　说明：在程序块中应尽量减少使用绑定变量，因为绑定变量会影响性能。在块中每次访问一个绑定变量时，PL/SQL 引擎都必须停下来向主机环境请求绑定变量的值。为减少停顿，可以将变量的值赋给局部变量。

6.2.6　PL/SQL 中的替换变量

　　PL/SQL 没有输入能力。"&" 加标识符即为替换变量，通过替换变量可以在 PL/SQL 中进行输入，并可以方便地达到创建通用脚本的目的。

　　注意：如果列的数据类型为字符或日期型，则应用单引号将替换变量括起来。

　　将上述例子用替换变量实现。

SQL> variable g_num number

```
SQL> declare
  2     v_num number;
  3   begin
  4     v_num:=&p_num;
  5     :g_num:=v_num * 2;
  6   end;
  7   /
输入 p_num 的值：5
原值      4：v_num:=&p_num;
新值      4：v_num:=5;
PL/SQL 过程已成功完成。
```

当使用替换变量时，输出结果会显示进行替换的那些行。可以使用 set verify off 命令取消这些行。

```
SQL>SQL> set verify off
SQL> /
输入 p_num 的值：5
PL/SQL 过程已成功完成。
SQL> print g_num
    G_NUM
    ----------
        10
```

例如，创建通用脚本，在 Employees 表中插入数据。

```
SQL>insert into emp(empno,ename,sal,deptno) values (&empno ,&ename,&sal,&deptno);
SQL> /
输入 empno 的值：  7811
输入 ename 的值：  'jamw'
输入 sal 的值：  3000
输入 deptno 的值：  30
已创建 1 行。
```

6.3　控 制 结 构

PL/SQL 不仅能嵌入 SQL 语句，还能处理各种基本的控制结构，包括条件控制、循环控制和顺序控制。

6.3.1　条件控制

条件控制用于根据条件执行一系列语句，包括 IF 语句和 CASE 语句。

1．IF 语句

1) IF…THEN

语法：

```
IF condition THEN
      Statements 1;
      Statements 2;
          ⋮
END IF
```

IF 语句判断条件 condition 是否为 TRUE，如果是，则执行 THEN 后面的语句；如果 condition 为 FALSE 或 NULL，则跳过 THEN 到 END IF 之间的语句，执行 END IF 后面的语句。

2) IF…THEN…ELSE

语法：

```
IF condition THEN
      Statements 1;
      Statements 2;
          ⋮
ELSE
      Statements 1;
      Statements 2;
          ⋮
END IF
```

如果条件 condition 为 TRUE，则执行 THEN 到 ELSE 之间的语句；否则，执行 ELSE 到 END IF 之间的语句。

IF 可以嵌套，可以在 IF 或 IF...ELSE 语句中使用 IF 或 IF...ELSE 语句。

```
if (a>b) and (a>c) then
      g:=a;
else
      g:=b;
      if c>g then
        g:=c;
      end if
end if
```

3) IF…THEN…ELSIF

语法：

```
IF condition1 THEN
   statement1;
```

ELSIF condition2 THEN

    statement2;

ELSIF condition3 THEN

    statement3;

ELSE

    statement4;

END IF;

    statement5;

如果条件 condition1 为 TRUE，则执行 statement1，然后执行 statement5；否则判断 condition2 是否为 TRUE，若为 TRUE，则执行 statement2，然后执行 statement5。对于 condition3 也是相同的，如果 condition1、condition2、condition3 都不成立，那么将执行 statement4，然后执行 statement5。

【例 6.4】 为工资小于 2000 元的员工增加工资 200 元。

```
DECLARE
    V_sal number(6,2);
BEGIN
    SELECT sal INTO v_sal FROM emp WHERE ename = trim('&&name');
    IF v_sal<2000 THEN
    UPDATE emp SET sal=v_sal+200 WHERE ename=trim('&&name');
    END IF;
END;
```

【例 6.5】 按照不同的岗位更新员工的工资。

```
DECLARE
    v_job VARCHAR2(10);
v_sal number(6,2);
BEGIN
    SELECT job,sal INTO v_job,v_sal FROM emp WHERE empno=&&no;
    IF v_job = 'CLERK' THEN
        UPDATE emp SET sal=v_sal+200 WHERE empno=&&no;
    ELSIF v_job= 'SALESMAN' THEN
        UPDATE emp SET sal=v_sal+100 WHERE empno=&&no;
    ELSE
        UPDATE emp SET sal=v_sal+500 WHERE empno=&&no;
    END IF;
END;
```

2．CASE 语句

CASE 语句用于根据条件将单个变量或表达式与多个值进行比较。在执行 CASE 语句前，该语句先计算选择器的值。CASE 语句使用选择器与 WHEN 字句中的表达式匹配。语法如下：

```
CASE  选择器
 WHEN  表达式 1 THEN  执行语句 1；
 WHEN  表达式 2 THEN  执行语句 2；
  …
 WHEN  表达式 N   THEN  执行语句 N；
 ELSE  执行语句 N＋1；
END CASE；
```

当选择器的值与 WHEN 子句中的表达式相等时，执行对应的 THEN 子句部分的语句。

【例 6.6】 更新相应部门的员工的补贴。

```
DECLARE
    V_deptno emp.deptno%TYPE;
BEGIN
    V_deptno:=&n;
    CASE v_deptno
        When 10 THEN
            UPDATE emp SET comm=100 WHERE deptno=v_deptno;
        When 20 THEN
            UPDATE emp SET comm=80 WHERE deptno=v_deptno;
        When 30 THEN
            UPDATE emp SET comm=50 WHERE deptno=v_deptno;
        When 40 THEN
            UPDATE emp SET comm=30 WHERE deptno=v_deptno;
        ELSE
            Dbms_output.put_line('不存在该部门!');
    END CASE;
END;
```

CASE 语句还有另外一种形式，即不使用选择器，而是计算 WHEN 子句中的各个比较表达式，找到第一个为 TRUE 的表达式，然后执行对应的语句序列。语法如下：

```
CASE
WHEN  表达式 1 THEN  执行语句 1；
WHEN  表达式 2 THEN  执行语句 2；
  …
WHEN  表达式 N   THEN  执行语句 N；
ELSE  执行语句 N＋1；
END CASE；
```

6.3.2　循环控制

循环控制用于重复执行一系列语句。循环结构共有三种类型，分别是基本循环、WHILE 循环和 FOR 循环。

1．基本循环

基本循环的形式是 LOOP 语句，LOOP 和 END LOOP 之间的语句将无限次地执行。

语法：

```
LOOP
    statements;
    …
    EXIT [WHEN condition];
END LOOP ;
```

在使用该语句时，无论条件是否满足，语句至少会执行一次。当 condition 的条件为 TRUE 时，会退出循环，执行 END LOOP 之后的语句。

【例 6.7】　使用基本循环。X 初始值为 100，循环累加 10，当 X>1000 时退出循环。

```
SQL>DECLARE
  X   INT :=100;
  Y   INT;
  BEGIN
    LOOP
      X:=X+10;
    EXIT WHEN X>1000;
    END LOOP;
    Y:=X;
END;
/
```

2．WHILE 循环

对于 WHILE 循环结构，如果条件结果值为 TRUE，则执行循环体内的语句；如果条件结果值为 FALSE，则结束循环，执行 END LOOP 之后的语句。

语法：

```
WHILE condition LOOP
    statement1;
    statement2;
      …
END LOOP;
```

【例 6.8】　使用 WHILE 循环。X 的初始值为 100，循环累加 10，当 X>1000 时退出循环。

```
SQL> declare
 X number:=100;
 Y number:=0;
 BEGIN
 WHILE X<=1000
 LOOP
    X:=X+10;
 END LOOP;
 Y:=X;
 END;
 /
```

3. FOR 循环

LOOP 循环和 WHILE 循环的循环次数事先是不知道的，它取决于循环条件；而 FOR 循环的循环次数是已知的。

语法：

```
FOR counter IN [REVERSE] start_range...end_range LOOP
statements;
END LOOP;
```

说明：counter 是一个隐式声明的变量，初始值是 start_range，第二个值是 start_range+1，直到 end_range。如果 start_range 等于 end_range，那么循环将执行一次。如果使用了 REVERSE 关键字，那么该循环的范围将是一个降序。

【例 6.9】 使用 FOR 循环。该例程循环 10 累加 10，累计 10 次后退出。

```
SQL>DECLARE
x number:=100;
y number:=0;
BEGIN
    FOR v_counter in 1..10 loop
    x:=x+10;
    END LOOP;
    y:=x;
END;
```

6.3.3 顺序控制

顺序控制用于按顺序执行语句。用户可以使用标签使程序获得更好的可读性。程序块或循环都可以被标记。标签的形式是<< >>。

1. 标记程序块

```
<<LABEL_NAME>>
```

[DECLARE]

　　⋮

BEGIN

　　⋮

[EXCEPTION]

　　⋮

END <<label_name>>

2. GOTO 语句

语法：

GOTO LABEL;

执行 GOTO 语句时，控制会立即转到由标签标记的语句。PL/SQL 中对 GOTO 语句有一些限制。对于块、循环、IF 语句而言，从外层跳转到内层是非法的。

【例 6.10】　使用 GOTO 语句。当员工薪水小于 800 时转到 update 标签处提高员工薪水 100，否则转至 quit，什么也不做。

```
SQL>declare
    salary emp.sal%type;
  begin
    select sal into salary from emp where empno=7369;
    if salary < 800 then
        goto updat;
    else
        goto quit;
    end if;
    <<updat>>
    update emp set sal=salary + 100 where empno=7369;
    <<quit>>
    NULL;
  end;
/
```

在上面的程序中，NULL 是一个合法的可执行语句。

6.4　动态 SQL 语句

一般的 PL/SQL 程序设计中，在 DML 和事务控制的语句中可以直接使用 SQL，但是 DDL 语句及系统控制语句却不能在 PL/SQL 中直接使用，要想实现在 PL/SQL 中使用 DDL 语句及系统控制语句，可以通过使用动态 SQL 来实现。

下面介绍什么是动态 SQL 和静态 SQL。所谓静态 SQL，指在 PL/SQL 块中使用的 SQL 语句在编译时是明确的，执行的是确定对象。动态 SQL 是指在 PL/SQL 块编译时 SQL 语句是不确定的,可根据用户输入参数的不同而执行不同的操作。动态 SQL 语句一般由一些 SQL 语句(如 INSERT、UPDATE、DELETE 和 SELECT 等 DML 语句与 CREATE TABLE 等 DDL 语句)组成。编译程序对动态语句部分不进行处理,只是在程序运行时动态地创建语句,对语句进行语法分析并执行该语句。

在 Oracle 中,动态 SQL 可以通过本地动态 SQL 来执行,也可以通过 DBMS_SQL 包来执行。

执行本地动态 SQL 的语法如下:

EXECUTE IMMEDIATE dynamic_sql_statement

[INTO define_variable_list]

[USING bind_argument_list]

说明:dynamic_sql_statement 是动态语句;INTO 子句接受 SELECT 语句选择的记录值; USING 用于绑定输入参数变量。

【例 6.11】 执行本地动态 SQL 的使用方法。

```
SQL>DECLARE
    sql_statement varchar2(1000);
    emp_id number(4):=7369;
    emp_rec emp%rowtype;
BEGIN
    EXECUTE IMMEDIATE 'CREATE TABLE COM (id NUMBER,com NUMBER)';
    sql_statement:='SELECT * FROM emp WHERE empno=:id';
    EXECUTE IMMEDIATE sql_statement INTO emp_rec USING emp_id;
END;
/
```

以上例子先执行一条创建表的动态 SQL,接着执行带参数的 SELECT 语句。

6.5 游 标

当在 PL/SQL 块中执行查询语句和数据操纵语句时,Oracle 会为其分配上下文区。游标(CURSOR)是指向上下文区的指针。游标是用户定义的引用类型,它能够根据查询条件从数据库表中查询出一组记录,将其作为一个临时表放置在数据缓冲区中,以游标作指针,逐行对记录数据进行操作。

对于数据操纵语句和单行查询语句来说,Oracle 会为它们分配隐含游标。为了处理查询语句返回的多行数据,必须使用显式游标。

6.5.1 隐式游标

PL/SQL 为所有数据操纵语句和单行查询语句隐式声明游标,对于此类游标,用户不能直接命名和控制。当运行数据操纵语句时, PL/SQL 打开一个内建游标并处理结果(游标是维护查询结果的内存中的一个区域,游标在运行数据操纵语句时打开,完成后关闭)。Oracle

预先定义一个名为 SQL 的隐式游标，通过检查隐式游标的属性可以获得与最近执行的 SQL 语句相关的信息。 数据操纵语句的结果保存在四个游标属性中，这些属性用于控制程序流程或者了解程序的状态。隐式游标的属性包括：%FOUND、%NOTFOUND、%ROWCOUNT 和%ISOPEN。其中，%FOUND、%NOTFOUND 和%ISOPEN 是布尔值；% ROWCOUNT 是整数值。

1. %FOUND 和%NOTFOUND

在执行任何数据操纵语句前，%FOUND 和%NOTFOUND 的值都是 NULL。在执行数据操纵语句后，%FOUND 的属性值将是：

- TRUE：INSERT；
- TRUE：DELETE 和 UPDATE，至少有一行被 DELETE 或 UPDATE；
- TRUE：SELECT INTO 至少返回一行。

当%FOUND 为 TRUE 时，%NOTFOUND 为 FALSE。

2. %ROWCOUNT

在执行任何数据操纵语句之前，%ROWCOUNT 的值都是 NULL。对于 SELECT INTO 语句，如果执行成功，则%ROWCOUNT 的值为 1；如果没有成功，则%ROWCOUNT 的值为 0，同时产生一个异常的 NO_DATA_FOUND。

3. %ISOPEN

%ISOPEN 是一个布尔值，如果游标打开，则为 TRUE；如果游标关闭，则为 FALSE。对于隐式游标而言，%ISOPEN 总是 FALSE，这是因为隐式游标在 DML 语句执行时打开，在结束时就立即关闭。

6.5.2　显式游标

当查询返回结果超过一行时，就需要一个显式游标，此时用户不能使用 SELECT INTO 语句。PL/SQL 管理隐式游标，当查询开始时隐式游标打开，当查询结束时隐式游标自动关闭。显式游标在 PL/SQL 块的声明部分声明，在执行部分或异常处理部分打开、取数据和关闭。说明：这里提到的游标无特别说明通常是指显式游标。

1. 声明游标

要在程序中使用游标，首先必须声明游标。语法如下：

CURSOR cursor_name IS select_statement;

说明：cursor_name 用于指定游标的名称；select_statement 用于指定游标所对应的查询语句。

【例 6.12】 使用声明游标。

```
DELCARE
CURSOR C_EMP IS SELECT empno,ename,salary
FROM emp
WHERE salary>2000
```

ORDER BY ename;

...

BEGIN

在游标的定义中，SELECT 语句可以从视图或多个表中选择列，甚至可以使用*来选择所有的列。

2．打开游标

打开游标时，Oracle 会执行游标所对应的查询语句，并将查询语句的结果暂存到结果集中。打开游标的语法如下：

OPEN cursor_name

说明：cursor_name 是在声明部分定义的游标名。

3．提取数据

在打开游标之后，从游标得到一行数据使用 FETCH 命令。每一次提取数据后，游标都指向结果集的下一行。

语法：

FETCH cursor_name INTO variable[,variable,...]

对于 SELECT 定义的游标的每一列，FETCH 变量列表都应该有一个变量与之相对应，变量的类型也要相同。

【例 6.13】 使用游标提取数据。

```
SQL>SET SERVEROUTPUT ON
DECLARE
  v_ename EMP.ENAME%TYPE;
  v_salary EMP.SAL%TYPE;
  CURSOR c_emp IS SELECT ename,sal FROM emp;
BEGIN
  OPEN c_emp;
    LOOP
      FETCH c_emp INTO v_ename,v_salary;
      EXIT WHEN c_emp%NOTFOUND;
      DBMS_OUTPUT.PUT_LINE('Salary of Employee'|| v_ename ||'is'|| v_salary);
  end loop;
 END;
/
```

运行结果如下：

```
SQL>Salary of Employee SMITH is 800
Salary of Employee ALLEN is 1600
Salary of Employee WARD is 1250
...
```

4．关闭游标

在提取并处理了结果集的所有数据后，就可以关闭游标并释放结果集，语法如下：

CLOSE cursor_name

5．带参数的游标

与存储过程和函数相似，可以将参数传递给游标并在查询中使用。这对于处理在某种条件下打开游标的情况非常有用。

语法：

CURSOR cursor_name[(parameter[,parameter],...)] IS select_statement;

定义参数的语法：

Parameter_name [IN] data_type[{:=|DEFAULT} value]

与存储过程不同的是，游标只能接受传递的值，而不能返回值。参数只定义数据类型，没有大小。另外，可以给参数设定一个缺省值，当没有参数值传递给游标时，就使用缺省值。游标中定义的参数只是一个占位符，在别处引用该参数不一定可靠。在打开游标时给参数赋值。打开带参数游标的语法如下：

OPEN cursor_name[value[,value]…];

说明：参数值可以是文字或变量。

【例 6.14】 使用带参数的游标。

```
SQL> DECLARE
  2    CURSOR c_dept IS SELECT * FROM dept ORDER BY deptno;
  3    CURSOR c_emp (p_dept VARCHAR2) IS
  4      SELECT ename,sal
  5      FROM emp
  6      WHERE deptno=p_dept
  7      ORDER BY ename;
  8    r_dept DEPT%ROWTYPE;
  9    v_ename EMP.ENAME%TYPE;
 10    v_salary EMP.SAL%TYPE;
 11    v_tot_salary EMP.SAL%TYPE;
 12  BEGIN
 13    OPEN c_dept;
 14      LOOP
 15        FETCH c_dept INTO r_dept;
 16        EXIT WHEN c_dept%NOTFOUND;
 17        DBMS_OUTPUT.PUT_LINE('Department:'|| r_dept.deptno||'-'||r_dept.dname);
 18        v_tot_salary:=0;
 19        OPEN c_emp(r_dept.deptno);
 20          LOOP
 21            FETCH c_emp INTO v_ename,v_salary;
```

```
22              EXIT WHEN c_emp%NOTFOUND;
23              DBMS_OUTPUT.PUT_LINE('Name: '|| v_enamell' salary: '||v_salary);
24                v_tot_salary:=v_tot_salary+v_salary;
25            END LOOP;
26            CLOSE c_emp;
27            DBMS_OUTPUT.PUT_LINE('Toltal Salary for dept: '|| v_tot_salary);
28          END LOOP;
29        CLOSE c_dept;
30      END;
31    /
```

运行结果如下：

SQL>Department:10-ACCOUNTING

Name: CLARK salary: 2450

Name: KING salary: 5000

Name: MILLER salary: 1300

Toltal Salary for dept: 8750

…

6.5.3　使用游标更新或删除当前行数据

当程序从游标的结果集中取出单个行时，它访问的是游标的当前行。如果在处理过程中需要删除或更新行，则可以利用 UPDATE 或 DELETE 语句和 WHERE 条件中特殊的 CURRENT OF 子句来处理游标的当前行。

【例 6.15】　利用 UPDATE 语句和 WHERE 条件中的 CURRENT OF 子句将 EMP 表中部门号为 20 的员工的薪水提高 10%。

(1) 查询 EMP 表中部门号为 20 的员工目前的薪水。

SQL> select empno,deptno,sal from emp where deptno=20;

EMPNO	DEPTNO	SAL
7369	20	800
7566	20	2975
7788	20	3000
7876	20	1100
7902	20	3000
8000	20	5000

(2) 编写程序。利用 UPDATE 语句和 WHERE 条件中的 CURRENT OF 子句编写程序。

```
SQL>    declare
2          cursor salcur(depno number) is
3          select sal from emp where deptno =depno for update of sal;
```

```
 4        new_sal number;
 5      begin
 6        for currentsal in salcur(20) loop
 7        new_sal:=currentsal.sal;
 8        update emp set sal=1.1*new_sal where current of salcur;
 9      end loop;
10      commit;
11      end;
12      /
```

PL/SQL 过程已成功完成。

(3) 程序执行后，再次查询 EMP 表中部门号为 20 的员工目前的薪水发现，每个员工的薪水已经提高了 10%。

```
SQL>   select empno,deptno,sal from emp where deptno=20;
    EMPNO     DEPTNO      SAL
    ----------  -----------  ----------
     7369       20         880
     7566       20         3272.5
     7788       20         3300
     7876       20         1210
     7902       20         3300
     8000       20         5500
```

6.5.4 循环游标

循环游标可以简化显式游标的处理代码。在使用循环游标时，Oracle 会隐含地打开游标、提取游标数据并关闭游标。语法如下：

FOR record_name IN

  (corsor_name[(parameter[,parameter]...)]

  | (query_difinition)

LOOP

  statements

END LOOP;

说明：corsor_name 是已经定义的游标名；record_name 是 PL/SQL 声明的记录变量。此变量的属性声明为 %ROWTYPE 类型，作用域在 FOR 循环之内。

循环游标的特性如下：

游标 FOR 循环自动声明一个游标行，打开游标，从游标中取出行并在游标中的最后一行取出后关闭游标的变量或记录。

下面我们用 FOR 循环重写例 6.14 的程序：

SQL>DECLARE

```
2    CURSOR c_dept IS SELECT deptno,dname FROM dept ORDER BY deptno;
3    CURSOR c_emp (p_dept VARCHAR2) IS
4      SELECT ename,sal
5      FROM emp
6      WHERE deptno=p_dept
7      ORDER BY ename;
8    v_tot_salary EMP.SAL%TYPE;
9    BEGIN
10      FOR r_dept IN c_dept LOOP
11        DBMS_OUTPUT.PUT_LINE('Department:'|| r_dept.deptno||'-'||r_dept.dname);
12        v_tot_salary:=0;
13        FOR r_emp IN c_emp(r_dept.deptno) LOOP
14        DBMS_OUTPUT.PUT_LINE('Name: ' || r_emp.ename || ' salary: ' || r_emp.sal);
15        v_tot_salary:=v_tot_salary+r_emp.sal;
16        END LOOP;
17        DBMS_OUTPUT.PUT_LINE('Toltal Salary for dept:'|| v_tot_salary);
18      END LOOP;
19    END;
20    /
```

运行结果如下：

```
SQL> Department:10-ACCOUNTING
Name: CLARK salary: 2450
Name: KING salary: 5000
Name: MILLER salary: 1300
Toltal Salary for dept:8750
Department:20-RESEARCH
Name: ADAMS salary: 1100
...
```

6.5.5　REF 游标

　　隐式游标和显式游标都是静态定义的，当用户使用它们的时候查询语句已经确定。如果用户需要在运行的时候动态决定执行何种查询，则可以使用 REF 游标和游标变量。

　　创建 REF 游标变量需要两个步骤：声明 REF 游标类型和声明 REF 游标类型的游标变量。声明 REF 游标的语法如下：

TYPE ref_cursor_name IS REF CURSOR [RETURN return_type]

　　说明：RETURN 语句为可选子句，用于指定游标提取结果集的返回类型。上述程序包括 RETURN 语句表示为强类型 REF 游标，不包括 RETURN 语句表示为弱类型 REF 游标，该方法可以获取任何结果集。

在 PL/SQL 代码段中可如下定义强类型游标：

Declare

 Type refcur_t is ref cursor;

 Type emp_refcur_t is ref cursor return employee%rowtype;

Begin

 Null;

End;

/

强类型举例：

SQL> conn hr/hr;

已连接。

 SQL> Declare

   2　　--声明记录类型

   3　　type emp_job_rec is record(

   4　　　employee_id number,

   5　　　employee_name varchar2(50),

   6　　　job_title varchar2(30)

   7　　);

   8　--声明 REF CURSOR，返回值为该记录类型

   9　　type emp_job_refcur_type is ref cursor

  10　　return emp_job_rec;

  11　--定义 REF CURSOR 游标的变量

  12　　emp_refcur emp_job_refcur_type;

  13　　emp_job emp_job_rec;

  14　begin

  15　　open emp_refcur for

  16　　　select e.employee_id,

  17　e.first_name || ' ' ||e.last_name "employee_name",

  18　　　　j.job_title

  19　　　from employees e, jobs j

  20　　　where e.job_id = j.job_id and rownum < 11 order by 1;

  21　　fetch emp_refcur into emp_job;

  22　　while emp_refcur%found loop

  23　　　dbms_output.put_line(emp_job.employee_name || '''s job is: ' || emp_job.job_title);

  24　　　fetch emp_refcur into emp_job;

  25　　end loop;

  26　end;

  27　/

运行结果如下：

SQL> chen donny's job is: President

Neena Kochhar's job is: Administration Vice President

Lex De Haan's job is: Administration Vice President

Alexander Hunold's job is: Programmer

…

6.6　异　常　处　理

异常(EXCEPTION)是 PL/SQL 的标识符，当 PL/SQL 块在运行中出现错误或警告时，会触发异常。默认情况下，当发生异常时会终止 PL/SQL 的执行，但通过引入异常处理部分可以捕获各种异常，根据出现的异常情况就可以进行相应的处理。

Oracle 提供了预定义异常和用户定义异常两种类型。

6.6.1　预定义异常

系统预定义异常处理是针对 PL/SQL 程序编译、执行过程中发生的系统预定义异常问题进行处理的程序。无论是违反 Oracle 规则，还是超出系统规定的限度，都会引发系统异常。系统预定义异常处理一般由系统自动触发，也可以利用后面介绍的自定义异常的触发方法来显式触发系统预定义异常。Oracle 常用的系统预定义异常如表 6-1 所示。

表 6-1　Oracle 常用的系统预定义异常

预定义异常名	描　　述
ACCESS_INTO_NULL	试图给一个没有初始化的对象赋值
CURSOR_ALREADY_OPEN	试图打开一个已经打开的游标
DUP_VAL_ON_INDEX	试图在一个有唯一性约束的字段中存储重复的值
INVALID_CURSOR	试图执行一个无效的游标
LOGIN_DENIED	用一个无效的用户名或口令登录
NO_DATA_FOUND	查询语句没有返回数据
NOT_LOGGED_ON	连接数据库失败
SUBSCRIPT_BEYOND_COUNT	元素下标超过嵌套表或数组类型变量的最大值
SUBSCRIPT_OUTSIDE_LIMIT	使用嵌套表或数组类型变量时，将下标指定为负数
TOO_MANY_ROWS	查询语句返回多行数据
VALUE_ERROR	变量转换时形成无效值
ZERO_DIVIDE	被零除

PL/SQL 程序块的异常部分包含程序处理错误的代码。当异常被抛出时，一个异常陷阱就自动发生，程序控制离开执行部分转入异常部分，一旦程序进入异常部分就不能再回到同一块的执行部分。下面是异常部分的一般语法。

```
EXCEPTION
    WHEN exception_name THEN
Code for handing exception_name
    [WHEN another_exception THEN
      Code for handing another_exception]
    [WHEN OTHERS THEN
      code for handing any other exception.]
```

用户必须在独立的 WHEN 子串中为每个异常设计异常处理代码。WHEN OTHERS 子串必须放置在最后面作为缺省处理器处理没有显式处理的异常。当异常发生时，控制转到异常部分，Oracle 查找当前异常相应的 WHEN…THEN 语句，捕捉异常，THEN 之后的代码被执行。如果错误陷阱代码只是退出相应的嵌套块，那么程序将继续执行内部块 END 后面的语句。如果没有找到相应的异常陷阱，那么将执行 WHEN OTHERS。在异常部分，WHEN 子串没有数量限制。

```
EXCEPTION
    WHEN inventory_too_low THEN
      order_rec.staus:='backordered';
            replenish_inventory(inventory_nbr=>
            inventory_rec.sku,min_amount=>order_rec.qty-inventory_rec.qty);
      WHEN discontinued_item THEN
          --code for discontinued_item processing
      WHEN zero_divide THEN
          --code for zero_divide
      WHEN OTHERS THEN
          --code for any other exception
END;
```

6.6.2　用户定义异常

自定义异常处理是用户根据需要自己编写的异常处理程序。自定义异常处理由用户触发。自定义异常处理先定义，后触发，再处理。

1. 定义异常处理

在 PL/SQL 程序块的 DECLARE 中定义异常处理的格式如下：

　<异常处理名>　　　EXCEPTION;

说明：异常处理名是用户定义的；EXCEPTION 是异常处理的关键字。

2. 触发异常处理

自定义异常通过 RAISE 语句显式引发，通常在 PL/SQL 程序执行部分中，在判断有可能出现异常的代码片段后触发语句，捕获异常。触发异常处理的语句格式如下：

　RAISE <异常处理名>;

3. 处理异常

一个 PL/SQL 程序块中可以包含多个异常处理，根据不同的异常处理名来执行不同的异常处理程序。在 PL/SQL 程序块的 EXCEPTION 中编写和定义异常处理程序的方法如下：

EXCEPTION WHEN　<异常处理名 1>　THEN

<异常处理语句序列 1>;

…

WHEN　<异常处理名 n>　THEN

<异常处理语句序列 n>;

【例 6.16】 下面是一个订单输入系统，当库存小于订单时，抛出一个 inventory_too_low 异常。

DECLARE

inventory_too_low EXCEPTION;

--其他声明语句

BEGIN

…

　　IF order_rec.qty>inventory_rec.qty THEN

　　RAISE inventory_too_low;

　　END IF

…

EXCEPTION

WHEN inventory_too_low THEN

order_rec.staus:='backordered';

replenish_inventory(inventory_nbr=>

inventory_rec.sku,min_amount=>order_rec.qty-inventory_rec.qty);

END;

6.6.3　引发应用程序异常

RAISE_APPLICATION_ERROR 用于创建用户定义的错误消息，用户定义的错误消息可以更详细地描述异常。引发应用程序错误的语法如下：

RAISE_APPLICATION_ERROR(error_number,error_message);

说明：error_number 表示用户为异常指定的编号，该编号为介于–20000 和–20999 之间的负整数；Error_message 表示用户为异常指定的消息文本，长度可达到 2048 B，错误消息是与 error_number 关联的文本；RAISE_APPLICATION_ERROR 可以在可执行部分和异常处理部分使用。在调用该过程时，同时显示错误编号和信息。

【例 6.17】 当薪水为空时引发异常时，显示"工资异常"。

SQL>SET SERVEROUTPUT ON

SQL> DECLARE

```
 2   sal_v emp.sal%type;
 3   sal_exception exception;
 4   BEGIN
 5   SELECT NVL(sal,0) INTO sal_v FROM emp WHERE empno=7934;
 6   If sal_v=0 THEN
 7   Raise sal_exception;
 8   ELSE
 9   DBMS_OUTPUT.PUT_LINE('此员工薪水为：'||sal_v);
10   END IF;
11   EXCEPTION
12   WHEN sal_exception THEN
13   RAISE_APPLICATION_ERROR(-20001,'工资异常');
14   END;
/
```

如果出现薪水为空，则输出结果如下：

SQL>Error 位于第 1 行：

ORA-20001:薪水异常

ORA-06512:在 line12

6.7　小　　结

本章介绍了 PL/SQL 的基础语法以及如何使用 PL/SQL 语言设计和运行 PL/SQL 程序块，并将 PL/SQL 程序整合到 Oracle 服务器中。虽然 PL/SQL 程序作为功能块嵌入 Oracle 数据库中，但 PL/SQL 与 Oracle 数据库的紧密结合使得越来越多的 Oracle 数据库管理员和开发人员开始使用 PL/SQL。

习题六

一、选择题

1. 在 PL/SQL 块中不能直接嵌入以下(　)语句。

A. SELECT　　　　　B. INSERT　　　　C. CREATE TABLE

D. GRANT　　　　　E. COMMIT

2. 当 fetch 执行失败时，下列(　)游标的属性值为 TRUE。

A. %ISOPEN　　　　B. %FOUND　　　C. %NOTFOUND　　　D. %ROWCOUNT

3. 以零作除数时会引发(　)异常。

A. VALUE_ERROR　　　　　　　　B. ZERO_DIVIDE

C. STORAGE_ERROR　　　　　　　D. SELF_IS_NULL

4. 用来存放可变长度字符串的函数是( )。

A. CHAR　　　　　　　　　　　B. VARCHAR2

C. NUMBER　　　　　　　　　　D. BOOLEAN

5. 关于以下分支结构，如果 i 的初值是 15，则循环结束后 j 的值是( )。

```
IF i>20 THEN
     j:=i*2
ELSIF i>15 THEN
     j:=i*3
ELSE
     j:=i*4
END IF;
```

A. 15　　　　　B. 30　　　　　C. 45　　　　　D. 60

6. 要更新游标结果集中的当前行，应使用( )子句。

A. WHERE CURRENT OF　　　　B. FOR UPDATE

C. FOR DELETE　　　　　　　　D. FOR MODIFY

二、编程题

1. 编写程序，用以提示用户输入姓名。此代码应该检查用户输入的姓名长度。如果长度小于 2，则引发异常并显示消息"请输入正确的姓名"；否则显示"欢迎"。

2. 编写程序，显示 1～100 之间的素数。

3. 编写程序，用以接受雇员的 ID。如果雇员的雇用日期超过 5 年，则其发放奖金为薪水的 50%；如果超过 3 年，则其发放奖金为薪水的 30%；其余发放奖金为薪水的 10%。

4. 编写程序，用以接受用户输入的数字。将该数左右反转，然后显示反转后的数。

5. 编写程序，用以接受用户输入的 deptcode，并从 employee 表中检索显示该部门的员工数。如果引发 NO_DATA_FOUND 异常，则显示消息"该部门不存在"。

▣ 上机实验六

实验 1　编写 PL/SQL 块

目的和要求：

1. 掌握 PL/SQL 块语句及语法规则。

2. 掌握 PL/SQL 数据类型。

3. 掌握 PL/SQL 游标的用法。

实验内容：

1. 使用 SQL*Plus 替代变量输入部门号，删除该部门的信息，并处理可能出现的错误。如果成功删除，则显示"该部门被删除"；如果该部门不存在，则显示消息"部门不存在"；如果违反完整性约束，则显示消息"该部门有员工不能删除"。

SQL>declare

2   begin

3   delete from dept where deptno='&deptno';

4   dbms_output.put_line('该部门被删除');

5   exception

6   when no_data_found then

7   dbms_output.put_line('该部门不存在');

8   when others then

9   dbms_output.put_line('该部门有员工不能删除');

10 end;

2. 编写 PL/SQL 块，使用 SQL*Plus 替代变量输入员工名称，删除该员工所在部门的员工的信息，并使用 SQL 游标属性确定删除了几行。(使用 SCOTT 用户的 EMP 表和 DEPT 表。)

步骤提示：

(1) 使用 SQL*Plus 替代变量在 emp 表中输入员工名称。

(2) 使用%ROWTYPE 为 emp 表定义记录变量，并使用该变量为记录成员提供数据，为 emp 表插入数据。

实验 2　条件分支控制结构

目的和要求：

1. 掌握条件分支语句。

2. 掌握 CASE 语句。

实验内容：

1. 使用条件分支语句为工资小于 2000 元的员工增加工资 200 元。

SQL> select * from emp where empno=7900;

EMPNO	ENAME	JOB	MGR	HIREDATE	SAL	COMM	DEPTNO
7900	JAMES	CLERK	7698	03-12 月-81	1350		30

SQL> Declare

2   v_sal number(6,2);

3   v_empno number;

4   Begin

5   v_empno:= &empno;

6   Select sal into v_sal from emp where empno= v_empno;

7   If v_sal < 2000 then

8   Update emp set sal=v_sal+200 where empno= v_empno;

9   End if;

10 End;

11   /

输入 empno 的值: 7900

PL/SQL 过程已成功完成。

SQL> select * from emp where empno=7900;

EMPNO	ENAME	JOB	MGR	HIREDATE	SAL	COMM	DEPTNO
7900	JAMES	CLERK	7698	03-12 月-81	1550		30

2. 使用 CASE 语句更新相应部门的员工补贴，部门 10 补贴 100，部门 20 补贴 50，部门 30 补贴 80，部门 40 补贴 60。(使用 SCOTT 用户的 emp 表。)

实验 3   循环控制结构

目的和要求：

1. 掌握基本循环语句。

2. 掌握 WHILE 循环语句。

3. 掌握 FOR 循环语句。

实验内容：

1. 分别使用三种循环方式计算 10 的阶乘。

2. 使用 FOR 循环语句输出一个实心三角形。

实验 4   游标

目的和要求：

掌握游标的用法。

实验内容：

1. 利用游标变量和记录的方法把雇员表 EMP 的记录提取出来，并逐行显示。(使用 SCOTT 用户的 EMP 表和 DEPT 表。)

```
begin
dbms_output.put_line('雇员表 EMP 的记录');
dbms_output.put_line('--------------------');
  for emp in (select * from emp)
  loop
    dbms_output.put_line('EMPNO:'||emp.empno);
    dbms_output.put_line('ENAME:' || emp.ename);
    dbms_output.put_line('JOB:' || emp.job);
    dbms_output.put_line('MGR:' || emp.mgr);
    dbms_output.put_line('HIREDATE:' || emp.hiredate);
    dbms_output.put_line('SAL:' || emp.sal);
    dbms_output.put_line('COMM:' || emp.comm);
    dbms_output.put_line('DEPTNO:' || emp.deptno);
```

```
        dbms_output.put_line('------------------');
    end loop;
end;
/
```

2. 使用游标从 Employees 表中选择姓、名、薪水和雇佣日期。从游标中检索每一行，如果雇员的薪水大于 30 000 美元，则显示雇员信息。(使用 hr 用户的 Employees 表。)

3. 删除部门为"30"的所有员工。(利用 DELETE 语句和 WHERE 条件中特殊的 CURRENT OF 子句处理游标当前行。)

实验 5　动态 SQL

目的和要求：
掌握动态 SQL 的用法。

实验内容：
编写一个程序，接受用户输入的部门编号、部门名称和部门地址，将其插入到 SCOTT.DEPT 表中。

```
SQL> DECLARE
    2      sql_stmt VARCHAR2(200);
    3      dept_id dept.deptno%TYPE;
    4      dept_name dept.dname%TYPE;
    5      dept_addr dept.loc%TYPE;
    6   BEGIN
    7          dept_id:=&deptno;
    8          dept_name:='&dname';
    9          dept_addr:='&loc';
   10          sql_stmt := 'insert into dept values(:1,:2,:3)' ;
   11          EXECUTE IMMEDIATE sql_stmt    USING dept_id,dept_name,dept_addr;
   12   end;
   13   /
```

实验 6　综合训练

实验内容：
student 表中包含有关学生的信息，详细信息包括学生 ID、学生姓名、出生日期以及平均成绩。要求编写成绩，输入 20 个学生的详细信息，根据学生得分显示成绩。如果得分大于或等于 85，则显示"优秀"；如果得分在 84～70 之间，则显示为"良好"；如果得分在 70～60 之间，则显示为"合格"；如果得分小于"60"，则显示为"不合格"。

表结构和数据如下：

```
create table StudentDetails
(
```

```
    ID varchar2(2),
    name varchar2(10),
    birthday date,
    score int
);
```

insert into studentdetails (id,name,birthday,score) values ('01','eire','19-7 月-1986',95);
insert into studentdetails (id,name,birthday,score) values ('02','lingto','18-5 月-1986',88);
insert into studentdetails (id,name,birthday,score) values ('03','aaaa','17-5 月-1985',74);
insert into studentdetails (id,name,birthday,score) values ('04','bbbb','19-7 月-1985',67);
insert into studentdetails (id,name,birthday,score) values ('05','cccc','20-5 月-1987',58);
insert into studentdetails (id,name,birthday,score) values ('06','dddd','5-1 月-1986',70);
insert into studentdetails (id,name,birthday,score) values ('07','eeee','15-5 月-1986',81);

第 7 章 过程、函数和程序包

本章学习目标：

- 讲述过程的基本知识，以及过程体和过程的参数类型。
- 介绍函数的基本知识，以及函数体和 RETURN 类型、函数调用。
- 讨论包结构、包规范、包体、包的优点以及包的调用。

7.1 子 程 序

以前我们写的 PL/SQL 语句程序都是瞬时的，都没有命名。其缺点是：在每次执行的时候都要被编译，并且不能被存储在数据库中，其他 PL/SQL 块也无法调用它们。现在我们把命名的 PL/SQL 块叫做子程序，它们存储在数据库中，可以为它们指定参数，可以在数据库客户端和应用程序中调用。命名的 PL/SQL 程序包括存储过程和函数。程序包是存储过程和函数的集合。

子程序结构与 PL/SQL 匿名块的相同点在于都由声明、执行、异常三大部分构成，不同之处在于，PL/SQL 匿名块的声明可选，而子程序的声明则是必需的。

子程序的优点如下：

(1) 模块化：通过子程序可以将程序分解为可管理的、明确的逻辑模块。

(2) 可重用性：子程序在创建并执行后，就可以在任何应用程序中使用。

(3) 可维护性：子程序可以简化维护操作。

(4) 安全性：用户可以设置权限，保护子程序中的数据，只能让用户提供的过程和函数访问数据。这不仅可以让数据更加安全，同时可保证正确性。

子程序有两种类型：过程和函数。其中，过程用于执行某项操作；函数用于执行某项操作并返回值。

7.1.1 过程

过程是指执行操作的子程序，用来完成某个特定任务。它可以被赋予参数，存储在数据库中，然后由应用程序或其他 PL/SQL 程序调用。

1. 过程的创建和执行

过程可使用 create procedure 语句创建，语法如下：

```
create or replace procedure [<方案名>.]<存储过程名>
        [parameter list]
            {Is|as}
                [local_declarations];
            Begin
                executable statements
            [exception]
                [Exception_handlers]
            End [procedure_name];
```

保留字 Is 前面的过程定义称为过程头。过程头包括过程名和具有数据类型的参数列表。过程体包括声明部分、执行部分和异常处理部分。过程体从保留字 Is 之后开始。其中，声明部分和异常处理部分是可选的；执行部分至少包含一条语句。这里的 Is|as 就相当于 declare 声明部分，除了拥有前面的一个过程声明语句外，其他和以前的匿名 PL/SQL 块一样。其中，**replace** 表示在创建存储过程中，如果已经存在同名的存储过程，则重新创建；如果没有此关键词，则当数据库中有同名的过程时会报错 "ORA-00955 号错误：名称已被现有对象占用"。必须将同名的过程删除后才能创建。

1) 创建不带参数的过程。

【例 7.1】 创建一个过程 multiplication，用来实现九九乘法表。

```
SQL> create or replace procedure multiplication
  2    as
  3            i integer;
  4            j integer;
  5    begin
  6            dbms_output.put_line('print multiplication ');
  7            for i in 1..9 loop
  8                for j in 1..9 loop
  9                    if i>=j then
 10                        dbms_output.put(to_char(j)||'*'||
 11                        to_char(i)||'='||to_char(i*j)||'    ');
 12                    end if;
 13                end loop;
 14                dbms_output.put_line('');
 15            end loop;
 16    end;
 17    /
```

过程已创建。

出现编译错误的时候可以用 show error 或者 desc user_errors 来调试。

2) 执行过程

创建过程的时候并不会执行过程，必须在这之后调用过程来执行。执行过程的方法有两种：一种是在 SQL 提示符下，使用 execute 语句来执行过程；另一种是在匿名块中调用。

execute 执行过程的语法如下：

execute procedure_name (parameters_list);

【例 7.2】 执行 multiplication 过程。

SQL> set serverout on　--将 SQL*Plus 的输出打开

SQL> execute multiplication　--执行过程 multiplication 用 execute 命令。

print multiplication

1*1=1

1*2=2　2*2=4

1*3=3　2*3=6　3*3=9

1*4=4　2*4=8　3*4=12　4*4=16

1*5=5　2*5=10　3*5=15　4*5=20　5*5=25

1*6=6　2*6=12　3*6=18　4*6=24　5*6=30　6*6=36

1*7=7　2*7=14　3*7=21　4*7=28　5*7=35　6*7=42　7*7=49

1*8=8　2*8=16　3*8=24　4*8=32　5*8=40　6*8=48　7*8=56　8*8=64

1*9=9　2*9=18　3*9=27　4*9=36　5*9=45　6*9=54　7*9=63　8*9=72　9*9=81

PL/SQL 过程已成功完成。

执行过程的另一种方法是在匿名块中调用。调用过程相当于一条 PL/SQL 执行语句。

【例 7.3】 在匿名块中调用过程 multiplication。

SQL> begin

　2　multiplication;

　3　end;

　4　/

程序运行结果同上。

2．创建带参数的过程

调用程序通过参数可向被调用子程序传递值。在上述语法[parameter list] 中，参数的具体形式如下：

<参数 1，[方式 1]<数据类型 1>,

<参数 2，[方式 2]<数据类型 2>,

…

参数方式有以下三种：

(1) IN 表示接受值为默认值。

(2) OUT 表示将值返回给子程序的调用程序。

(3) IN OUT 表示接受值并返回已更新的值。

参数的书写格式为：[[(参数 1 IN | OUT | IN OUT 参数类型，参数 2 IN | OUT | IN OUT 参数类型，…)]。参数 IN 模式是默认模式。如果未指定参数的模式，则认为该参数是 IN 参数。

对于 OUT 和 IN OUT 参数，必须明确指定，并且这两种类型的参数在返回到调用环境之前必须先赋值。IN 参数可以在调用时赋默认值，而 OUT 参数和 IN OUT 参数不可以。

1) 创建带 IN 模式参数的过程

【例 7.4】 创建一个过程，以雇员号为参数查询雇员的姓名和职位。

```
SQL> create or replace procedure queryEmpName(sFindNo emp.EmpNo%type)
  2    as
  3            sName emp.ename%type;
  4            sJob emp.job%type;
  5    begin
  6            select ename,job into sName,sJob from emp
  7                    where empno=sFindNo;
  8            dbms_output.put_line('ID is '||sFindNo||' de zhigong name is '||
  9                    sName||' gongzuo is '||sJob);
 10    exception
 11            when no_data_found then
 12                    dbms_output.put_line('no data');
 13            when too_many_rows then
 14                    dbms_output.put_line('too many data');
 15            when others then
 16                    dbms_output.put_line('error');
 17    end;
 18    /
```

过程已创建。

【例 7.5】 执行 queryEmpName 过程。

```
SQL> exec queryEmpName('7900');
ID is 7900 de zhigong name is JAMES gongzuo is CLERK
```

同样，也可通过匿名块调用过程 queryEmpName。

```
SQL> Begin
  2    queryEmpName('7900');
  3    end;
  4    /
```

2) 创建带 OUT 模式参数的过程

【例 7.6】 创建一个过程，以雇员号查询雇员的薪水。

```
SQL> create or replace procedure queryEmpSal(sFindNo emp.EmpNo%type,v_sal out
emp.sal%type)
  2    as
  3        begin
  4            select sal into v_sal from emp
```

```
5              where empno=sFindNo;
6         dbms_output.put_line('The salary of '||sFindNo||'is : '||v_sal);
7         exception
8         when no_data_found then
9              dbms_output.put_line('no data');
10        when too_many_rows then
11             dbms_output.put_line('too many data');
12        when others then
13             dbms_output.put_line('error');
14   end;
/
```

过程已创建。

此过程带有一个输入参数 sFindNo 和输出参数 v_sal，程序根据输入参数到表中查询记录，以返回该员工的薪水值。

【例 7.7】　执行 queryEmpSal 过程。

可以声明一个变量，用如下的方式调用该过程。

SQL>　　var salary number;

SQL>　　exec queryEmpSal('7900',:salary);

The salary of 7900is : 950

PL/SQL 过程已成功完成。

另外，也可以从一个匿名的 PL/SQL 程序中执行上述过程，以显示 sal_out 变量的输出结果。以下代码可以显示 queryEmpSal 过程的返回值。

```
Declare
    value number;
Begin
    queryEmpSal(7934,value);
    DBMS_OUTPUT.PUT_LINE('VALUE 的值为'||to_char(value));
End;
/
```

3) 创建带 IN OUT 模式参数的过程

【例 7.8】　创建两个数进行交换的过程。

```
SQL> create or replace procedure swap(p1 IN OUT number, p2 IN OUT number)
2    as
3      temp    number;
4        begin
5            temp:=p1;
6            p1:=p2;
7      p2:=temp;
```

```
8   end;
9   /
SQL> /
```

过程已创建。

【例 7.9】 执行 swap 过程。

```
SQL> Declare
2   N1 number:=10;
3   N2 number:=20;
4   Begin
5   swap(N1,N2);
6   DBMS_OUTPUT.PUT_LINE('N1 的值是'||N1);
7   DBMS_OUTPUT.PUT_LINE('N2 的值是'||N2);
8   End;
9   /
N1 的值是 20
N2 的值是 10
PL/SQL 过程已成功完成。
```

3. 过程的授权

只有创建过程的用户和管理员才有使用过程的权限，如以上示例，创建的过程就像创建的表一样，属于当前操作的用户，其他用户如果要调用过程，则需要得到该过程的 EXECUTE 权限，然后通过点标记(dot notation)(即"用户名.过程名")来调用过程(数据字典是 user_source)。以下演示如何授权：

```
SQL>GRANT EXECUTE ON swap TO John;
SQL>GRANT EXECUTE ON queryEmpName TO PUBLIC;
```

前者将 swap 过程的执行权限授予 John 用户，后者将 queryEmpName 的执行权限授予所有数据库用户。

4. 删除过程

删除存储过程的命令的一般格式如下：

```
DROP PROCEDURE   [<方案名>.]<存储过程名>;
```

【例 7.10】 删除过程 multiplication。

```
SQL> DROP PROCEDURE multiplication
```

过程已丢弃。

7.1.2　函数

函数与过程相似，也是数据库中存储的已命名 PL/SQL 程序块。与过程不同的是，函数除了完成一定的功能外，还必须返回一个值。

1．创建函数

创建函数是指通过 RETURN 子句指定函数返回值的数据类型。在函数体的任何地方，用户都可以通过 RETURN expression 语句从函数返回。

定义函数的语法如下：

CREATE [OR REPLACE] FUNCTION [<方案名>.]<函数名>
　　[parameters list]
　　RETURN <返回值类型>
IS|AS
[local_declarations];
Begin
　　　　executable statements
[exception]
　　　　[Exception_handlers]
End;

其中，FUNCTION 为 PL/SQL 函数的关键字。

注意：函数和过程的输入参数以及函数的返回参数都不能定义精度；默认的参数模式是输入；函数一般不会用输出参数，因为它本身就会返回数据。

【例 7.11】 创建一个函数，以雇员号查询雇员的姓名。

```
SQL> create or replace function getName(sno varchar2)
  2    return varchar
  3    is
  4        name varchar(12);
  5    begin
  6        select ename into name from emp
  7           where empno=sno;
  8        return name;
  9    exception
 10        when too_many_rows then
 11        dbms_output.put_line('too many data');
 12        when others then
 13        dbms_output.put_line('error');
 14    end;
 15    /
```

函数已创建。

2．执行函数及授权

1）在匿名块中调用

函数调用与过程调用很相似，在匿名过程中通过函数名(或参数)可以调用一个函数。因为过程没有显式的 RETURN 语句，所以过程调用可以是一条单独的语句，写在单独的行中。而函数则必须有一个返回值，所以函数调用要借助于可执行语句来完成，例如赋值语句、选择语句和输出语句。下面的例子通过匿名过程调用 getname 函数，将雇员号作为参数，此函数将雇员姓名传给调用块，然后显示雇员姓名。

【例 7.12】 通过匿名过程调用 getname 函数。

```
SQL> declare
  2      name varchar(12);
  3  begin
  4      name:=getname('7902');
  5      dbms_output.put_line(name);
  6  end;
  7  /
FORD
PL/SQL 过程已成功完成。
```

2) 在 SQL 语句中调用

除了在匿名块中调用外，也可以在 SQL 语句中调用函数。

【例 7.13】 在 SQL 语句中调用 getname，显示雇员号为 "7369" 的雇员姓名。

```
SQL> select getname ('7369') from dual;
GETNAME('7369')
------------------------------------------------------
SMITH
```

【例 7.14】 从雇员表中查找雇员号为 "7369" 的雇员信息。

```
SQL> Select * from emp where ename=getname('7369');
```

EMPNO	ENAME	JOB	MGR	HIREDATE	SAL	COMM	DEPTNO
7369	SMITH	CLERK	7902	17-12 月-80	800		20

3．函数的授权

与过程一样，只有创建函数的用户和管理员才有权使用函数，其他用户如果要调用函数，则需要得到该函数的 EXECUTE 权限。

【例 7.15】 将 getname 函数的执行权限授予 John 用户。

```
SQL>GRANT EXECUTE   ON   getname   TO John;
```

4．删除函数

删除函数的命令的一般格式如下：

DROP FUNCTION [<方案名>.]<函数名>;

【例 7.16】 删除函数 getname。

```
SQL> DROP FUNCTION getname;
```

7.1.3 过程和函数的比较

表 7-1 列出了过程和函数的比较。

表 7-1　过程和函数的比较

过　程	函　数
过程作为 PL/SQL 语句块来执行	函数作为表达式的一部分调用
在规则说明中不包含 return 语句	函数必须包含 RETURN 语句
不返回任何值	必须返回单个值
可以包含 RETURN 语句，但是与函数不同，不能返回值	必须包含至少一条 RETURN 语句
参数方式有 IN 模式、OUT 模式和 IN OUT 模式	一般只有输入参数模式

7.2　程　序　包

7.2.1　程序包概述

程序包是数据库中的一个实体，包含一系列公共常量、变量、数据类型、游标、过程及函数的定义。使用包更加体现了模块化编程的优点，使得开发工作能灵活自如地进行。程序包包括两个部分：程序包规范说明部分和程序包主体部分。

1．程序包规范说明部分

该部分相当于一个包的头，类似于接口，可以对包的部件作简单说明。其中的过程、函数、变量、常量和游标都是公共的，可在应用程序中访问。

(1) 使用 create package 进行创建。

(2) 包含公用对象和类型。

(3) 声明类型、变量、常量、异常、游标和子程序。

(4) 可以在没有程序包主体部分的情况下存在。

2．程序包主体部分

(1) 使用 create package body 进行创建。

(2) 包含子程序和游标的定义。

(3) 包含私有声明。

(4) 不能在没有程序包规格说明的情况下存在。

7.2.2　创建程序包

程序包包括两部分：规范和主体。规范是程序包的公共接口；主体是规范的实现，以及私有例程、数据和变量。

1．创建程序包规范

```
CREATE OR REPLACE PACKAGE package_name
IS | AS
    公用类型或变量常量的声明；
    公用过程或函数的声明；
```

END package_name;

/

2．创建程序包主体

CREATE OR REPLACE PACKAGE BODY package_name

IS | AS

    私有类型或变量常量的声明；

    公用过程或函数的实现；

END package_name

规范是程序包的接口，规范中定义的所有内容都可以由调用者使用(当然需要具有 EXECUTE 特权)，比如规范中定义的过程函数可以被执行，类型可以被访问，变量可以被引用。

【例 7.17】 使用两个过程 print_ename()和 print_sal()，定义名为 employee_pkg 的程序包。

```
SQL> CREATE OR REPLACE
  2    PACKAGE employee_pkg as
  3            Procedure print_ename(p_empno number);
  4            Procedure print_sal(p_empno number);
  5    End;
  6    /
```

程序包已创建。

此时并没有为过程提供代码，只是定义了名称和参数。 这个时候如果试图使用这个包，则会报错。

```
SQL> exec employee_pkg.print_ename(1234);
ERROR 位于第 1 行:
ORA-04068: 已丢弃程序包的当前状态
ORA-04067: 未执行，package body " SCOTT.EMPLOYEE_PKG" 不存在
ORA-06508: PL/SQL: 无法在调用之前找到程序单元
ORA-06512: 在 line 1
```

程序包是过程函数的具体实现部分，实现规范中定义的接口。

```
SQL> CREATE OR REPLACE
  2    PACKAGE BODY employee_pkg as
  3            Procedure print_ename(p_empno number) is
  4                    L_ename emp.ename%type;
  5            Begin
  6                    Select ename into l_ename from emp where empno=p_empno;
  7                    Dbms_output.put_line(l_ename);
  8            Exception
  9                    When no_data_found then
 10                            Dbms_output.put_line('Invalid employee number');
```

```
11          End print_ename;
12          Procedure print_sal(p_empno number) is
13                  L_sal emp.sal%type;
14          Begin
15                  Select sal into l_sal from emp where empno=p_empno;
16                  Dbms_output.put_line(l_sal);
17          Exception
18                  When NO_DATA_FOUND then
19                          Dbms_output.put_line('Invalid employee number');
20          End print_sal;
21   End employee_pkg;
22   /
```
程序包主体已创建。

7.2.3　执行程序包

执行程序包中的过程可以使用如下语句：

EXECUTE　包名.过程名

【例 7.18】　执行 employee_pkg 包里的 print_ename 过程。

SQL>set serveroutput on

SQL> exec employee_pkg.print_ename(7782);

运行结果如下：

CLARK

PL/SQL 过程已成功完成。

SQL>exec employee_pkg.print_sal(7782);

运行结果如下：

2450

PL/SQL 过程已成功完成。

执行程序包中的函数可以通过一段代码块来实现。

7.2.4　程序包中的游标

程序包中可以定义和使用游标。游标的定义分为游标规范和游标主体两部分。在游标规范说明部分必须通过 RETURN 语句指定游标的返回类型。RETURN 语句指定游标获取和返回的数据元素由 select 语句确定。select 语句只出现在主体定义中，而不出现在规范说明中。

【例 7.19】　下面使用程序包中的游标。student_package 程序包中包含 4 个过程和 1 个函数。其中，select_student 过程中使用了游标。详细过程如下：

（1）首先创建 student 表结构。

SQL>create table student (stuid varchar2(4), stuname varchar2(10),se char(1));

表已创建。

(2) 定义声明。

```
SQL> create or replace package student_package is
  2        type student_cur is ref cursor return student%rowtype;
  3        procedure insert_student(stu in student%rowtype);
  4        procedure update_student(stu student%rowtype);
  5        procedure delete_student(sno student.stuid%type);
  6        procedure select_student(stucur in out student_cur);
  7        function getStudentCount return number;
  8   end student_package;
  9   /
```

程序包已创建。

(3) 定义主体。

```
SQL> create or replace package body student_package is
  2     procedure insert_student(stu student%rowtype) is
  3      icount int;
  4     begin
  5      select count(*) into icount from student where stuid=stu.stuid;
  6      if icount>0 then
  7       dbms_output.put_line('insert data is already exsist');
  8      else
  9       insert into student values(stu.stuid,stu.stuname,stu.se);
 10       commit;
 11      end if;
 12     exception
 13      when too_many_rows then
 14       dbms_output.put_line('insert data is already exsist');
 15     end insert_student;
 16     procedure update_student(stu student%rowtype) is
 17      icount int;
 18     begin
 19      select count(*) into icount from student where stuid=stu.stuid;
 20      if icount>0 then
 21       update student set stuname=stu.stuname,se=stu.se where stuid=stu.stuid;
 22       commit;
 23      else
 24       dbms_output.put_line('update data not exist!');
 25      end if;
 26     end update_student;
```

```
27    procedure delete_student(sno student.stuid%type) is
28      icount int;
29    begin
30      if icount>0 then
31        delete from student where stuid=sno;
32        commit;
33      else
34        dbms_output.put_line('delete data not exist');
35      end if;
36    end delete_student;
37    procedure select_student(stucur in out student_cur) is
38    begin
39      open stucur for select * from student;
40    end select_student;
41    function getStudentCount return number is
42      icount int;
43    begin
44      select count(*) into icount from student;
45      return icount;
46    end getStudentCount;
47  end student_package;
48  /
```
程序包主体已创建。

(4) 调用程序包插入一行数据。

```
SQL> declare
2        stu student%rowtype;
3    begin
4        stu.stuid:=1009;
5        stu.stuname:='tonglei';
6        stu.se:='f';
7        student_package.insert_student(stu);
8    end;
9    /
```
PL/SQL 过程已成功完成。

(5) 调用程序包中的过程 select_student 显示数据。

```
SQL> var ss refcursor       --定义游标变量
SQL> exec student_package.select_student(:ss);
```
PL/SQL 过程已成功完成。

显示游标变量内容如下：

```
SQL> print ss

STUI    STUNAME      S
------- ---------------- -----
1009    tonglei        f
```

在包的内部，过程和函数可以重载，即在一个包里可以有一个以上名称相同但参数不同的过程和函数。程序包不能嵌套。

7.2.5 程序包的优点

程序包的优点如下：

(1) 模块化。包可以使逻辑上相关联的类型、项目和子程序等封装进一个命名 PL/SQL 块中。每个包划分功能清晰，包的接口简单、明了。

(2) 可重用性。一旦命名并保存在数据库中，任何应用都可以使用。

(3) 简单的应用程序设计。当设计应用程序时，只需知道包的接口部分的信息，可以只创建并编译包的规范而不创建包体。同样可以在程序中引用包，等整个应用程序完成后再来定义具体的包体。

(4) 抽象和数据隐藏。可以指定公有信息和私有信息。只有公有信息才可以被外部应用程序访问。

(5) 更好的执行效能。包里的子程序第一次被调用时，整个包被调到内存中，以后的调用就可以直接从内存中读取。这样可以减少不必要的重新编译。

7.2.6 有关子程序和程序包的信息

子程序和程序包是数据库中存储的对象，Oracle 会在数据字典中存储所有对象的信息。通过查询数据字典可以获得它们的信息。通过查询 USER_OBJECTS 数据字典视图可以获取有关在会话中创建的字程序和程序包的信息。

【例 7.20】 获取程序包中子程序和程序包的信息。

```
SQL>COLUMN OBJECT_NAME FORMAT A18
SQL> SELECT OBJECT_NAME,OBJECT_TYPE FROM USER_OBJECTS WHERE
OBJECT_TYPE IN('PROCEDURE','FUNCTION','PACKAGE','PACKAGE BODY');

OBJECT_NAME              OBJECT_TYPE
-------------------------  ----------------------
EMPLOYEE_PKG             PACKAGE
EMPLOYEE_PKG             PACKAGE BODY
QUERYEMPNAME            PROCEDURE
QUERYEMPSAL             PROCEDURE
SWAP                    PROCEDURE
```

【例 7.21】 要获取存储子程序的文本，可以查询 USER_SOURCE。

SQL>COLUMN LINE FORMAT 9999
SQL>COLUMN TEXT FOR A50
SQL>SELECT LINE,TEXT FROM USER_SOURCE WHERE NAME='SWAP';
　　　LINE TEXT

------- --

　　　1 procedure swap(p1 IN OUT number,p2 IN OUT number)

　　　2 as

　　　3　　temp　number;

　　　4　　　begin

　　　5　　　　temp:=p1;

　　　6　　　　p1:=p2;

　　　7　　p2:=temp;

　　　8 end;

【例 7.22】　获得程序包中子程序规范 employee_pkg 信息。

SQL> DESC employee_pkg;
PROCEDURE PRINT_ENAME

参数名称	类型	输入/输出默认值？
P_EMPNO	NUMBER	IN

PROCEDURE PRINT_SAL

参数名称	类型	输入/输出默认值？
P_EMPNO	NUMBER	IN

7.3　小　　结

　　过程、函数和子程序都可以用于执行对数据库的操作，可以带上用户自定义的参数。它们封装了数据类型定义、变量说明、游标、异常等，方便了用户管理操纵数据库数据。

习题七

一、选择题

1. 执行特定任务的子程序是( )。

A. 函数　　　　　　　　B. 过程　　　　　　C. 程序包　　　　　D. 游标

2. 子程序的( )模式参数可以在调用子程序时指定一个常量。

A. IN　　　　　　　　　B. OUT　　　　　　C. IN OUT

3. 如果存储过程的参数类型为 OUT，那么调用时传递的参数应该为( )。

A. 常量   B. 表达式   C. 变量   D. 都可以

4. 下列有关存储过程的特点，说法错误的是(　　)。

A. 存储过程不能将值传回调用的主程序

B. 存储过程是一个命名的模块

C. 编译的存储过程存放在数据库中

D. 一个存储过程可以调用另一个存储过程

5. 包中不能包含的元素为(　　)。

A. 存储过程   B. 存储函数   C. 游标   D. 表

6. 下列有关包的使用，说法错误的是(　　)。

A. 在不同的包内模块可以重名

B. 包的私有过程不能被外部程序调用

C. 包体中的过程和函数必须在包头部分说明

D. 必须先创建包头，然后创建包体

二、编程题

1. 编写程序包，此程序包有两个过程和一个函数，第一个过程根据职员编号打印职员姓名，第二个过程根据职员编号打印职员的部门编号。函数根据职员编号返回职员的薪水。

提示：使用 scott 用户的 emp 表作为数据源。

2. 编写函数接受学生的学号，并计算该学生 3 门课程的总分。

3. 编写一个过程，将 10 号部门员工薪水上涨 10%，20 号部门员工薪水上涨 20%，其他部门员工薪水保持不变。

📑 上机实验七

实验 1　过程

目的和要求：

1. 掌握编写过程的方法。

2. 掌握调用过程的方法。

实验内容：

编写一个过程，要求根据用户输入的员工号(emp_no)查询 EMP 表，返回员工的姓名和工作职位(empName 和 empJob)。并编写一个匿名块调用此过程(使用 SCOTT 用户的 EMP 表)。

```
SQL> create or replace procedure pro_emp(emp_no number)
  2  as
  3     empName varchar2(20);
  4     empJob varchar2(20);
  5  begin
  6     select ename,job into empName,empJob from emp where empno=emp_no;
```

```
7      DBMS_OUTPUT.PUT_LINE('雇员的姓名是:'||empName);
8      DBMS_OUTPUT.PUT_LINE('雇员的职位是:'||empJob);
9   EXCEPTION
10     when NO_DATA_FOUND then
11        DBMS_OUTPUT.PUT_LINE('雇员编号未找到!');
12   end pro_emp;
13   /
```

过程已创建。

SQL> set serveroutput on;

SQL> execute pro_emp(7369);

雇员的姓名是：SMITH

雇员的职位是：CLERK

PL/SQL 过程已成功完成。

实验 2　函数

目的和要求：

1．掌握编写函数的方法。

2．掌握调用函数的方法。

实验内容：

1．编写函数以接受学生的学号，并计算此学生 3 门课程的平均分。

```
SQL> create or replace function fun_score(student_no number)
2    return float
3    as
4      s1 float(10);
5      s2 float(10);
6      s3 float(10);
7      score_avg float(10);
8    begin
9      select oracle,java,csharp into s1,s2,s3 from score where stuID=student_no;
10     score_avg:=(s1+s2+s3)/3.0;
11     return score_avg;
12   EXCEPTION
13     when NO_DATA_FOUND then
14        DBMS_OUTPUT.PUT_LINE('学号未找到!');
15   end ;
16   /
```

函数已创建。

SQL> set serveroutput on;

Oracle 数据库应用教程

```
SQL> declare
  2     score_avg float(10);
  3   begin
  4      score_avg :=fun_score(1);
  5      DBMS_OUTPUT.PUT_LINE('该学生的成绩是:'||score_avg);
  6   end;
  7   /
该学生的成绩是：62.67
PL/SQL 过程已成功完成。
```

2．编写一个函数，要求根据用户输入的部门号查询 DEPT 表。如果存在这个部门号，则返回 TRUE，否则返回 FALSE。在调用程序中根据结果显示正确的消息(使用 SCOTT 用户的 DEPT 表)。

实验3　程序包

目的和要求：

1．掌握程序包的编写规范。

2．掌握执行程序包中过程和函数的方法。

实验内容：

1．编写一个程序包，此程序包有一个过程和一个函数。过程根据职员编号打印薪水。函数根据职员编号返回职员的就职日期。编写调用程序执行(使用 SCOTT 用户的 emp 表)。

```
SQL>   create or replace package pack_emp
  2        is
  3           procedure pro_salary(emp_no number);
  4           function fun_date(emp_no number) return date;
  5        end pack_emp;
  6        /
程序包已创建。
SQL>   create or replace package body pack_emp
  2        as
  3           procedure pro_salary(emp_no number)
  4        is
  5           salary number(20);
  6        begin
  7           select sal into salary from emp where empno=emp_no;
  8           DBMS_OUTPUT.PUT_LINE('该职员的薪水是:'||salary);
  9        EXCEPTION
 10          when NO_DATA_FOUND then
 11             DBMS_OUTPUT.PUT_LINE('职员编号未找到!');
```

```
12        end pro_salary;
13        function fun_date(emp_no number)
14        return date
15        is
16           h_date date;
17        begin
18           select hiredate into h_date from emp where empno=emp_no;
19           return h_date;
20         EXCEPTION
21          when NO_DATA_FOUND then
22              DBMS_OUTPUT.PUT_LINE('职员编号未找到!');
23        end fun_date;
24        end pack_emp;
25        /
```

程序包主体已创建。

SQL>   set serveroutput on;

SQL>   execute pack_emp.pro_salary(7369);

该职员的薪水是:800

PL/SQL 过程已成功完成。

SQL>   set serveroutput on;

SQL>   declare

```
2          h_date date;
3        begin
4          h_date:=pack_emp.fun_date(7369);
5          DBMS_OUTPUT.PUT_LINE('该职员的就职日期是:'||h_date);
6        end;
7          /
```

该职员的就职日期是:17-12 月-80

PL/SQL 过程已成功完成。

2．编写一个程序包，此程序包有一个过程和一个函数。过程利用传入参数传入员工的工作职位(emp 表 JOB 字段)，显示该职位中的员工数量。函数利用传入参数传入员工的工作职位，返回该职位中的员工数量。编写调用程序执行(使用 SCOTT 用户的 emp 表)。

第8章 触发器

本章学习目标：

- 理解触发器的作用。
- 掌握触发器的分类。
- 掌握各种触发器的使用。

8.1 触发器简介

触发器是一种特殊的存储过程，当特定对象上的特定事件出现时，将自动触发执行的代码块。触发器比数据库有更精细和更复杂的数据控制能力。触发器与过程的区别在于：过程要由用户或应用程序显式调用，而触发器是满足特定事件时在数据库后台自动执行。数据库触发器具有以下功能：

(1) 实现复杂的数据完整性规则。

(2) 自动生成派生数据。

(3) 提供审计和日志记录。

(4) 启用复杂的业务逻辑。

(5) 实施更复杂的安全性检查。

(6) 防止无效的事务处理。

8.2 触发器的格式

所有的触发器，不管其类型如何，都可以使用相同的语法创建。下面先简单了解一下 Oracle 产生数据库触发器的基本语法：

create [or replace] trigger 触发器名 触发时间 触发事件

on 对象名

   [for each row]

pl/sql 语句

说明：

触发器名：触发器对象的名称。由于触发器是数据库自动执行的，因此该名称只是一个名称，没有实质的用途。

触发时间：指明触发器何时执行，取值有 before 和 after。

before 表示在数据库动作之前触发器执行；

after 表示在数据库动作之后触发器执行。

触发事件：指明哪些数据库动作会触发此触发器，比如，

insert 表示数据库插入会触发此触发器；

update 表示数据库修改会触发此触发器；

delete 表示数据库删除会触发此触发器。

对象名：数据库触发器所在的表名、数据库名或模式用户名。

for each row：对表的每一行触发器执行一次。如果没有这一选项，则只对整个表执行一次。

【例8.1】 在 student 表上建立触发器。在更新表 student 之前触发，目的是不允许在周末修改表。

```
SQL>create trigger student_secure
  2  before insert or update or delete  --对整表在插入、更新、删除前触发
  3  on student
  4  begin
  5    if(to_char(sysdate,'DY')='SUN') then
  6        RAISE_APPLICATION_ERROR(-20600,'不能在周末修改表 student');
  7    end if;
  8  end;
  9  /
```

一般来说，触发器由触发器名称、触发器语句、触发器限制和触发器操作几部分组成。下面是创建触发器的通用语法：

```
1   CREATE [OR REPLACE] TRIGGER trigger_name
2   {BEFORE | AFTER | INSTEAD OF}
3   triggering_event { dml_event_list | ddl_event_list| database_event_list}
4   ON   trigger_object { [database] | [schema.] [table_or_view_name]}
5   referencing_clause
6   [FOR EACH ROW]
7   [WHEN trigger_condition]
8   trigger_body
```

其中，第 1 行指明创建的触发器名称，第 2～6 行为触发器语句，第 7 行为触发器限制，第 8 行为触发器操作。

说明：

trigger_name 是触发器的名称。

触发器语句是指在相应数据库对象上触发的时间及导致触发器执行的事件等。tiggering_event 表示触发事件，比如表或视图上的 dml 语句、ddl 语句、数据库关闭或启动等。其中，dml_event_list 是一个或多个 DML 事件，包括 INSERT、UPDATE、DELETE 语句，事件之间用"OR"分隔；ddl_event_list 是一个或多个 DDL 事件，包括 CREATE、ALTER

或 DROP 语句；database_event_list 是一个或多个数据库事件，包括服务器的启动或关闭、用户的登录或退出以及服务器错误等。referencing_clause 用来引用正在处于修改状态下的行中的数据。

WHEN 子句代表触发器限制条件，包含一个布尔表达式，即在 WHEN 子句中如果指定 trigger_condition，则首先对该条件求值。只有在该条件为真值时才运行。

触发器操作即触发器主体包含一些 SQL 语句和代码。

【例 8.2】 在 employees 表上构建一个触发器，在插入或修改部门号时触发，如果该雇员部门号不是"80"，则 commission_pct 列值置为 0。(注：这里使用的为 HR 用户下的 employees 表。缺省状态下，HR 用户被锁定，可以通过管理员解除锁定并向其提供口令，下同。)

```
SQL> create trigger biufer_employees_department_id
2 before insert or update of department_id
3  on employees
4   referencing old as old_value
5      new as new_value
6   for each row
7 when (new_value.department_id<>80 )
8 begin
9 :new_value.commission_pct :=0;
10 end;
/
```

触发器已创建。

在这个例子中，触发器名称是第 1 行 biufer_employees_department_id，第 2 行至第 6 行构成了触发器语句。在这个例子中，无论是否规定了 department_id ，对 employees 表进行 insert 或对 employees 表的 department_id 列进行 update 时，触发器都会在每一受影响的行上执行一次。第 7 行为触发器限制，限制不是必需的。此例表示如果列 department_id 不等于 80，则触发器就会执行。其中的 new_value 代表更新之后的值。第 8 行至第 10 行构成了触发器的主体。本例中，主体很简单，就是将更新后的 commission_pct 列置为 0。

下面做一个触发动作，以测试触发器是否有效。

```
SQL> insert into employees
(employee_id,last_name,first_name,hire_date,job_id,email,department_id,salary,commission
_pct )
values( 12345,'chen', 'donny', sysdate, 'AD_PRES', 'donny@hotmail.com',60,10000,.25);
```

已创建 1 行。

通过查看下面语句查看结果。

```
SQL>select commission_pct from employees where employee_id=12345;
COMMISSION_PCT
--------------
             0
```

查询结果说明触发器生效，触发器已经自动改变了用户的输入值。

8.3 触发器的种类

触发器类似于函数和过程，它们都是具有声明部分、执行部分和异常处理部分的命名 PL/SQL 块。像包一样，触发器必须在数据库中以独立对象的身份存储。过程是显式地通过过程调用从其他块中执行的，同时，过程调用可以传递参数。与之相反，触发器是在事件发生时隐式地运行的，并且触发器不能接收参数。运行触发器的方式叫做激发(firing)触发器，触发事件可以是对数据库表的 DML(INSERT、UPDATE 或 DELETE)操作或对某种视图的操作(View)。触发事件也可以激发系统事件，如数据库的启动和关闭，以及某种 DDL 操作。

Oracle 具有不同类型的触发器，可以完成不同的任务。按照触发器的触发事件和触发对象的不同，触发器一般分为以下几种：DML 触发器、替代触发器、DDL 触发器和系统触发器。

8.3.1 DML 触发器

在实际应用中，DML 触发器是使用最多的触发器。DML 触发器可以由 DML 语句激发，并且由该语句的类型决定 DML 触发器的类型。可以定义 DML 触发器进行 INSERT、UPDATE、DELETE 操作。这类触发器可以在上述操作之前或之后激发，也可以按每个变更行激发一次，或每个语句激发一次。这些条件的组合形成了触发器的类型，3 种语句×2 种定时×2 种级别总共有 12 种可能的触发类型。例如，在插入行之前、更新语句之后等都是合法的 DML 触发器类型。

表 8-1 总结了 DML 触发器的各种选择项。除此之外，触发器也可以由给定表中的一个以上的 DML 语句(如 INSERT 和 UPDATE)激发(事件之间用"OR"分隔)。触发器中的任何代码将随触发语句一起作为同一事务的一部分运行。

表 8-1 DML 触发器

类别	值	说　　明
语句	INSERT、DELETE、UPDATE	定义何种 DML 语句激发触发器
定时	之前或之后	定义触发器总是在语句运行前或运行后激发
级别	行或语句	如果触发器是行级触发器，则该触发器对由触发语句变更的每一行激发一次。如果触发器是语句级的触发器，则该触发器在语句之前或之后激发一次。行触发器按触发器定义中的 FOR EACH ROW 子句表示

1. 触发器时机

在 DML 触发器中，根据其触发时机的不同(触发时机可分为：BEFORE 和 AFTER)，触发器可分为两类：BEFORE 触发器和 AFTER 触发器。它们在触发过程中各自执行的顺序不同。DML 触发器触发时机及执行顺序是：BEFORE 触发器、约束检查、更新表和 AFTER 触发器。

BEFORE 触发器在约束之前执行，通常用于：

(1) 设置或修改被更新或插入的列值。

(2) 检查复杂的安全规则，如限制时间等。

(3) 增强商业应用规则。

(4) 通过触发器的逻辑潜在地引发一个异常来拒绝触发语句，这是相当有效的，因为触发器是在约束之前执行的。

AFTER 触发器在 BEFORE 触发器、约束检查以及更新表后才执行。AFTER 触发器一般用于：

(1) 用户信息的审计。

(2) 导出数据的生成。如果导出数据存储在其他表中，而不是触发器所依赖的表，则使用 AFTER；如果导出数据存储在当前触发器依赖的表中，则触发器必须定义成 BEFORE 触发器。

(3) 远程数据的复制。

2．语句级触发器和行级触发器

根据触发器所依赖的表对象不同，可将 DML 触发器进一步分为语句级(statement)和行级(row)触发器。这两类触发器指定了触发器语句执行的频率。若创建触发器的语句中添加了子句 for each row，则为行级触发器，否则为语句级触发器。默认是语句级触发器。

语句级触发器是在表或者视图上执行的特定语句(或者语句组)的触发器，能够与 INSERT、UPDATE、DELETE 及其组合进行关联。无论使用什么样的组合，各个语句触发器都只针对指定语句激活一次。比如，无论 UPDATE 有多少行，都只会调用一次 UPDATE 语句触发器。

【例 8.3】 创建一个语句级触发器，以对修改表的时间、人员进行日志记录。

(1) 建立实验表。

```
SQL> create table employees_copy as select * from hr.employees;
```

说明：缺省状态下，HR 用户被锁定，可以通过管理员解除锁定并向其提供口令。在另一用户下做测试时，可以将 HR 用户 employees 的增、删、改的权限暂时授予用户。

(2) 建立日志表。

```
SQL>create table employees_log(
    who varchar2(30),
    when date);
```

(3) 在 employees_copy 表上建立语句触发器，在触发器中填充 employees_log 表。

```
SQL> create or replace trigger biud_employee_copy
  2   before insert or UPDATE or DELETE
  3   on employees_copy
  4   begin
  5   INSERT into employees_log( who,when)
  6   values( user, sysdate);
  7   end;
  /
```

(4) 测试。

SQL>UPDATE employees_copy set salary= salary*1.1;

SQL>select *from employees_log;

(5) 确定是哪个语句起作用，即确定 INSERT、UPDATE、DELETE 中哪一个触发了触发器。

行级触发器是指被受到影响的各个行激活的触发器，即每行变动一次就触发一次。在触发器内部，我们可以访问正在处理的行的数据。这种访问是通过两个相关的标识符(: old 和 : new)实现的。: old 和 : new 相关标识符在不同的 DML 语句中代表的值的含义见表 8-2。相关标识符是一种特殊的 PL/SQL 连接变量(bind variable)。该标识符前面的冒号说明它们是使用在嵌套 PL/SQL 中的宿主变量意义上的连接变量，而不是一般的 PL/SQL 变量。referencing 子句只是将 new 和 old 重命名为 new_value 和 old_value，目的是避免混淆，比如操作一个名为 new 的表。

表 8-2　: old 和 : new 相关标识符

触　发　语　句	标识符 : old	标识符 : new
INSERT	无定义，所有字段为空 NULL	该语句结束时将插入的值
UPDATE	更新前行的原始值	该语句结束时将更新的值
DELETE	行删除前的原始值	无定义，所有字段为空 NULL

【例 8.4】　重新修改上述触发器。在上述语句级触发器示例的第(3)步的第 3 行和第 4 行之间加一条语句 for each row，重新执行第(3)步和第(4)步，观看效果。结果发现语句级触发器在执行过程中每行触发一次。

【例 8.5】　创建一行级触发器，为主键生成自增序列号。

(1) 创建一个实验表和一个序列。

SQL>drop table foo;

SQL>create table foo(id number, data varchar2(20));

SQL>create sequence foo_seq;

(2) 创建触发器。

SQL> create or replace trigger bifer_foo_id_pk

　　　　before INSERT on foo

　　　　for each row

　　　　begin

　　　　　　select foo_seq.nextval into :new.id from dual;

　　　　end;

(3) 插入数据进行测试。

SQL>INSERT into foo(data) values('donny');

SQL>INSERT into foo values(5, 'chen');

(4) 查询结果，测试触发器是否生效。

SQL>select * from foo;

3．DML 触发器 WHEN 子句

WHEN 子句只适用于行级触发器。如果使用该子句，则触发器体将只对满足 WHEN 子句说明条件的行执行。WHEN 子句的语法如下：

WHEN trigger_condition

其中，trigger_condition 是逻辑表达式。该表达式将为每行求值。: new 和 : old 记录可以在 trigger_condition 内部引用，但不需使用冒号，该冒号只在触发器体内有效。

【例8.6】 触发器 CheckCredits 只在当前学生得到的学分超出 20 时才运行。

```
SQL> CREATE OR REPLACE TRIGGER CheckCredits
     BEFORE INSERT OR UPDATE OF current_credits ON students
     FOR EACH ROW
     WHEN (new.current_credits > 20)
     BEGIN
     /* Trigger body goes here. */
     END;
```

上述触发器 CheckCredits 的实现也可写为下列代码：

```
SQL>CREATE OR REPLACE TRIGGER CheckCredits
     BEFORE INSERT OR UPDATE OF current_credits ON students
     FOR EACH ROW
     BEGIN
     IF :new.current_credits > 20 THEN
     /* Trigger body goes here. */
     END IF;
     END;
```

4．触发器谓词：INSERTING、UPDATING 和 DELETING

这种触发器的内部(为不同的 DML 语句激发的触发器)有三个可用来确认执行何种操作的逻辑表达式。这些表达式的谓词是 INSERTING、UPDATING 和 DELETING。表 8-3 给出了表达式谓词与对应执行 DML 语句的属性值。

表 8-3　表达式谓词与对应执行 DML 语句的属性值

表达式谓词	执行 DML 语句	属 性 值
INSERTING	INSERT	为真值(TRUE)，否则为 FALSE
UPDATING	UPDATE	为真值(TRUE)，否则为 FALSE
DELETING	DELETE	为真值(TRUE)，否则为 FALSE

可以在触发器中使用 INSERTING、UPDATING 或 DELETING 条件谓词来进行判断。例如下面的示范代码：

```
SQL> Begin
     if INSERTING then
     ⋮
```

```
        elsif UPDATING then
           ⋮
        elsif DELETING then
           ⋮
          end if;
        end;
```

或者修改某一列数据，例如：

```
SQL>if UPDATING('col1') or UPDATING('col2') then
        ⋮
      end if;
```

【例 8.7】　建立一触发器，用于审计对 employees_copy 表所作的操作行为。

(1) 修改日志表。

```
SQL>alter table employees_log
     add (action varchar2(20));
```

(2) 修改触发器，以便记录语句类型。

```
SQL>create or replace trigger biud_employee_copy
      before insert or update or delete
       on employees_copy
       declare
          l_action employees_log.action%type;
       begin
       if INSERTING then
          l_action:='insert';
       elsif UPDATING then
          l_action:= 'update';
      elsif DELETING then
          l_action:= 'delete';
      else
         raise_application_error(-20001, 'you should never ever get this error. ');
      end if;
         insert into employees_log(who, when, action)
         values( user, sysdate, l_action);
      end;
      /
```

(3) 测试。为了测试本触发器的效果，首先删掉记录日志表 employees_log 中的数据。

```
SQL>DELETE from employees_log;
SQL>insert into employees_copy (employee_id, last_name, email, hire_date, job_id)
values(666, 'chen', 'donny@hotmail',sysdate, ' AC_MGR');
SQL>select *from employees_log;
```

然后执行更新操作，查看触发器的效果。

SQL>UPDATE employees_copy set salary=50000 where employee_id = 666;

SQL>select *from employees_log;

8.3.2 INSTEAD OF 触发器

替代触发器(Instead of trigger)只能定义在视图上。替代触发器是行触发器。与 DML 触发器不同，DML 触发器是在 DML 操作之外运行的，而替代触发器则用 INSTEAD OF 来规定,它执行一个替代操作来代替触发触发器的操作。例如，如果对某个视图建立了一个 INSTEAD OF 触发器，它由 INSERT 语句触发，则在对此表执行 INSERT 操作时触发此触发器，但并不对视图实际执行 INSERT 操作，这与 DML 触发器完全不同，DML 触发器不影响 DML 语句对表的实际操作。那么为什么要用替代触发器呢？

假如有一个视图是基于多个表的字段连接查询得到的，现在如果想直接对这个视图进行插入操作，那么对视图的插入操作如何来反映到组成这个视图的各个表中呢？事实上，除了定义一个触发器来绑定对视图的插入动作外，没有别的办法通过系统的报错而直接向视图中插入数据，这就是用替代触发器的原因。替换的意思实际上是触发器的主体部分把对视图的插入操作转换成详细的对各个表的插入。

例如，直接执行对该视图的插入操作是非法的。这是因为该视图是两个表的联合，而插入操作要求对两个现行表进行修改。下面的 SQL *Plus 会话显示了插入操作过程。

【例 8.8】 演示 INSTEAD OF 触发器的应用案例。

(1) 创建一个视图 company_phone_book，其中，name 列的定义来自 hr.employees 表中两个字段的联合。

SQL>create or replace view company_phone_book as

   select first_name||', '||last_name name, email, phone_number,

   employee_id emp_id

   from hr.employees;

(2) 尝试更新视图 company_phone_book 中的列 email 和 name。

先查询要更新的数据在视图和表中的情况。

SQL>Select name from company_phone_book where emp_id=100;

NAME

----

chen, donny

SQL>Select first_name,last_name from hr.employees where employee_id =100;

FIRST_NAME   LAST_NAME

--------------------   -----------------------

chen   donny

更新视图的语句如下：

SQL>update company_phone_book

```
        set name='chen1, donny1'
        where emp_id=100;
```
此时出现如下的错误提示：

ERROR 位于第 2 行：

ORA-01733: 此处不允许虚拟列

(3) 创建 INSTEAD OF 触发器更新视图。

```
SQL>create or replace trigger update_name_company_phone_book
        INSTEAD OF
        update on company_phone_book
        begin
            update hr.employees
            set employee_id=:new.emp_id,
            first_name= substr(:new.name,1,instr(:new.name, ',')-1),
            last_name= substr(:new.name, instr(:new.name, ',')+2),
            phone_number=:new.phone_number,
            email=:new.email
            where employee_id=:old.emp_id;
        end;
    /
```

(4) 测试。执行步骤(2)中的更新视图语句，然后在其对应的表和视图中查看效果。重新更新视图的语句如下：

```
SQL>update company_phone_book
        set name='chen1, donny1'
        where emp_id=100;
```

已更新 1 行。

8.3.3 DDL 触发器

DDL 触发器是指在执行 DDL 操作(如 CREATE、ALTER、DROP 等语句)时激发的触发器。例如，用户可以创建触发器来记录对象创建的时间，以防止用户删除自己创建的表。这种触发器主要用来防止 DDL 操作引起的破坏或提供相应的安全监控。表 8-4 给出了 DDL 事件的种类以及这些事件出现的时机。

表 8-4 DDL 事件的种类及其出现时机

事 件	允许时机	说 明
修改(CREATE)	之前，之后	在创建模式对象变更之前或之后激活
删除(DROP)	之前，之后	在创建模式对象撤消之前或之后激活
创建(ALTER)	之前，之后	在创建模式对象之前或之后激活

系统触发器有几个内部的属性函数可供使用。这些参数允许触发器体获得有关触发事件的信息。表 8-5 对这些事件属性函数做了说明。与触发器参数不同，事件属性函数是 SYS

拥有的独立 PL/SQL 函数。系统没有为这些函数指定默认的替代名称，所以为了识别这些函数，程序中必须在它们的前面加上前缀 SYS。

表 8-5　DDL 事件用到的属性函数

属性函数	数据类型	可应用的系统事件	说　明
Dictionary_obj_type	VARCHAR2(20)	CREATE、DROP、ALTER	返回激活触发器的 DDL 操作使用的字典对象的类型
Dictionary_obj_name	VARCHAR2(30)	CREATE、DROP、ALTER	返回激活触发器的 DDL 操作使用的字典对象的名称
Dictionary_obj_owner	VARCHAR2(20)	CREATE、DROP、ALTER	返回激活触发器的 DDL 操作使用的字典对象的拥有者

【例 8.9】建立 DDL 触发器，用于记录所删除的对象情况(环境：在 scott 用户模式下)。

(1) 建立一个日志表。

SQL>connect scott/tiger;

已连接。

SQL>create table droped_objects(

object_name varchar2(30),

object_type varchar2(30),

dropped_on date);

表已创建。

(2) 创建触发器。

SQL> create or replace trigger log_drop_trigger

before drop on scott.schema

begin

insert into droped_objects values(

sys.dictionary_obj_name,　-- 与触发器相关的函数

sys.dictionary_obj_type,

sysdate);

end;

/

触发器已创建。

(3) 进行测试。用如下命令创建一个表 drop_me，创建一个视图 drop_me_view，然后将这两个对象删除。

SQL>create table drop_me(a number);

表已创建。

SQL>create view drop_me_view as select *from drop_me;

视图已建立。

SQL>drop view drop_me_view;

视图已丢掉。

SQL>drop table drop_me;

表已丢弃。

然后，查看日志记录。

SQL>select * from droped_objects;

OBJECT_NAME	OBJECT_TYPE	DROPPED_ON
DROP_ME_VIEW	VIEW	15-8 月 -07
DROP_ME	TABLE	15-8 月 -07

已选择 2 行。

8.3.4　系统触发器

系统触发器在发生如数据库启动或关闭等系统事件时激发，而不是在执行 DML 语句时激发。数据库事件包括服务器的启动或关闭、用户的登录或退出以及服务器错误。创建系统触发器的语法如下：

CREATE [OR REPLACE] TRIGGER [schema.] trigger_name

{BEFORE | AFTER}

{ ddl_event_list| database_event_list}

ON {DATABASE | [schema.]SCHEMA}

[when_clause]

其中，database_event_list 是一个或多个数据库事件(事件之间用"OR"分隔)。表 8-6 给出了数据库事件的种类及出现时机。

表 8-6　数据库事件的种类及出现时机

事　件	允许时机	说　　　明
启动	之后	实例启动时激活
关闭	之前	实例关闭时激活。如果数据库非正常关闭，则该事件不激活
服务器错误	之后	只要有该类错误就激活
登录	之后	在用户成功连接数据库后激活
注销	之前	在用户注销开始时激活

【例 8.10】 创建当数据库启动时的系统触发器。

SQL>create trigger ad_startup

　　after startup

　　on database

　　begin

　　　-- do some stuff　　--比如可以进行数据的初始化工作，记录数据库的启动时间等。

　　end;

系统触发器也有一些内部的属性函数可供使用。这些参数允许触发器体获得有关触发事件的信息。表 8-7 对这些事件属性函数做了说明。

在本章的开始部分介绍的触发器 LogCreations 中使用了这些属性函数。与触发器参数不同，事件属性函数是 SYS 拥有的独立 PL/SQL 函数。系统没有为这些函数指定默认的替代名称，所以为了识别这些函数，程序中必须在它们的前面加上前缀 SYS。

表 8-7　系统触发器的属性函数

属 性 函 数	数 据 类 型	可应用的系统事件	说　明
SYSEVENT	VARCHAR2(20)	所有事件	返回激活触发器的系统事件
INSTANCE_NUM	NUMBER	所有事件	返回当前实例号
DATABASE_NAME	VARCHAR2(50)	所有事件	返回当前数据库名
SERVER_ERROR	NUMBER	SERVERERROR	接收一个 NUMBER 类型的参数，返回由该参数所指示的错误堆栈中相应位置的错误。错误堆栈的顶部对应于位置
IS_SERVERERROR	BOOLEAN	SERVERERROR	接收一个错误号作为参数，如果所指示的 Oracle 错误返回在堆栈中，则返回真值(TRUE)
LOGIN_USER	VARCHAR2(30)	所有事件	返回激活触发器的用户的 USERID

下面是系统触发器的一个综合实例。其中，在系统登录触发器中使用了系统数据库的事件属性函数来记录有关系统的信息。

【例 8.11】 创建系统触发器，记录本次启动数据库以来所有登录的用户。

(1) 创建一个用户登录的日志记录表，包含登录用户名、登录时间、数据库名字和实例号。

SQL> create table userlog　(username varchar2(10), logon_time date,db_name

　　　varchar2(20), instance_number number);

表已创建。

(2) 授予创建触发器的用户 administer database trigger 权限。

SQL> conn system/manager;

已连接。

SQL> grant administer database trigger to scott;

授权成功。

(3) 创建系统启动的触发器，根据题目要求，记录本次启动数据库以来登录的用户日志，因此该触发器在启动时，清空以往的用户日志表。

SQL>　create or replace trigger init_logon after startup on database

　2　begin

　3　　delete from userlog;

　4　end;

　5　/

触发器已创建。

(4) 创建登录系统的触发器，用于记录用户登录日志。

SQL> create or replace trigger database_logon

```
 2    after
 3    logon
 4    on database
 5    begin
 6      insert into userlog
 7      values (sys.login_user,sysdate,sys.database_name,sys.instance_num);
 8    end;
 9    /
```

触发器已创建。

(5) 测试。

用不同的用户登录查询用户日志表。

SQL> connect hr/hr;

已连接。

SQL> connect scott/tiger;

已连接。

SQL>select*from scott.userlog;

USERNAME	LOGON_TIME	DB_NAME	INSTANCE_NUMBER
Hr	6-8 月 -07	ORA9.US.ORACLE.COM	1
SCOTT	6-8 月 -07	ORA9.US.ORACLE.COM	1

重新启动数据库，登录 scott 帐户，查看日志记录。

SQL> select * from scott.userlog;

USERNAME	LOGON_TIME	DB_NAME	INSTANCE_NUMBER
SCOTT	6-8 月 -07	ORA9.US.ORACLE.COM	1

总结：在本例中使用了两个系统触发器，分别在系统启动之后和登录之后触发(after startup 和 after logon)。登录触发器用于记录用户登录日志，启动触发器用于删除以往登录日志，只记录本次登录情况，满足题目要求。在本例中，使用了系统数据库事件属性函数。

8.4　管理触发器

1．利用数据字典视图查看触发器的有关信息

与存储子程序类似，数据字典视图包括有关触发器及其执行状态的信息。这些视图必须在触发器创建或撤消时进行更新。当创建了一个触发器时，其源程序代码存储在数据库视图 USER_TRIGGERS 中。该视图包括触发器体、WHEN 子句、触发表和触发器类型。

例如，下面的查询返回有关 BIUD_EMPLOYEE_COPY 的信息。

```
SQL> col    table_name for a15
SQL> col    triggering_event for a30
SQL> SELECT trigger_type, table_name, triggering_event
        FROM user_triggers
        WHERE trigger_name = 'BIUD_EMPLOYEE_COPY';
TRIGGER_TYPE            TABLE_NAME                  TRIGGERING_EVENT
----------------------  --------------------------  ------------------------------------------------
BEFORE STATEMENT    EMPLOYEES_COPY     INSERT OR UPDATE OR DELETE
```

2．删除触发器

与过程和包类似，触发器也可以被删除。实现删除功能的命令如下：

DROP TRIGGER triggername;

其中，triggername 是触发器的名称。该命令可把指定的触发器从数据字典中永久性地删除。类似于子程序，子句 OR REPLACE 可用在触发器的 CREATE 语句中。在这种情况下，如果要创建的触发器已存在，则先将其删除。

3．启用和禁止触发器

与过程和包不同的是，触发器可以被禁止使用。在数据维护或初始化过程中，特别是当大批量数据导入时，并不需要触发器语句体的执行，也不需要删除触发器，待数据维护或初始化过程完成后，继续使触发器生效。对此，可通过改变触发器的状态启用或禁止触发器命令(ENABLE 或 DISABLE)来完成。当触发器被禁止时，它仍存储在数据字典中，但不再激活。禁止触发器的语句如下：

ALTER TRIGGER triggername{DISABLE | ENABLE};

其中，triggername 是触发器的名称。当创建触发器时，所有触发器的默认值都是允许状态(ENABLED)。语句 ALTER TRIGGER 可以禁止或再启用任何触发器。

【例 8.12】 下面的代码先禁止再允许激活触发器 BIUD_EMPLOYEE_COPY。

```
SQL> ALTER TRIGGER BIUD_EMPLOYEE_COPY DISABLE;
        Trigger altered.
SQL> ALTER TRIGGER BIUD_EMPLOYEE_COPY ENABLE;
        Trigger altered.
```

在使用命令 ALTER TABLE 的同时加入 ENABLE ALL TRIGGERS 或 DISABLE ALL triggers 子句可以将指定表的所有触发器禁止或允许。

【例 8.13】 指定 students 表的所有触发器为禁止或允许状态。

```
SQL> ALTER TABLE students    ENABLE ALL TRIGGERS;
Table altered.
SQL> ALTER TABLE students DISABLE ALL TRIGGERS;
Table altered.
```

视图 user_triggers 的 status 列包括 ENABLED 或 DISABLED 两个字符串，用来指示触发器的当前状态。禁止一个触发器将不从其数据字典中删除。

注意：在触发器中不能使用 commit/rollback，因为 ddl 语句具有隐式的 commit，所以 ddl 语句也不允许使用。

8.5 小　　结

触发器是当满足特定事件时自动执行的存储过程。触发器由触发器名称、触发语句、触发器限制和触发操作几部分组成。

按照触发事件和触发对象的不同，触发器一般分为以下几种：DML 触发器、INSTEAD OF 触发器、DDL 触发器和系统触发器。DML 触发器是使用最多的触发器。INSTEAD OF 触发器定义在视图上。替代触发器是行触发器。DDL 触发器是指在执行 DDL 操作时激发的触发器，这种触发器主要用来防止 DDL 操作引起的破坏或提供相应的安全监控。系统触发器在当发生数据库事件(如服务器的启动或关闭，用户的登录或退出)以及服务器错误时触发。

习题八

一、选择题

1. 下列有关触发器和存储过程的描述，正确的是( )。

A．两者都可以传递参数

B．两者都可以被其他程序调用

C．两种模块中都可以包含数据库事务语言

D．创建的系统权限不同

2. 下列事件属于 DDL 事件的是( )。

A．INSERT　　　　　B．LOGON　　　　　C．DROP　　　　D．SERVERERROR

3. 假定在一个表上同时定义了行级和语句触发器，在一次触发当中，下列说法正确的是( )。

A．语句触发器只执行一次

B．语句触发器先行于行级触发器执行

C．行级触发器先于语句触发器执行

D．行级触发器对表的每一行都会执行一次

4. 有关行级触发器的伪记录，下列说法正确的是( )。

A．INSERT 事件触发器中，可以使用:old 伪记录

B．DELETE 事件触发器中，可以使用:new 伪记录

C．UPDATE 事件触发器中，可以使用:new 伪记录

D．UPDATE 事件触发器中，可以使用:old 伪记录

5. ( )触发器允许触发操作中的语句访问行的值。

A．行级　　　　　　B．语句级　　　　　C．模式　　　　D．数据库级

6. 下列有关替代触发器的描述，正确的是(　　)。

A. 替代触发器创建在表上

B. 替代触发器创建在数据库上

C. 通过替代触发器可以向基表插入数据

D. 通过替代触发器可以向视图插入数据

7. 要审计用户执行的 CREATE、DROP 和 ALTER 等 DDL 语句，应该创建(　　)触发器。

A. 行级　　　　　　　　　B. 语句级　　　　　　　　　C. INSTEAD OF

D. 模式　　　　　　　　　E. 数据库级

二、简答题

1. 创建一个触发器，无论用户插入新记录，还是修改 EMP 表的 JOB 列，都将用户指定的 JOB 列的值转换成大写。

2. 创建一个触发器，禁止用户删除 DEPT 表中的记录。(提示：创建语句级触发器。)

3. 创建一个 emp 表的触发器 emp_total，每次向雇员表插入、删除或更新雇员信息时，将新的统计信息存入统计表 emptotal 中，使统计表总能反映最新的统计信息。

统计表是记录各部门雇员总人数、总工资的统计表，结构如下：

部门编号 number(2)，　总人数 number(5)，　总工资 number(10,2)

▣ 上机实验八

实验 1　语句级触发器

目的和要求：

1. 掌握语句级触发器的原理。

2. 掌握语句级触发器的编写方法。

3. 测试语句级触发器是否生效。

实验内容：

1. 创建语句级触发器，需要对 teacher 用户的 foo 表上进行 DML 操作的用户进行安全检查。如果不是 teacher 用户，则不能够做增、删、改的动作。

(1) 连接 teacher 用户，建表。

SQL> create table foo(a number);

(2) 建立触发器。

SQL> create trigger biud_foo

before insert or update or delete on foo

begin

if user not in ('teacher') then

　　raise_application_error(-20001, 'you don't have access to modify this table. ');

end if;

end;

/

(3) 测试触发器。即使 sys、system 用户也不能修改 foo 表。

2．创建语句级触发器，需要对 scott 用户的 emp 表上进行 DML 操作的用户进行安全检查。如果不是 scott 用户，则不能够做增、删、改的动作。

实验 2 行级触发器

目的和要求：

1．掌握行级触发器的原理。

2．掌握行级触发器的编写方法。

3．测试行级触发器是否生效。

实验内容：

1．创建行级触发器，对 SCOTT 用户的 EMP 表插入数据。当 DEPTNO<>30 时，将 COMM 值置为 0。

步骤提示：

(1) 建立触发器。

(2) 测试触发器。

插入 deptno<>30 和 deptno=30 的数据，进行查看测试。

实验 3 替代触发器

目的和要求：

1．掌握替代触发器的原理。

2．创建 DDL 触发器。

3．替代触发器的测试方法。

实验内容：

1．创建一个视图 view_emp_dept，数据来源于 emp 表的字段 empno、ename、job、emp.deptno，条件是 emp.deptno=dept.deptno。然后对视图 view_emp_dept 进行插入数据操作。

(1) 创建视图。

SQL>create or replace view view_emp_dept as select empno,ename,job, emp.deptno depno
from emp,dept where emp.deptno=dept.deptno

(2) 对视图进行插入操作。

insert into view_emp_dept values (7805,'david1','CLERK',50);

ERROR 位于第 1 行：

ORA-02291: 违反完整约束条件 (SCOTT.FK_DEPTNO) - 未找到父项关键字

(3) 在视图中创建 INSTEAD OF 触发器。

SQL>create or replace trigger dept_emp_ins

INSTEAD OF insert

```
on view_emp_dept
 for each row
 declare
    rowcnt number;
begin
    select count(*) into rowcnt from dept where deptno=:new.depno;
 if rowcnt=0 then
    begin
      insert into dept(deptno) values (:new.depno);
      insert into emp (empno,ename,job, emp.deptno) values
      (:new.empno,:new.ename,:new.job,:new.depno);
   end;
  else
  insert into emp (empno,ename,job, emp.deptno) values
      (:new.empno,:new.ename,:new.job,:new.depno);
    end if;
  end;
 /
```

(4) 重新对视图进行插入操作。

`insert into view_emp_dept values (7805,'david1','CLERK',50);`

已创建 1 行。

实验 4　DDL 触发器

目的和要求：

1. 掌握 DDL 触发器的原理。

2. 创建 DDL 触发器。

3. 掌握 DDL 触发器的测试方法。

实验内容：

1. 创建 DDL 触发器，记录当前用户下创建对象的信息。

步骤提示：

(1) 可以通过创建下面的表来实现记录功能。

```
CREATE TABLE ddl_creations (
user_id VARCHAR2(30),
object_type VARCHAR2(20),
object_name VARCHAR2(30),
object_owner VARCHAR2(30),
creation_date DATE);
```

一旦该表可以使用，我们就可以创建一个系统触发器来记录相关信息。在每次 CREATE

语句对当前模式进行操作之后，触发器 LogCreations 就记录在 ddl_creations 中创建的对象的有关信息中。

(2) 建立 DDL 触发器，当创建任何数据库对象时记录到表 ddl_creations 中。

(3) 测试 DDL 触发器。在当前模式下创建表或其他数据库对象，检查 ddl_creations 表的数据记录，验证此触发器的效果。

实验 5　数据库级触发器

目的和要求：

1．掌握数据库级触发器的原理。

2．创建数据库级触发器。

3．数据库级触发器的测试方法。

实验内容：

创建数据库级触发器，记录数据库发生错误的信息。

(1) 可以通过创建下面的表来实现记录数据库发生错误的信息。(例如在 SCOTT 用户下创建。)

```
SQL> conn scott/tiger;
已连接。
SQL>CREATE TABLE error_log (
timestamp DATE,
username VARCHAR2(30),
instance NUMBER,
database_name VARCHAR2(50),
error_stack VARCHAR2(2000)
);
```

(2) 建立数据库级触发器，当错误发生时，记录到表 error_log 中。

(3) 测试数据库级触发器。模拟数据库无法连接的错误，如数据库连接密码错误等。

第 9 章　管理用户和安全性

本章学习目标：

- 掌握保护数据库的基本安全措施。
- 掌握如何创建和管理用户。
- 掌握如何对用户授予系统权限和对象权限。
- 掌握角色的授权管理。
- 掌握资源限制概要文件的组成和作用。

　　由于数据库系统中集中存放有大量的数据，这些数据又为众多用户所共享，因此数据库安全是一个极为突出的问题，数据库数据的丢失以及数据库被非法用户侵入对于任何一个应用系统来说都是至关重要的问题。数据库的安全性是指保护数据库，以防止不合法的使用所造成的数据泄露、更改或破坏。

　　在 Oracle 系统中，为了实现安全性，采取了用户权限、角色和概要文件等管理策略控制用户对数据库的访问，阻止非法用户对资源的访问和破坏。

9.1　用　户　管　理

　　在 Oracle 系统中，用户是允许访问数据库系统的有效帐户，是可以对数据库资源进行访问的实体。必须创建帐户并授予帐户相应的数据库访问权限，用户才能够连接到数据库。用户的帐户可通过用户名来标识，并且在用户信息中定义了用户的相关属性。

9.1.1　用户类别

　　在数据库系统中，根据工作性质和特点，用户可分成三类：数据库管理员(DBA)、数据库开发人员和普通用户。不同类型的用户分别赋予不同的权限，从而保证数据库系统的安全。

1．数据库管理员(DBA)

数据库管理员负责管理和维护数据库系统的正常运行，其主要职责包括：

(1) 安装并升级 Oracle 服务器和应用工具。

(2) 配置和管理数据库。

(3) 设置权限和安全管理。

(4) 监控并优化数据库性能。

(5) 备份和恢复数据库。

2．数据库开发人员

数据库开发人员负责设计和开发数据库应用程序，其主要职责包括：

(1) 设计应用的数据结构。

(2) 估算应用的存储需求。

(3) 给出应用数据库结构修改的说明。

(4) 开发过程中优化应用。

(5) 开发过程中构建应用的安全策略。

以上工作需要和 DBA 协作。

3．普通用户

普通用户指的是执行与数据库相关的日常操作的工作人员。

9.1.2　创建用户

在建立一个数据库的新用户时，数据库管理员对用户有下列决策：

(1) 设置用户的默认表空间和临时表空间，在表空间中可以使用空间份额。

(2) 设置用户资源限制的环境文件，该限制规定了用户可用的系统资源的总量。

(3) 规定用户具有的权限和角色，可以存取相应的对象。

创建用户的步骤如下：

(1) 确定该用户的表空间和表空间的大小。

(2) 分配默认表空间和临时表空间。

(3) 创建用户。

(4) 授予权限或角色。

1．利用 OEM 创建用户

下面讲述在"企业管理器"中如何创建新用户。

(1) 启动"企业管理器"，在安全性管理中选择"用户"选项，如图 9-1 所示，点击右键，选择"创建"，出现如图 9-2 所示的"创建用户"的"一般信息"选项卡。在"一般信息"中填写用户的口令，指定用户的默认表空间和临时表空间，还可以指定用户所对应的概要文件。概要文件将在 9.4 节中介绍。

(2) 选择"角色"选项卡，如图 9-3 所示。"角色"选项卡用于为用户授予角色，同时使用户具有角色权限。依次选择"系统权限"、"对象权限"选项卡，出现如图 9-4 所示的"创建用户"的"系统权限"选项卡和如图 9-5 所示的"创建用户"的"对象权限"选项卡。"系统权限"选项卡用于为用户授予系统级权限。"对象权限"选项卡用于为用户授予对象级权限，当一个用户是某数据库对象的属主时，它就具有操纵该数据库对象的所有权限，但其他用户必须经过授权才能操纵该数据库对象。

图 9-1　选择创建用户

图 9-2　"创建用户"的"一般信息"选项卡

图 9-3　"创建用户"的"角色"选项卡

图 9-4　"创建用户"的"系统权限"选项卡

图 9-5　"创建用户"的"对象权限"选项卡

　　(3) 分别选择"使用者组"和"限额"选项卡，依次出现如图 9-6 所示的"创建用户"的"使用者组"选项卡和如图 9-7 所示的"创建用户"的"限额"选项卡。"使用者组"选项卡用于为用户定义资源使用者组。"限额"选项卡用于指定用户在对应的表空间中是否分配空间，以及用户在其中可分配的最大空间数量。图 9-8 所示为"创建用户"的"代理用户"选项卡。"代理用户"选项卡用于指定可以代理此用户行使权利的用户和用户可以代理的其他用户。成功创建用户后将出现如图 9-9 所示的界面。

图 9-6　"创建用户"的"使用者组"选项卡

图 9-7　"创建用户"的"限额"选项卡

图 9-8　"创建用户"的"代理用户"选项卡

图 9-9　成功创建用户的界面

2．使用 SQL 语句创建用户

　　使用 CREATE USER 语句可以创建一个新的数据库用户，执行该语句的用户必须具有 CREATE USER 系统权限。在创建用户时，必须指定用户的认证方式。通常 Oracle 采用两种认证方式：数据库认证方式和操作系统身份认证。在一般的应用中，通常采用数据库认证方式，即通过 Oracle 数据库对用户身份进行验证。在这种情况下创建用户时必须为新用户指定一个口令，口令以加密方式保存在数据库中。当用户连接数据库时，Oracle 从数据库中提取口令来对用户的身份进行验证。创建用户时还应为用户分配默认表空间和临时表空间以及用户可使用表空间的限额。

语法格式：

CREATE　USER　用户名　INDENTIFIED BY　口令

[DEFAULT　TABLESPACE　表空间名]

[TEMPORARY　TABLESPACE　表空间名]

[QUOTA {正整数[K|M]|UNLIMITED } ON 表空间名...]

[PASSWORD EXPIRE]

[ACCOUNT {LOCK|UNLOCK}]

[PROFILE　环境文件名|DEFAULT];

说明：使用 INDENTIFIED BY 子句为用户设置口令，这时用户将通过数据库来进行身份认证。使用 DEFAULT TABLESPACE 子句为用户指定默认表空间。如果没有指定默认表空间，则 Oracle 会把 SYSTEM 表空间作为用户的默认表空间。为用户指定了默认表空间之后，还必须使用 QUOTA 子句为用户在默认表空间中分配空间配额。

此外，常用的一些子句如下：

(1) TEMPORARY TABLESPACE 子句：为用户指定临时表空间。一般地，SQL 语句在完成如连接和排序等大量数据的查询时需要临时工作空间来存放结果。

(2) PROFILE 子句：为用户指定一个概要文件。如果没有为用户显式地指定概要文件，则 Oracle 将自动为用户指定 DEFAULT 概要文件。

(3) DEFAULT ROLE 子句：为用户指定默认的角色。

(4) PASSWORD EXPIRE 子句：设置用户口令的初始状态为过期。

(5) ACCOUNT LOCK 子句：设置用户帐户的初始状态为锁定，缺省为 ACCOUNT UNLOCK。

【例 9.1】 创建用户 teacher，口令为 teacher123，默认表空间是 user，大小是 20 MB，临时表空间是 temp。

SQL> connect system/manager;

已连接。

SQL> CREATE USER teacher

　2　IDENTIFIED BY teacher123

　3　DEFAULT TABLESPACE　users

　4　TEMPORARY TABLESPACE　temp

　5　QUOTA 20M ON users;

用户已创建。

新用户在建立之后还不能使用，通常会需要使用 GRANT 语句为他授予 CREATE SESSION 系统权限。CREATE SESSION 系统权限允许用户在数据库上建立会话过程，这是用户帐号必须具有的最低权限。

【例 9.2】 授予权限 CREATE SESSION 给用户 teacher。

SQL> GRANT CREATE SESSION TO teacher ;
授权成功。
SQL> CONNECT teacher / teacher123;
已连接。

9.1.3　修改用户

在创建用户之后，会因为各种需要改变用户的帐户、表空间和权限等。

1．利用 OEM 修改用户

如图 9-10 所示，可以利用 OEM 管理工具在相应的用户上点击右键，出现"查看/编辑详细资料"，对其不同内容选择不同的选项，更改后确认便可。

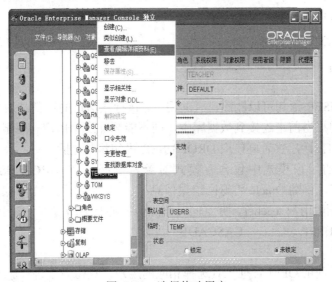

图 9-10　选择修改用户

2．利用 SQL 命令修改用户

可以使用 ALTER USER 语句对用户进行修改，执行该语句的用户必须具有 ALTER USER 系统权限。

【例 9.3】　修改用户 teacher 的认证方式、默认表空间和空间配额。

SQL> ALTER USER teacher IDENTIFIED BY teacher123 QUOTA 10M ON users;
用户已更改。

【例 9.4】　更改用户 teacher 的默认表空间。

SQL> ALTER USER teacher
　　2　DEFAULT TABLESPACE users
　　3　Temporary TABLESPACE temp ;
用户已更改。

【例 9.5】　修改用户 teacher 的口令。

SQL> ALTER USER teacher

2　Identified by teacher;
用户已更改。

【例 9.6】　修改用户的状态，锁定 teacher 帐户并解除锁定。

SQL> ALTER USER teacher　ACCOUNT LOCK;
用户已更改。

SQL> connect teacher/teacher
ERROR:
ORA-28000: the account is locked
警告: 您不再连接到 Oracle。

SQL> ALTER USER Teacher　ACCOUNT UNLOCK;
用户已更改。

SQL> connect teacher/teacher
已连接。

9.1.4　删除用户

使用 DROP USER 语句可以删除已有的用户，执行该语句的用户必须具有 DROP USER 系统权限。如果用户当前正连接到数据库中，则不能删除这个用户。要删除已连接的用户，首先必须终止他的会话，然后再使用 DROP USER 语句将其删除。

如果要删除的用户模式中包含有模式对象，则必须在 DROP USER 子句中指定 CASCADE 关键字，否则 Oracle 将返回错误信息。

【例 9.7】　删除用户 teacher，并且同时删除他所拥有的所有表、索引等模式对象。

SQL> DROP USER teacher　CASCADE;
用户已丢弃。

同样地，可以利用 OEM 管理工具选择相应的用户，点击右键进行删除。

9.1.5　查看用户信息

为了方便查询用户的有关信息，Oracle 提供了以下数据字典视图:

- DBA_USERS: 描述数据库中所有用户信息。
- ALL_USRES: 描述可以被当前用户看见的用户信息。
- USER_USERS: 描述当前用户信息。
- DBA_TS_QUOTAS: 描述用户的表空间信息。
- DBA_TS_QUOTAS,USER_PASSWORD_LIMITS: 描述分配给该用户的口令、配置文件和参数信息。
- USER_RESOURCE_LIMITS: 描述当前用户的资源信息。

【例 9.8】　查看用户 teacher 的用户名、用户标识、锁定日期、帐号状态和默认表空间信息。

SQL> select username,user_id,lock_date,account_status,default_tablespace
2　From DBA_USERS

3　Where username='TEACHER';
USERNAME　USER_ID LOCK_DATE　ACCOUNT_STATUS DEFAULT_TABLESPACE

--------------　-------------- ------------------ -------------------------- -----------------------------------

TEACHER　　　　　69　　　　　　　　OPEN　　　　　　USERS

注意：查询数据字典的内容时要注意大写匹配。如 Where username='TEACHER'。如果写为 Where username='teacher'，则系统显示无匹配数据。

9.2　权限管理

权限是执行特定 SQL 语句或访问对象的权力。权限代表了数据库允许用户执行的行为。在创建 Oracle 用户之后，如果没有授予任何权限，则用户将不能执行任何操作。Oracle 将权限分为两类：系统权限和对象权限。

9.2.1　系统权限

Oracle 9i 有 100 多种不同的系统权限，每一种系统权限允许用户执行一种特殊的数据库操作或一类数据库操作。Oracle 有两大类主要的系统级权限：名字中带有 ANY 关键字的权限和不带 ANY 的权限。带有 ANY 的权限可以使 Oracle 用户在任何 Oracle 帐号中执行指定的命令。不带 ANY 的权限则只能够在自己的 Oracle 帐号中执行指定的命令。常见的系统权限如表 9-1 所示。

表 9-1　常见的系统权限

类型/系统权限	说　　明
群集权限	
CREATE CLUSTER	在自己的方案中创建、更改和删除群集
CREATE ANY CLUSTER	在任何方案中创建群集
ALTER ANY CLUSTER	在任何方案中更改群集
DROP ANY CLUSTER	在任何方案中删除群集
数据库权限	
ALTER DATABASE	运行 ALTER DATABASE 语句，更改数据库的配置
ALTER SYSTEM	运行 ALTER SYSTEM 语句，更改系统的初始化参数
AUDIT SYSTEM	运行 AUDIT SYSTEM 和 NOAUDIT SYSTEM 语句，审计 SQL
AUDIT ANY	运行 AUDIT 和 NOAUDIT 语句，对任何方案的对象进行审计
索引权限	
CREATE ANY INDEX	在任何方案中创建索引 注意：没有 CREATE INDEX 权限，CREATE TABLE 权限包含了 CREATE INDEX 权限
ALTER ANY INDEX	在任何方案中更改索引
DROP ANY INDEX	在任何方案中删除索引

类型/系统权限	说　明
过程权限	
CREATE PROCEDURE	在自己的方案中创建、更改或删除过程、函数和包
CREATE ANY PROCEDURE	在任何方案中创建过程、函数和包
ALTER ANY PROCEDURE	在任何方案中更改过程、函数和包
DROP ANY PROCEDURE	在任何方案中删除过程、函数或包
EXECUTE ANY PROCEDURE	在任何方案中执行或者引用过程
概要文件权限	
CREATE PROFILE	创建概要文件
ALTER PROFILE	更改概要文件
DROP PROFILE	删除概要文件
角色权限	
CREATE ROLE	创建角色
ALTER ANY ROLE	更改任何角色
DROP ANY ROLE	删除任何角色
GRANT ANY ROLE	向其他角色或用户授予任何角色 注意：没有对应的 REVOKE ANY ROLE 权限
回退段权限	
CREATE ROLLBACK SEGMENT	创建回退段 注意：没有对撤消段的权限
ALTER ROLLBACK SEGMENT	更改回退段
DROP ROLLBACK SEGMENT	删除回退段
序列权限	
CREATE SEQUENCE	在自己的方案中创建、更改、删除和选择序列
CREATE ANY SEQUENCE	在任何方案中创建序列
ALTER ANY SEQUENCE	在任何方案中更改序列
DROP ANY SEQUENCE	在任何方案中删除序列
SELECT ANY SEQUENCE	在任何方案中从任何序列中进行选择
会话权限	
CREATE SESSION	创建会话，登录进入(连接到)数据库
ALTER SESSION	运行 ALTER SESSION 语句，更改会话的属性
ALTER RESOURCE COST	更改概要文件中计算资源消耗的方式
RESTRICTED SESSION	数据库处于受限会话模式下连接到数据
同义词权限	
CREATE SYNONYM	在自己的方案中创建、删除同义词
CREATE ANY SYNONYM	在任何方案中创建专用同义词
CREATE PUBLIC SYNONYM	创建公共同义词
DROP ANY SYNONYM	在任何方案中删除同义词
DROP PUBLIC SYNONYM	删除公共同义词

续表

类型/系统权限	说　　明
表权限	
CREATE TABLE	在自己的方案中创建、更改和删除表
CREATE ANY TABLE	在任何方案中创建表
ALTER ANY TABLE	在任何方案中更改表
DROP ANY TABLE	在任何方案中删除表
COMMENT ANY TABLE	在任何方案中为任何表、视图或者列添加注释
SELECT ANY TABLE	在任何方案中选择任何表中的记录
INSERT ANY TABLE	在任何方案中向任何表插入新记录
UPDATE ANY TABLE	在任何方案中更改任何表中的记录
DELETE ANY TABLE	在任何方案中删除任何表中的记录
LOCK ANY TABLE	在任何方案中锁定任何表
FLASHBACK ANY TABLE	允许使用 AS OF 子句对任何方案中的表、视图执行一个 SQL 语句的闪回查询
表空间权限	
CREATE TABLESPACE	创建表空间
ALTER TABLESPACE	更改表空间
DROP TABLESPACE	删除表空间，包括表、索引和表空间的群集
MANAGE TABLESPACE	管理表空间，使表空间处于 ONLINE(联机)、OFFLINE(脱机)、BEGIN BACKUP(开始备份)、END BACKUP(结束备份)状态
UNLIMITED TABLESPACE	不受配额限制地使用表空间 注意：只能将 UNLIMITED TABLESPACE 授予帐户，而不能授予角色
用户权限	
CREATE USER	创建用户
ALTER USER	更改用户
BECOME USER	当执行完全装入时，将成为另一个用户
DROP USER	删除用户
视图权限	
CREATE VIEW	在自己的方案中创建、更改和删除视图
CREATE ANY VIEW	在任何方案中创建视图
DROP ANY VIEW	在任何方案中删除视图
COMMENT ANY TABLE	在任何方案中为任何表、视图或者列添加注释
FLASHBACK ANY TABLE	允许使用 AS OF 子句对任何方案中的表、视图执行一个 SQL 语句的闪回查询

续表

类型/系统权限	说　　明
触发器权限	
CREATE TRIGGER	在自己的方案中创建、更改和删除触发器
CREATE ANY TRIGGER	在任何方案中创建触发器
ALTER ANY TRIGGER	在任何方案中更改触发器
DROP ANY TRIGGER	在任何方案中删除触发器
ADMINISTER DATABASE TRIGGER	允许创建 ON DATABASE 触发器。在能够创建 ON DATABASE 触发器之前，还必须先拥有 CREATE TRIGGER 或 CREATE ANY TRIGGER 权限
专用权限	
SYSOPER (系统操作员权限)	STARTUP SHUTDOWN ALTER DATABASE MOUNT/OPEN ALTER DATABASE BACKUP CONTROLFILE ALTER DATABASE BEGIN/END BACKUP ALTER DATABASE ARCHIVELOG RECOVER DATABASE RESTRICTED SESSION CREATE SPFILE/PFILE
SYSDBA (系统管理员权限)	SYSOPER 的所有权限，并带有 WITH ADMIN OPTION 子句 CREATE DATABASE RECOVER DATABASE UNTIL
其他权限	
ANALYZE ANY	对任何方案中的任何表、群集或者索引执行 ANALYZE 语句
GRANT ANY OBJECT PRIVILEGE	授予任何方案中的任何对象上的对象权限 注意：没有对应的 REVOKE ANY OBJECT PRIVILEGE
GRANT ANY PRIVILEGE	授予任何系统权限 注意：没有对应的 REVOKE ANY PRIVILEGE
SELECT ANY DICTIONARY	允许从 SYS 用户所拥有的数据字典表中进行选择

　　一般地，应该给数据库管理员授予带有 ANY 关键字的系统权限，以便管理针对所有用户的方案对象。但不应该将其授予普通用户，以防影响其他用户的工作。

1. 授予系统权限

　　在 OEM 管理工具中授予系统权限参见图 9-4，这里重点讲述利用 SQL 命令授予系统权限。在 GRANT 关键字之后指定系统权限的名称，然后在 TO 关键字之后指定接受权限的用户。

【例 9.9】　利用下面的语句可以将创建表和创建存储过程的权限授予用户 TEACHER。

SQL> GRANT CREATE TABLE, CREATE PROCEDURE TO TEACHER;

授权成功。

上面的代码运行后，Oracle 用户 TEACHER 就可以使用 CREATE TABLE、CREATE PROCEDURE 命令创建表或存储过程。

如果在 GRANT 语句最后加上 WITH ADMIN OPTION 子句，那么不仅可将某种系统权限授予某个 Oracle 用户，而且这个用户还可以再将这种系统权限授予其他用户，如下面的语句：

SQL> GRANT CREATE TABLE, CREATE PROCEDURE TO teacher　　WITH ADMIN OPTION;

授权成功。

上述代码表示 TEACHER 不仅具有 CREATE TABLE、CREATE PROCEDURE 权限，还可将这些权限授予其他用户。

如果要为数据库中每个用户授予系统权限或对象权限，则可以使用关键字 PUBLIC。PUBLIC 是 Oracle 数据库中的一个特殊组，可以使用它为系统中的每个用户快速设定权限。

【例 9.10】　授予数据库每个用户创建过程的权限。

SQL> GRANT CREATE PROCEDURE TO PUBLIC;

授权成功。

2．回收权限或角色

使用 REVOKE 语句可以收回已经授予用户(或角色)的系统权限，执行收回系统权限操作的用户同时必须具有授予相同系统权限的能力。

【例 9.11】　收回已经授予用户 TEACHER 的 CREATE ANY TABLE 系统权限。

SQL>　REVOKE CREATE ANY TABLE FROM TEACHER;

撤消成功。

【例 9.12】　从 PUBLIC 用户收回已授予的系统权限。

SQL> REVOKE CREATE PROCEDURE FROM PUBLIC;

撤消成功。

需要说明的是，在拥有系统权限时创建的任何对象在收回权限后都不受影响。如果从 PUBLIC 用户处收回某种系统权限，则那些直接被授予这种权限的用户并不受任何影响。

9.2.2　对象权限

Oracle 数据库的对象主要是指表、索引、视图、序列、同义词、过程、函数、包和触发器。创建对象的用户拥有该对象的所有对象权限，不需要授予，所以，对象权限的设置实际上是对象的所有者给其他用户提供操作该对象的某种权力的一种方法。将其中的对象权限授予其他用户，就可以允许他们使用该对象。对象权限规定用户对某个数据库对象中数据的操作权限。Oracle 数据库中总共有 9 种不同的对象权限。不同类型的对象有不同的对象权限。常用的对象权限包括对某个数据库对象中数据的查询、插入、修改、删除等，例如 SELECT、INSERT、UPDATE、DELETE　等。各种对象权限及说明如表 9-2 所示。

表 9-2　各种对象权限及说明

对象权限	说　明
ALTER 更改	表上的 ALTER 权限保证在相关的表上执行 ALTER TABLE 或 LOCK TABLE 语句，可以重命名表、添加列、删除列、更改数据类型和列的长度，以及把表转换成一个分区(partitioned)表。序列上的 ALTER 权限可以保证在相关序列上执行 ALTER SEQUENCE 语句，可以重设授权序列对象的最小值、增量和缓冲区大小
DELETE 删除	允许在授权对象上执行 DELETE 语句，以便从表或者视图中删除行。SELECT 权限必须随同 DELETE 权限授予，否则被授权的人将不能够选择行，因此也就无法删除行。DELETE 权限还允许被授权者锁定相应的表
EXECUTE 运行	包上的 EXECUTE 权限允许被授权者执行或者使用在相应包的规定中声明的任何程序或者程序对象，如一个记录类型(即 record type)或者指针(即 cursor)。操作符(operator)或者类型(type)上的 EXECUTE 权限允许在 SQL 或者 PL/SQL 中使用该操作符。数据库对象上的 EXECUTE 权限允许被授权者使用相关的数据库对象并且调用其方法
INDEX 索引	允许被授权者在相关的表上创建索引或者锁定该表。当一个方案(schema)拥有一个表而另一个方案拥有其索引时，会出现混乱。在授予这种权限时要小心
INSERT 插入	允许被授权者在相关的表或视图中创建行。如果该 INSERT 权限建立在相关表或者视图的特定列上，则只能在具有 INSERT 权限的列上插入数据。INSERT 权限还隐含地给被授权者以锁定该表的能力
READ 读	只能在目录上授予。允许被授权者读取指定目录中的 BFILE。READ 权限与 SELECT 权限有区别，后者允许用户读取一个表或者视图
REFERENCE 引用	只能在表上授予用户，而不能授予角色。允许被授权者创建引用该表的参照完整性约束。被授权者可以锁定该表
SELECT 选择	允许被授权者在表或者视图上执行 SELECT 语句。允许被授权者读取表或者视图的内容。序列上的 SELECT 权限允许被授权者获取当前值(CURRVAL)或者通过选择NEXTVAL 增大该值。SELECT 权限只能授予整个表，不能授予表中的列。因此，如果希望用户只能查询表中的部分列，则需要在该表上创建视图，然后将该视图的 SELECT 权限授予用户
UPDATE 更新	允许被授权者更改表或者视图中的数据值。SELECT 权限必须随同 UPDATE 权限一起授予，这样就使被授权者隐含具有了锁定表的能力
ALL 所有	对于可以具有多项权限的对象，可以授予或者撤消专门的权限 ALL。对于表而言，ALL 中包含了 SELECT、INSERT、UPDATE、DELETE、INDEX、ALTER 和REFERENCE。所以，在表上授予 ALL 权限时要小心，因为可能并不想授予 INDEX、ALTER 和 REFERENCE 权限

1．授予对象权限

在 OEM 管理工具中授予对象权限参见图 9-5，这里重点讲述利用 SQL 命令授权。在 GRANT 关键字之后指定权限的名称，然后在 ON 关键字后指定对象名称，最后在 TO 关键字之后指定接受权限的用户名，即可将指定对象的对象权限授予指定的用户。

使用一条 GRANT 语句可以同时授予用户多个对象权限，各个权限名称之间用逗号分隔。

【例 9.13】将 CUSTOMER 表的 SELECT、INSERT 和 UPDATE 对象权限授予用户 teacher。

SQL> GRANT SELECT,INSERT(CUSTOMER_ID,CUSTOMER_name),

2　UPDATE(desc) ON CUSTOMER TO teacher　WITH GRANT OPTION;

授权成功。

在授予对象权限时,可以使用一次关键字 ALL 或 ALL PRIVILEGES 将某个对象的所有对象权限全部授予指定的用户。例如:

SQL> GRANT ALL ON CUSTOMER TO teacher;

授权成功。

对象权限也可以使用前面所讲的 PUBLIC 授予数据库的所有用户。例如:

SQL> GRANT ALL ON CUSTOMER TO PUBLIC;

授权成功。

2．回收对象权限

使用 REVOKE 语句可以收回已经授予用户(或角色)的对象权限,执行收回对象权限操作的用户必须同时具有授予相同对象权限的能力。

【例 9.14】　收回已经授予用户 teacher 的 SELECT 和 UPDATE 对象权限。

SQL> REVOKE SELECT,UPDATE ON CUSTOMER FROM teacher ;

撤消成功。

在收回对象权限时,可以使用关键字 ALL 或 ALL PRIVILEGES 将某个对象的所有对象权限全部收回。

【例 9.15】　收回已经授予用户 teacher 的 CUSTOMER 表的所有对象权限。

SQL> REVOKE ALL ON CUSTOMER FROM teacher ;

撤消成功。

9.2.3　查询系统权限与对象权限

1．查询系统权限

用户在登录数据库后,若要查看有关系统权限的信息,则可以查询表 9-3 所示的表与视图。

表 9-3　与系统权限有关的表与视图

视　图	说　明
DBA_SYS_PRIVS	授予所有用户和角色的系统权限
USER_SYS_PRIVS	授予当前用户的系统权限
ROLE_SYS_PRIVS	此视图包含了授予角色的系统权限的信息。它提供的只是该用户可以访问的角色的信息
SESSION_PRIVS	当前会话可以使用的系统权限(包括直接授予的和通过角色授予的系统权限)
V$PWFILE_USERS	所有被授予 SYSDBA 或 SYSOPER 系统权限的用户信息
SYSTEM_PRIVILEGE_MAP	所有系统权限,包括 SYSDBA 或 SYSOPER 系统权限

【例9.16】 查询授予 SCOTT 用户或 SYSTEM 用户的系统权限。

```
SQL> SELECT * FROM DBA_SYS_PRIVS
  2    WHERE grantee='SCOTT' OR grantee='SYSTEM';
```

GRANTEE	PRIVILEGE	ADM
SCOTT	UNLIMITED TABLESPACE	NO
SYSTEM	UNLIMITED TABLESPACE	YES

【例9.17】 查询当前会话可以使用的系统权限。

```
SQL>CONNECT teacher/teacher123
已连接。
SQL>SELECT * FROM SESSION_PRIVS;
```

```
PRIVILEGE
----------------------------------------
CREATE SESSION
CREATE TABLE
CREATE PROCEDURE
```

【例9.18】 使用 USER_SYS_PRIVS 视图查询某个用户所具有的系统权限。

```
SQL>CONNECT teacher/teacher123
已连接。
SQL>SELECT * FROM   USER_SYS_PRIVS;
```

USERNAME	PRIVILEGE	ADM
TEACHER	CREATE PROCEDURE	YES
TEACHER	CREATE SESSION	NO
TEACHER	CREATE TABLE	YES

2．查询对象权限

用户若要查看有关对象权限的信息，则可以查询表9-4所示的表与视图。

表9-4　与对象权限有关的表与视图

视　　图	说　　明
DBA_TAB_PRIVS	DBA 视图包含了数据库中所有用户或角色的对象权限
ALL_TAB_PRIVS	ALL 视图包含了当前用户或 PUBLIC 的对象权限
USER_TAB_PRIVS	USER 视图列出当前用户的对象权限
DAB_COL_PRIVS	DBA 视图描述了数据库中的所有用户或角色的列对象权限
ALL_COL_PRIVS	ALL 视图描述了当前用户或 PUBLIC 是其所有者、授予者或被授予者的所有列对象权限

续表

视 图	说 明
USER_COL_PRIVS	USER 视图描述了当前用户是其所有者、授予者或被授予者的所有列对象权限
ALL_COL_PRIVS_MADE	ALL 视图列出了当前用户是其所有者、授予者的所有列对象权限
USER_COL_PRIVS_MADE	USER 视图描述了当前用户是其授予者的所有列对象权限
ALL_COL_PRIVS_RECD	ALL 视图描述了当前用户或 PUBLIC 是其被授予者的，所有列对象的权限
USER_COL_PRIVS_RECD	USER 视图描述了当前用户是其被授予者的所有列对象的权限
ALL_TAB_PRIVS_MADE	ALL 视图列出了当前用户所做的所有对象授权或在当前用户所拥有的对象上的授权
USER_TAB_PRIVS_MADE	USER 视图列出了当前用户所做的所有对象上的授权
ALL_TAB_PRIVS_RECD	ALL 视图列出了当前用户或 PUBLIC 是被授予者的对象权限
USER_TAB_PRIVS_RECD	USER 视图列出了当前用户是被授予者的对象权限
ROLE_TAB_PRIVS	包含了授予角色的对象权限。它提供的只是该用户可以访问的角色的信息

授予用户的对象权限信息存放在数据字典中，下面是使用这些表和视图的几个例子。

【例 9.19】 查询某个用户所具有的对象权限。

SQL>SELECT
OWNER,TABLE_NAME,GRANTOR,PRIVILEGE,GRANTABLE,HIERARCHY
FROM DBA_TAB_PRIVS
WHERE grantee ='TEACHER';

OWNER	TABLE_NAME	GRANTOR	PRIVILEGE
--------------------	------------------------------	------------------------	------------------------
SYSTEM	CUSTOMER	SYSTEM	SELECT
SYSTEM	CUSTOMER	SYSTEM	UPDATE

其中，OWNER 列表示对象的拥有者；TABLE_NAME 列表示对象；GRANTOR 列表示授权用户(授予者)；PRIVILEGE 列表示对象权限；GRANTABLE 表示在授权时是否带了 WITH GRANT OPTION 选项；HIERARCHY 表示在授权时是否带了 WITH HIERARCHY OPTION 选项；grantee 表示获得对象权限的用户(被授予者)。

由输出结果可知，SYS 用户将 DBMS_TRANSACTION 对象上的 EXECUTE 对象权限授予了 TEACHER 用户，并且在授权时带了 WITH GRANT OPTION 选项。

【例 9.20】 查询当前用户被授予的列对象权限。

SQL>CONNECT teacher/teacher123
已连接。
SQL>SELECT OWNER,TABLE_NAME,COLUMN_NAME,GRANTOR,PRIVILEGE,
GRANTABLE
2   FROM   USER_COL_PRIVS_RECD;

OWNER	TABLE_NAME	COLUMN_NAME	GRANTOR	PRIVILEGE	GRA
SYSTEM	CUSTOMER	CUSTOMER_ID	SYSTEM	INSERT	YES
SYSTEM	CUSTOMER	CUSTOMER_NAME	SYSTEM	INSERT	YES

9.3　角色管理

角色介于权限和用户之间，是一组系统权限和对象权限的集合，把它们组合在一起赋予一个名字，就会使授予权限变得简单。用户被授予某个角色，他就拥有了该角色的所有权限。一个角色可授予系统权限或对象权限，任何角色可授权任何数据库用户。

在一个数据库中，每一个角色名必须唯一。角色名与用户不同，角色不包含在任何模式中，所以建立角色的用户被删除时不影响该角色。

引入角色的概念可减轻 DBA 的负担。Oracle 利用角色更容易进行权限管理。角色管理具有下列优点：

(1) 减少权限管理。不需要显式地将同一权限组授权给几个用户，只需将权限组授予角色，然后将角色授予每一用户即可。

(2) 动态权限管理。如果一组权限需要改变，则只需修改角色的权限，所有授予该角色的全部用户的安全域将自动反映对角色所作的修改。

(3) 权限的选择可用性和灵活性。授予用户的角色可选择使其可用或不可用。

(4) 应用安全性。角色的安全性通过为角色设置口令进行保护，只有提供正确的口令才允许修改或设置角色。

9.3.1　系统预定义角色

Oracle 系统在安装完成后就已经内置了用于管理的角色，这些角色称为预定义角色。系统预定义角色已经由系统授予了相应的系统权限，可以由数据库管理员直接使用，一旦将这些角色授予用户，用户便具有角色中所包含的系统权限。Oracle 9i 数据库系统预先定义了 25 种角色,可以在 dba_roles 数据字典中查询。以下列举了一些预定义角色。

CONNECT：连接到数据库，最终用户角色。

RESOURCE：申请资源创建对象，开发人员角色。

DBA：具有全部系统权限，可以创建用户。

IMP_FULL_DATABASE：装入全部数据库内容。

EXP_FULL_DATABASE：卸出全部数据库内容。

DELE_CATALOG_ROLE：能删除审计表中的记录。

SELECT_CATALOG_ROLE：查询数据字典。

EXECUTE_CATALOG_ROLE：执行过程和函数。

通过查询 SYS.DBA_SYS_PRIVS 可以了解每种角色拥有的权利。例如，利用下面的语句可以将 DBA 角色授予用户 Mary：

SQL> GRANT DBA TO Mary WITH GRANT OPTION;

在同一条 GRANT 语句中，可以同时为用户授予系统权限和角色。

如果在为某个用户授予角色时使用了 WITH ADMIN OPTION 选项，则该用户将具有如下权利：

(1) 将这个角色授予其他用户，使用或不使用 WITH ADMIN OPTION 选项。

(2) 从任何具有这个角色的用户那里收回该角色。

(3) 删除或修改这个角色。

注意：不能使用一条 GRANT 语句同时为用户授予对象权限和角色。

9.3.2　自定义角色

用户根据需求进行分类可以创建各种角色。

1. 利用 OEM 创建角色

(1) 如图 9-11 所示，选择"创建"角色。

图 9-11　选择"创建"角色

(2) 出现如图 9-12 所示的"创建角色"的"一般信息"选项卡。

(3) 图 9-13 所示为"创建角色"的"角色"选项卡，用于为多个角色分配子角色。

图 9-12　"创建角色"的"一般信息"选项卡

图 9-13　"创建角色"的"角色"选项卡

(4) 图 9-14 所示为"创建角色"的"系统权限"选项卡。

(5) 图 9-15 所示为"创建角色"的"对象权限"选项卡。

(6) 图 9-16 所示为"创建角色"的"使用者组"选项卡。

(7) 成功创建角色后将出现如图 9-17 所示的界面。

图 9-14   "创建角色"的"系统权限"选项卡   图 9-15   "创建角色"的"对象权限"选项卡

图 9-16   "创建角色"的"使用者组"选项卡

图 9-17   "角色创建成功"界面

(8) 上述过程创建角色的 SQL 代码如下所述。

```
SQL> CREATE ROLE "TEMPROLE"
  2   IDENTIFIED BY "TEMPROLE";
```

角色已创建。

```
SQL> GRANT ALTER ANY INDEX TO "TEMPROLE" WITH ADMIN OPTION;
```

授权成功。

```
SQL> GRANT SELECT ANY TABLE TO "TEMPROLE" WITH ADMIN OPTION;
```

授权成功。

SQL> GRANT "CONNECT" TO "TEMPROLE" WITH ADMIN OPTION;

授权成功。

SQL> GRANT "DBA" TO "TEMPROLE" WITH ADMIN OPTION;

授权成功。

2．利用 SQL 命令创建角色

使用 CREATE ROLE 语句可以创建一个新的角色，执行该语句的用户必须具有 CREATE ROLE 系统权限。在创建角色之后，必须立即为它授予权限，然后就可以将角色授予用户，此时用户得到的权限与角色的权限相同。

【例 9.21】 创建一个名为 OPT_ROLE 的角色，并且为它授予一些对象权限和系统权限，将角色授予 teacher 用户。

(1) 创建角色。

SQL>CREATE ROLE OPT_ROLE;

角色已创建。

(2) 为角色授权。

SQL>GRANT CREATE SESSION,CREATE TABLE, CREATE VIEW TO OPT_ROLE;

授权成功。

(3) 为用户授予角色。

SQL> GRANT OPT_ROLE TO teacher;

授权成功。

(4) 以授权用户连接数据库。

SQL>CONNECT teacher/teacher123

已连接。

(5) 查询数据字典 role_sys_privs，了解用户所具有的角色及该角色所包含的系统权限。

SQL>select * from role_sys_privs;

【例 9.22】 创建一个带有口令的角色 PW_ROLE。

SQL>CREATE ROLE PW_ROLE identified by manager123;

角色已创建。

SQL>GRANT CREATE SESSION,CREATE TABLE TO PW_ROLE;

授权成功。

9.3.3 管理角色

1．利用 OEM 管理角色

如图 9-18 所示，选中相应的角色，点击右键，在出现的各选项卡中可以修改角色的各种配置参数，对应修改角色的 SQL 语句为 "ALTER ROLE" 或者 "REVOKE"。如果要删除角色，则选择移去角色，出现如图 9-19 所示的角色删除确认界面，选择【是】按钮进行删除。此过程对应的 SQL 代码如下所述。

SQL> DROP ROLE TEMPROLE;

图 9-18　选择修改角色

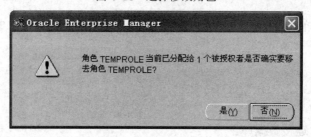

图 9-19　角色删除确认界面

2. 利用 SQL 命令管理角色

利用 SQL 语句的 ALTER ROLE、GRANT ROLE 和 REVOKE 命令也可以管理角色，操作者必须被授予具有 ADMIN OPTION 角色或 ALTER ANY ROLE 系统权限。

ALTER ROLE role_name [NOT IDENTIFIED] [IDENTIFIED BY password]其关键字参数的意义与 CREATE ROLE 语句相同。

使用 REVOKE 语句可以收回已经授予用户(或角色)的角色，执行收回角色操作，同时用户必须具有授予相同角色的能力。

【例 9.23】　取消角色 manager 的口令。

SQL> ALTER ROLE manager not identified;

类型已丢弃。

【例 9.24】　删除角色 manager。

SQL>DROP ROLE manager;

角色已丢弃

【例 9.25】　收回已经授予用户 teacher 的 OPT_ROLE 角色。

SQL> REVOKE OPT_ROLE FROM teacher ;

撤消成功。

9.3.4　启用和禁用角色

一个用户可以同时被授予多个角色，但是并不是所有这些角色都同时起作用。角色可以处于两种状态：激活状态或禁用状态。禁用状态的角色其权限并不生效。

当用户连接到数据库中时，只有他的默认角色(Default Role)处于激活状态。在 ALTER USER 角色中使用 DEFAULT ROLE 子句可以改变用户的默认角色。

【例 9.26】　将用户所拥有的一个角色设置为默认角色。

SQL> ALTER USER teacher DEFAULT ROLE connect , OPT_ROLE;

用户已更改。

在用户会话的过程中，还可以使用 SET ROLE 语句来激活或禁用他所拥有的角色。用户同时激活的最大角色数目由初始化参数 ENABLED ROLES 决定(默认值为 20)。

【例 9.27】　将角色 OPT_ROLE 设置为激活状态。

SQL>SET ROLE OPT_ROLE;

【例 9.28】　启用用户所拥有的所有角色。

SQL>SET ROLE ALL;

【例 9.29】　禁用用户所拥有的所有角色。

SQL>SET ROLE NONE;

9.3.5　查询角色信息

为了方便查询角色的有关信息，Oracle 提供了以下数据字典视图。

DBA_ROLES 视图：查看当前数据库中存在的所有角色。

SESSION_ROLES 视图：用户当前启用的角色。

ROLE_ROLE_PRIVS 视图：查看角色与权限授予情况，以及是否有传递权限情况。

DBA_ROLE_PRIVS 视图：用户(或角色)与角色之间的授予关系。

ROLE_SYS_PRIVS 视图：查看系统权限的授予情况。

将角色授予用户后，角色信息存储在用户数据字典 user_role_privs 中，允许用户查询自己所具有的角色。

【例 9.30】　查询用户 teacher 所具有的角色。

SQL>CONNECT teacher/teacher123

已连接。

SQL> select USERNAME, GRANTED_ROLE,ADMIN_OPTION

　　2　　　　　From user_role_privs;

USERNAME	GRANTED_ROLE	ADM
TEACHER	CONNECT	NO
TEACHER	OPT_ROLE	NO

其中，GRANTED_ROLE 表示为该用户授予的角色名称；ADMIN_OPTION 表示该角

色是否可以传递给其他用户；NO 表示没有角色的传递权。

数据库管理员有时需要了解数据库中已经创建了哪些角色，以确定可以使用的角色信息，其所创建的角色存储在数据字典 DBA_ROLES 视图中。

【例 9.31】 查询已经创建的角色。

SQL>select role,password_required from dba_roles;

要了解将哪些角色已经授予哪些用户，可以查询数据字典 dba_role_privs。

【例 9.32】 查询哪些角色已经授予哪些用户。

SQL> select GRANTEE , GRANTED_ROLE, ADMIN_OPTION

　2　　　　　From dba_role_privs;

为用户授予某个角色后，该角色中的权限也就授予了用户。数据库管理员需要了解哪些角色授予了哪些权限，以便知道用户的权限是否使用正确。要了解角色授予了哪些权限，可以通过查询数据字典 role_sys_privs。

【例 9.33】 查询哪些角色授予了哪些权限。

SQL> select role,privilege , admin_option

　2　　　　　From role_sys_privs;

9.4　概　要　文　件

9.4.1　概要文件的内容

当数据库系统运行时，实例为用户分配一些系统资源，如 CPU 的使用、分配 SGA 的空间大小、连接数据库的会话数、用户口令期限等，这些都可以看成是数据库系统的资源。

Oracle 系统对每个用户使用的系统资源可以通过概要文件(PROFILE)来管理。 概要文件用来限制用户使用的系统和数据库资源，并管理口令限制。创建用户时，系统提供了一个名为 DEFAULT 的默认概要文件，也可以创建并指定一个概要文件给用户。

1．限制资源使用

使用概要文件可以限制如下系统资源的使用。

(1) 每个会话或每个语句的 CPU 时间(以百分之一秒计)。

(2) 每个会话或每个语句的逻辑磁盘 I/O。

(3) 每个用户的并发数据库会话。

(4) 每个会话的最大连接时间和空闲时间。

(5) 可供多进程服务器会话使用的最大的服务器内存。

以下为概要文件中使用的各种限制资源参数。

(1) SESSIONS_PER_USER：该参数限制每个用户所允许建立的最大并发会话数目。达到这个限制时，用户不能再建立任何数据库连接。

(2) CPU_PER_SESSION：该参数限制每个会话所能使用的 CPU 时间。

(3) CPU_PER_CALL：该参数限制每条 SQL 语句所能使用的 CPU 时间。

(4) LOGICAL_READS_PER_SESSION：该参数限制每个会话所能读取的数据块数目，包括从内存中读取的数据块和从硬盘中读取的数据块。

(5) LOGICAL_READS_PER_CALL：该参数限制每条 SQL 语句所能读取的数据块数目，包括从内存中读取的数据块和从硬盘中读取的数据块。

(6) CONNECT_TIME：该参数限制每个会话能连接到数据库的最长时间。当连接时间达到该参数的限制时，用户会话将自动断开。

(7) IDLE_TIME：该参数限制每个会话所允许的最大连续空闲时间。如果一个会话持续的空闲时间达到该参数的限制，则该会话将自动断开。

(8) COMPOSITE_LIMIT：该参数用于设置"组合资源限制"。

(9) PRIVATE_SGA：在共享服务器操作模式下，执行 SQL 语句和 PL/SQL 语句时，Oracle 将在 SGA 中创建私有 SQL 区。该参数限制在 SGA 中为每个会话所能分配的最大私有 SQL 区的大小。在专用服务器操作模式下，该参数不起作用。

2．管理用户帐号及口令

使用概要文件可以实现如下口令策略。

(1) 帐户的锁定：指用户在连续输入多少次错误的口令后，将由 Oracle 自动锁定用户的帐户，并且可以设置帐户锁定的时间。

(2) 口令的过期时间：用于强制用户定期修改自己的口令。当口令过期后，Oracle 将随时提醒用户修改口令。如果用户仍然不修改自己的口令，则 Oracle 将使他的口令失效。

(3) 口令的复杂度：在概要文件中可以通过指定的函数来强制用户的口令必须具有一定的复杂度。

(4) 允许用户口令可以持续使用的时间。如果在达到这个限制之前用户还没有更换另外一个口令，则他的口令将失效。

(5) 指定用户在能够重复使用一个旧口令前必须经过的天数。

以下为在概要文件中使用的各种口令参数。

(1) FAILED_LOGIN_ATTEMPTS：该参数指定允许的输入错误口令的次数，超过该次数后用户帐户被自动锁定。

(2) PASSWORD_LOCK_TIME：该参数指定用户帐户由于口令输入错误而被锁定后，持续保持锁定状态的时间。

(3) PASSWORD_LIFE_TIME：口令的有效期(天)。

(4) PASSWORD_GRACE_TIME：该参数指定用户口令过期的时间。如果在达到这个限制之前用户还没有更换另外一个口令，则 Oracle 将对他提出警告。在口令过期之后，用户在达到 PASSWORD_LIFE_TIME 参数的限制之前有机会主动修改口令。

(5) PASSWORD_REUSE_TIME：该参数指定用户在能够重复使用一个口令前必须经过的时间。

(6) PASSWORD_REUSE_MAX：该参数指定用户在能够重复使用一个口令之前必须对口令进行修改的次数。PASSWORD_REUSE_TIME 参数和 PASSWORD_REUSE_MAX 参数只能设置一个，另一个参数必须指定为 UNLIMITED。

(7) PASSWORD_VERIFY_FUNCTION：该参数指定用于验证用户口令复杂度的函数。Oracle 通过一个内置脚本提供了一个默认函数，用于验证用户口令的复杂度。所有指定时间的口令参数都以天为单位。

3. 启用和禁用概要文件

在数据库启动之前，可以通过设置初始化参数 RESOURCE_LIMIT 来决定概要文件的状态。如果 RESOURCE_LIMIT 参数设置为 TRUE，则启动数据库后概要文件将处于激活状态；反之，如果 RESOURCE_LIMIT 参数设置为 FALSE，则启动数据库后概要文件将处于禁用状态。默认情况下，RESOURCE_LIMIT 参数为 FALSE。

在数据库启动之后(处于打开状态)，可以使用 ALTER SYSTEM 语句来改变概要文件的状态，执行该语句的用户必须具有 ALTER SYSTEM 系统权限。

【例 9.34】 利用下面的语句可以将概要文件由禁用状态切换到激活状态。
SQL>ALTER SYSTEM SET RESOURCE_LIMIT= TRUE;
系统已更改。

利用 ALTER SYSTEM 命令启用资源限制，它只在当前数据库实例的存在期中有效。如果关闭和重新启动 Oracle，则概要文件的状态将服从于参数 RESOURCE_LIMIT 的设置。该参数在服务器端初始化参数文件(SPFILE)时，如果计划永久使用资源限制，则可将参数 RESOURCE_LIMIT= TRUE 的设置保存在服务器参数文件中。

9.4.2 利用 OEM 创建和管理概要文件

1. 在企业管理器中创建概要文件

(1) 如图 9-20 所示，在快捷菜单中选择"创建"概要文件，出现如图 9-21 所示的"创建概要文件"的"一般信息"选项卡。

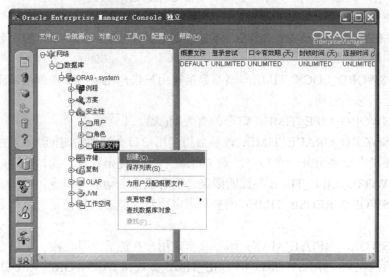

图 9-20 选择"创建"概要文件

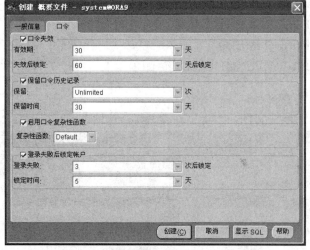

图 9-21　"创建概要文件"的"一般信息"选项卡

（2）选中"口令"选项卡，如图 9-22 所示。在每项栏目内键入相应的内容后，单击【创建】按钮，出现如图 9-23 所示的"概要文件创建成功"界面。

图 9-22　"创建概要文件"的"口令"选项卡

图 9-23　"概要文件创建成功"界面

（3）按照上述配置创建概要文件的 SQL 代码如下所述。

CREATE PROFILE "TEMPPROFILE"

/*"一般信息"选项卡对应的配置参数*/

LIMIT CPU_PER_SESSION 1000

CPU_PER_CALL 1000

CONNECT_TIME 30

IDLE_TIME DEFAULT

SESSIONS_PER_USER 10

LOGICAL_READS_PER_SESSION 1000

LOGICAL_READS_PER_CALL 1000

PRIVATE_SGA 16K

COMPOSITE_LIMIT 1000000

/*"口令"选项卡对应的配置参数*/

FAILED_LOGIN_ATTEMPTS 3

PASSWORD_LOCK_TIME 5

PASSWORD_GRACE_TIME 60

PASSWORD_LIFE_TIME 30

PASSWORD_REUSE_MAX DEFAULT

PASSWORD_REUSE_TIME 30

PASSWORD_VERIFY_FUNCTION DEFAULT

2. 概要文件的修改

(1) 选中要修改的概要文件，如图 9-24 所示，在快捷菜单中选择"查看/编辑详细资料"。

图 9-24　选择要修改的概要文件

(2) 在出现的编辑概要文件的"一般信息"和"口令"选项卡中可修改概要文件的配置参数，对应修改概要文件的 SQL 语句为"ALTER PROFILE"。

3．将概要文件分配给用户

(1) 在该用户的概要文件栏内选择需要的概要文件，如图 9-25 所示，即可将概要文件分配给用户。

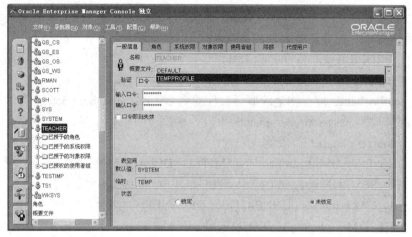

图 9-25　分配概要文件

(2) 上述过程对应的 SQL 代码如下所述。

SQL> ALTER USER TEACHER PROFILE TEMPPROFILE;
用户已更改。

4．概要文件的删除

(1) 选中要删除的概要文件，在快捷菜单中选择"移去"，如图 9-26 所示。系统会提示是否确认要删除的信息。

(2) 删除概要文件的 SQL 代码如下所述。

SQL> drop profile tempprofile cascade;
配置文件已丢弃。

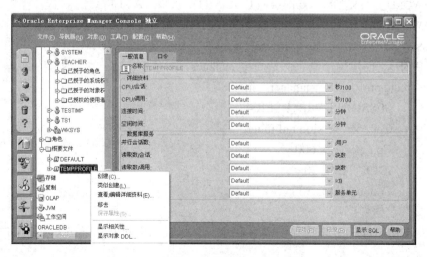

图 9-26　"移去"概要文件的界面

9.4.3 利用 SQL 命令创建和管理概要文件

1. 创建概要文件

使用 CREATE PROFILE 语句可以创建概要文件，执行该语句的用户必须具有 CREATE PROFILE 系统权限。创建概要文件的命令格式如下：

CREATE PROFILE profile_name LIMIT

resource_parameters | password_parameters

说明：profile_name 为要创建的概要文件的名字；resource_parameters 为对一个用户指定资源限制的参数；password_parameters 为口令参数。

其中，resource_parameters 表达式包含：

[SESSIONS_PER_USER integer| UNLIMITED | DEFAULT]

[CPU_PER_SESSION integer| UNLIMITED | DEFAULT]

[CPU_PER_CALL integer | UNLIMITED | DEFAULT]

[CONNECT_TIME integer | UNLIMITED | DEFAULT]

[IDLE_TIME | UNLIMITED | DEFAULT]

[LOGICAL_READS_PER_SESSION integer | UNLIMITED | DEFAULT]

[LOGICAL_READS_PER_CALL integer | UNLIMITED | DEFAULT]

[PRIVATE_SGA integer {K | M} | UNLIMITED | DEFAULT]

[COMPOSITE_LIMIT integer | UNLIMITED | DEFAULT]

password_parameters 表达式包含：

[FAILED_LOGIN_ATTEMPTS expression | UNLIMITED | DEFAULT]

[PASSWORD_LIFE_TIME expression | UNLIMITED | DEFAULT]

PASSWORD_REUSE_TIME expression | UNLIMITED | DEFAULT]

[PASSWORD_REUSE_MAX expression | UNLIMITED | DEFAULT]

[PASSWORD_LOCK_TIME expression | UNLIMITED | DEFAULT]

[PASSWORD_GRACE_TIME expression | UNLIMITED | DEFAULT]

[[PASSWORD_VERIFY_FUNCTION expression | UNLIMITED | DEFAULT]

【例 9.35】 创建用户概要文件 pro_manager。

SQL> create profile pro_manager   limit

```
    2        SESSIONS_PER_USER 4
    3        Cpu_per_session unlimited
    4        Cpu_per_call 600
    5        IDLE_TIME 30
    6        Connect_time 300;
```

配置文件已创建。

在使用 CREATE USER 语句创建用户时，可以通过 PROFILE 子句为新建用户指定概要文件。

【例 9.36】 创建用户 manager 并指定概要文件。

SQL> create user manager identified by manager123

  2   Default tablespace users

  3   Quota 10M on users

  4   Profile pro_manager;

用户已创建。

2．修改概要文件

概要文件在创建之后，可以使用 ALTER PROFILE 语句来修改其中的资源参数和口令参数。执行该语句的用户必须具有 ALTER PROFILE 系统权限。

【例 9.37】 修改概要文件 pro_manager。

SQL> ALTER PROFILE pro_manager LIMIT

  2 CPU_PER_CALL DEFAULT

  3 LOGICAL_READS_PER_SESSION 20000;

配置文件已更改。

3．指定概要文件

在使用 ALTER USER 语句修改用户时，也可以为他指定概要文件。

【例 9.38】 将概要文件 pro_manager 指定给用户 manager。

SQL> ALTER USER manager PROFILE pro_manager;

用户已更改。

4．删除概要文件

使用 DROP PROFILE 语句可以删除概要文件，执行该语句的用户必须具有 DROP PROFILE 系统权限。如果要删除的概要文件已经指定给了用户，则必须在 DROP PROFILE 语句中使用 CASCADE 关键字。

【例 9.39】 删除概要文件 pro_manager。

SQL> DROP PROFILE pro_manager CASCADE;

配置文件已丢弃。

如果为用户指定的概要文件已经被删除，则 Oracle 将自动为用户重新指定 DEFAULT 概要文件。

9.4.4　查询概要文件信息

数据库管理员需要了解当前系统的用户定义状况，可以通过查询概要文件来获得当前实例的所有资源对象信息。以下是与配置文件相关的表和视图。

USER_PASSWORD_LIMITS

USER_RESOURCE_LIMITS

DBA_PROFILES

RESOURCE_COST

V$SESSION

V$SESSTAT

V$STATNAME

【例 9.40】 利用 dba_profils 数据字典视图查询当前用户资源的使用信息。

SQL>SELECT profile,resource_name, resource_type,limit

2　FROM　dba_profiles

3　ORDER　by profile;

9.5　小　结

Oracle 通过使用用户管理、权限与角色、概要文件等措施来保护数据库的安全。

Oracle 用户管理的机制是 Oracle 系统安全性的一个重要方面。Oracle 的每个合法用户可以存取其权限规定的数据库资源。 Oracle 通过控制用户对数据库的访问可阻止非法用户对资源的访问和破坏。

权限是执行一种特殊类型的 SQL 语句或存取另一用户的对象的权力。Oracle 将权限分为两类：系统权限和对象权限。

角色是一组系统权限和对象权限的集合，把它们组合在一起赋予一个名字，就使授予权限变得简单。

一个角色可授予系统权限或对象权限，任何角色可授权给任何数据库用户。

资源限制概要文件是 Oracle 安全策略的重要组成部分。概要文件用来限制用户使用的系统和数据库资源，并管理口令限制。

☞ 习题九

一、选择题

1. 执行了下列语句后，Kevin 可以（　）。(选择一项)

　　GRANT ALL ON cd TO Kevin;

　　REVOKE UPDATE;

　　DELETE ON cd FROM Kevin;

A. 插入和删除记录到表 cd　　　　　　　B. 插入和查询记录到表 cd

C. 将部分权限授予其他用户　　　　　　D. 查询和更新表 cd 的记录

2.（　）权限决定了用户可以在数据库中删除和创建对象。

A. 语句权限　　　　B. 用户权限　　　　C. 数据库权限　　　　D. 对象权限

3. 以下（　）特权或角色可以建立数据库。

A　SYSDBA　　　　B. SYSOPER　　　　C. DBA

4. 以下（　）特权或角色可以关闭数据库。

A. SYSDBA　　　　B. SYSOPER　　　　C. DBA

5. DBA 希望使用口令校验函数确保用户口令的复杂性，应该以（　）用户建立口令校验函数。

A. SYSTEM　　　　　　B. SYS　　　　　　C. SCOTT　　　　　D. DBSNMP

6. 为了同时指定口令限制和资源限制，需要给用户分配(　) PROFILE。

A. 两个　　　　　　　　B．三个　　　　　　C．一个

7. 管理口令必须激活资源限制吗?(　)

A. 是　　　　　　　　　B. 不是

8. 以下(　)权限及选项不能被授予角色。

A. UNLIMITED TABLESPACE　　　　　B. WITH ADMIN OPTION

C. WITH GRANT OPTION　　　　　　　D. CREATE SESSION

9. 以下(　)角色具有 UNLIMITED TABLESPACE 系统权限。

A. CONNECT　　　　　　　　　　　B. RESOURCE

C. DBA　　　　　　　　　　　　　　D. EXP_FULL_DATABASE

10. 当用户具有以下(　)角色时可以访问数据字典视图 DBA_XXX。

A. CONNECT　　　　　　　　　　　B. RESOURCE

C. DBA　　　　　　　　　　　　　　D. SELECT_CATALOG_ROLE

11. 在以下(　)对象权限上可以授予列权限。

A. SELECT　　　　　　B. UPDATE　　　　　C. DELETE

D. INSERT　　　　　　E. REFERENCES

二、简答题

1. Oracle 9i 的安全性分为几个层次?

2. 简述 Oracle 的权限分类。

3. 什么是角色? 创建角色的好处是什么?

4. Oracle 9i 默认的用户及口令是什么? 各有什么身份?

5. 什么是概要文件? 其作用是什么?

6. 简述对象权限和系统权限的区别。

7. 创建用户、删除和修改用户 John。

8. 创建一个名称为"姓名+学号"的用户，口令为"姓名"，并授予其连接数据库和创建表对象的权限，同时授予其访问用户 scott 的 emp 表的权限。

✉ 上机实验九

实验 1　手工创建和修改数据库用户

目的与要求:

1. 掌握创建数据库用户的命令和使用方法。

2. 掌握修改数据库用户的命令和使用方法。

实验内容:

1. 手工创建数据库用户 teacher，用户密码 teacher123，默认表空间 users，临时表空间

temp，在 users 表空间可使用的限额为 20 MB。

SQL> CREATE USER teacher

  2   IDENTIFIED BY teacher123

  3   DEFAULT TABLESPACE   users

  4   TEMPORARY TABLESPACE   temp

  5   QUOTA 20MB ON users;

用户已创建。

2. 手工修改数据库用户的空间配额为 10 MB，更改用户 teacher 的默认表空间 users1，修改用户 teacher 的口令，修改用户的状态，锁定 teacher 帐户，然后解除锁定。

(1) 手工修改数据库用户的空间配额为 100 MB。

SQL> ALTER USER teacher IDENTIFIED BY teacher123 QUOTA 10MB ON users;

用户已更改。

(2) 更改用户 teacher 的默认表空间 users1。

SQL> ALTER USER teacher

  2   DEFAULT TABLESPACE users

  3   Temporary TABLESPACE temp ;

用户已更改。

(3) 修改用户 teacher 的口令。

SQL> ALTER USER teacher

  2   Identified by teacher;

用户已更改。

(4) 修改用户的状态，锁定 teacher 帐户，然后解除锁定。

SQL> ALTER USER teacher   ACCOUNT LOCK;

SQL> ALTER USER Teacher   ACCOUNT UNLOCK;

用户已更改。

实验 2 手工创建修改和使用角色

目的与要求：

1. 掌握创建数据库角色的命令和使用方法。

2. 掌握修改数据库角色的命令和使用方法。

实验内容：

1. 创建数据库角色 manager，口令为 manager123。

SQL>CREATE ROLE manager identified by manager123;

角色已创建。

2. 修改数据库角色 manager，取消口令。

SQL> ALTER ROLE manager not identified;

类型已丢弃。

实验 3　手工授予角色权限和收回权限

目的与要求：

1. 掌握授予角色权限的命令和使用方法。
2. 掌握撤消角色权限的命令和使用方法。

实验内容：

1. 将创建表的权限授予数据库角色 manager。
2. 将创建表的权限从数据库角色 manager 撤消。

实验 4　综合练习

通常利用企业管理器和命令行方式来管理用户、角色、概要文件和权限。

目的与要求：

1. 熟练掌握采用企业管理控制台方式管理用户、角色、概要文件、权限的方法。
2. 熟练掌握采用命令行方式管理用户、角色、概要文件、权限的命令。

实验内容：

1. 利用企业管理控制台和命令行两种方式创建一个概要文件 user_pro，要求：

(1) 空闲时间为 15 分钟；

(2) 登录失败次数为 3 次。

2. 利用企业管理控制台和命令行两种方式创建一个新的用户，要求：

(1) 你的姓名加上学号为用户名创建一个用户；

(2) 使用 USER 表空间；

(3) 使用所建概要文件；

(4) 查询所创建的用户。

3. 利用企业管理控制台和命令行两种方式给已创建的新用户授权。

(1) 授予 connect 角色；

(2) 授予一些系统权限；

(3) 授予一些对象权限。

4. 以新用户登录，查看该状态。

5. 利用企业管理控制台和命令行两种方式创建一个新的角色，要求：

(1) 以姓名加上学号为角色名创建一个角色，并使用名字的汉语拼音作为口令；

(2) 修改创建的角色，去掉口令；

(3) 给角色授予权限；

(4) 将角色授予用户。

6. 以新用户登录，查看其状态。

注意：在操作过程中，利用第二种方式完成操作时，需将利用第一种方式创建的对象删除。

第 10 章　备份与恢复

本章学习目标:

- 掌握数据库备份与恢复的基本知识。
- 掌握脱机备份与恢复的基本方法与特点。
- 掌握联机备份与恢复的基本方法与特点。
- 掌握逻辑导出与导入实用程序的用途与使用方法。

10.1　备份和恢复概述

在数据库管理方面,稳定性和安全性是数据库管理人员需要考虑的一个重要方面,但数据库系统在运行过程中,可能由于事务内部故障、系统故障、系统软件和应用软件的错误、环境因素、计算机病毒等多种原因产生故障,因此,数据库的备份与恢复对于数据库系统来说特别重要。备份和恢复包括两个步骤:首先是对数据库的数据做拷贝,这就是备份过程;其次是利用备份过程中产生的数据将数据库恢复到可用的状态。对任何一个软件系统来说,备份和恢复都是两个重要的方面。Oracle 提供了完善的备份和恢复功能,使用户在部分或整个数据库发生意外的情况下能够保护珍贵的数据,从而保证数据库能够较为稳定、安全的运行。

10.1.1　数据库备份

数据库备份通常可以分为物理备份和逻辑备份两种类型。

物理备份是对于数据库的物理结构文件,包括数据文件、日志文件和控制文件的操作系统备份。操作系统备份分为完全数据库备份和部分数据库备份。完全数据库备份是对于构成数据库的全部数据库文件、在线日志文件和控制文件的一个操作系统备份。完全数据库备份在数据库正常关闭之后进行,可以备份到任何类型的存储介质上。部分数据库备份是指对某个表空间中全部数据文件、单个数据文件或控制文件及归档日志文件的备份。部分数据库备份可以在数据库关闭时进行,也可以在数据库运行时进行。

逻辑备份是指利用 EXPORT 等工具通过执行 SQL 语句的方式将数据库中的数据读出,然后写入到一个二进制文件中。进行恢复时,可以用 IMPORT 工具从这个二进制文件中读取数据,并通过执行 SQL 语句的方式将它们写入到数据库中。逻辑备份通常作为物理备份的一种补充方式。逻辑备份与恢复能够对数据库中指定的对象进行备份和恢复,备份和恢复速度快，而且能够运行于其他操作平台的数据库中，因此具有更大的灵活性。

10.1.2　数据库恢复

数据库恢复的方法取决于数据库故障的类型，可以分为实例恢复和介质恢复。

对于数据库实例故障(例如意外掉电、后台进程故障)或发出使用 ABORT 选项中止数据库实例，需要进行实例恢复，将数据库恢复到与故障之前的事务一致的状态。

介质恢复主要在由于介质故障引起数据库文件破坏时使用。介质故障是当一个文件、一个文件的部分或一个磁盘不能读或不能写时出现的故障。基于数据库的归档方式，介质故障的恢复有两种形式：完全介质恢复和不完全介质恢复。完全介质恢复可以恢复全部丢失的数据，使数据库恢复到最新状态。例如，当数据文件被物理破坏时，数据库不能正常启动，但可以安装，这时可进行全部或单个被破坏的数据文件的完全介质恢复。不完全介质恢复是在完全介质恢复不可能进行或有特殊要求时进行的介质恢复。例如，系统表空间数据文件损坏，在线日志损坏或人为误删除的表、表空间等，可以实施不完全介质恢复，使数据库恢复到故障前或与用户出错之前的一个事务一致的状态。不完全介质恢复包括基于撤消的恢复、基于时间的恢复以及基于 SCN(日志序列号)的恢复。

10.2　数据库归档方式

数据库备份与恢复方法的确定与数据库归档方式有直接关系。如果选择通过日志进行数据库恢复，则数据库必须在归档模式下。只有在归档模式下才会产生归档日志。

按照数据库运行过程中对于日志的处理方式不同，Oracle 数据库可运行在两种不同的方式下：非归档(NOARCHIVELOG)方式和归档(ARCHIVELOG)方式。当建立数据库时，如果不指定日志操作模式，则默认的日志操作模式为非归档方式。

1. 非归档方式

非归档方式是指不保留重做日志历史的日志操作模式。这种日志操作模式不能用于保护介质失败，只能用于保护例程故障，例如系统断电。在这种日志操作模式下，当进行日志切换时，日志组的新内容会直接覆盖其原有内容，一旦日志被覆盖，数据库将不可能恢复，如图 10-1 所示。

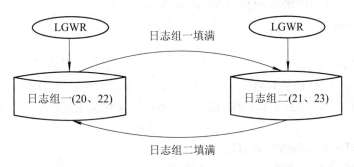

图 10-1　非归档方式

2. 归档方式

归档方式是指保留重做日志历史的日志操作模式。这种日志操作模式不仅可以用于保护例程失败，而且还可以用于保护介质失败。在这种日志操作模式下，当进行日志切换时，后台进程 ARCH 会将重做日志的内容复制到归档日志中，如图 10-2 所示。

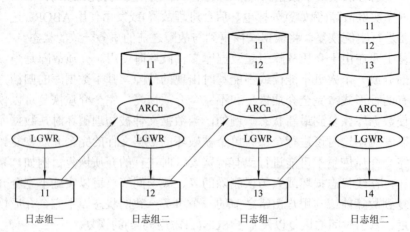

图 10-2　归档方式

数据库运行在归档方式下时可以使用归档日志实施数据库恢复，这样可以恢复被破坏文件的备份文件，在数据库联机或脱机时用归档文件可使数据最新。利用归档日志文件可以使数据库恢复到失败点，同时可以进行数据库的不完全恢复。在数据库备份时，既可以在数据库关闭后进行脱机备份，也可以在联机时进行热备份。

3. 数据库归档方式配置

当执行 CREATE DATABASE 命令建立数据库时，可以指定日志操作模式。如果在建立数据库时没有指定日志操作模式，则 Oracle 会自动采用非归档方式。为了避免数据库文件损坏所带来的数据丢失，在应用程序正式运行前，必须将日志操作模式设置为归档方式。改变日志操作模式的具体步骤如下：

(1) 检查当前的日志操作模式，通过查询动态性能视图 V$DATABASE 可以确定当前的日志操作模式。

```
sqlplus "sys/change_on_install as sysdba"
SQL> SELECT log_mode FROM V$DATABASE;
    LOG_MODE
    ------------
    NOARCHIVELOG
```

(2) 关闭数据库，然后装载数据库。改变日志操作模式只能在 MOUNT 状态下进行，因此必须首先关闭数据库，然后重新装载数据库。注意：在关闭数据库时不能使用 SHUTDOWN ABORT 命令。

```
SQL> SHUTDOWN IMMEDIATE
SQL> STARTUP MOUNT
```

(3) 改变日志操作模式，然后打开数据库。

SQL> ALTER DATABASE ARCHIVELOG;

SQL> ALTER DATABASE OPEN;

(4) 配置自动归档。当数据库处于归档模式时，在进行了日志切换之后需要归档重做日志，只有在归档了日志组内容之后，该日志组内容才能被覆盖。如果不归档该日志组，则当下次切换到该日志组时，后台进程 LGWR 会等待日志组被归档，如图 10-3 所示。

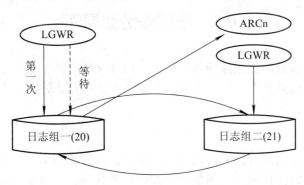

图 10-3　LGWR 写日志文件的过程

如图 10-3 所示，假定数据库只有两个日志组，当前日志组为日志组一(日志序列号为20)，进行了日志切换之后，系统会将事务变化写入日志组二(日志序列号为 21)，再次进行日志切换时，后台进程 LGWR 准备将事务变化写入日志组一，但因为日志序列 20 所对应的事务变化没有被保存到归档日志中，所以 Oracle 将不允许覆盖该日志组，从而导致后台进程 LGWR 处于等待状态。只有在将日志序列号 20 所对应的事务变化保存到归档日志之后，后台进程 LGWR 才能将事务变化写入到日志组一中。

为了避免出现 LGWR 等待归档，必须及时归档重做日志，归档重做日志有手工归档和自动归档两种方法。手工归档是指通过执行 ALTER SYSTEM ARCHIVE LOG 命令重做日志。自动归档是指当进行日志切换时，由 ARCH 进程自动将重做日志内容复制到归档日志中。为了实现自动归档，必须首先启动 ARCH 进程。具体步骤如下：

(1) 检查当前的归档方式。在设置自动归档之前，以特权用户登录执行 ARCHIVE LOG LIST 命令可以检查归档方式。

sqlplus "sys/change_on_install as sysdba"

SQL>ARCHIVE LOG LIST

数据库日志模式	存档模式
自动存档	禁用
存档终点	G:\ORACLE\ora92\RDBMS
最早的概要日志序列	360
下一个存档日志序列	361
当前日志序列	361

(2) 修改初始化参数 LOG_ARCHIVE_START。LOG_ARCHIVE_START 的默认值为FALSE，为了启用自动归档，需要将该参数设置为 TRUE。

SQL> ALTER SYSTEM SET LOG_ARCHIVE_START=true SCOPE=SPFILE;

(3) 重新启动数据库。因为 LOG_ARCHIVE_START 为静态参数，所以在修改了该初始化参数之后，必须重新启动数据库。

SQL> SHUTDOWN IMMEDIATE
SQL> STARTUP OPEN

10.3 物理备份数据库

物理备份数据库就是将数据库的数据文件、日志文件、控制文件以及参数文件用操作系统工具复制到磁盘或磁带上。物理备份包括脱机备份和联机备份。

10.3.1 脱机备份

脱机备份是在正常关闭数据库的情况下，将数据库的控制文件、日志文件、数据文件和初始化参数文件等利用操作系统的复制功能转存到其他存储设备上的备份方法，也称为操作系统冷备份，如图 10-4 所示。

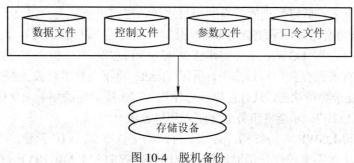

图 10-4 脱机备份

1. 完全数据库脱机备份

完全数据库脱机备份是指对于构成数据库的全部数据库文件、在线日志文件和控制文件，在数据库关闭状态下的操作系统备份。完全脱机备份既适用于归档模式，也适用于非归档模式。执行完全脱机备份的具体步骤如下所述。

(1) 列出要备份的所有数据库文件(数据文件和控制文件)。注意：重做日志和临时文件是不需要备份的。以特权用户或 DBA 用户登录，查询动态性能视图 V$DATAFILE、V$CONTROLFILE 可以分别列出数据库的所有数据文件和控制文件。

● 列出数据文件。

SQL> SELECT name FROM V$DATAFILE;
NAME

C:\TEST\SYSTEM01.DBF
C:\TEST\UNDOTBS01.DBF
C:\TEST\USERS.DBF
C:\TEST\INDX.DBF

● 列出控制文件。

SQL> SELECT name FROM V$CONTROLFILE;

NAME

C:\TEST\TEST01.CTL

D:\TEST\TEST02.CTL

(2) 关闭数据库。在列出要备份的文件之后，以特权用户身份关闭数据库。但是，在非归档模式下，注意不要使用 SHUTDOWN ABORT 命令关闭数据库。

SQL> conn sys/change_on_install as sysdba

SQL> SHUTDOWN IMMEDIATE

(3) 复制所有数据库文件。在复制数据库文件时，应该将副本文件复制到单独硬盘上。在 SQL*Plus 命令行中使用 HOST 命令可以执行主机命令。

SQL> host copy C:\TEST*.DBF E:\BCK\

SQL> host copy C:\TEST*.CTL E:\BCK\

(4) 启动例程并打开数据库。在完成了脱机备份之后，为了使客户应用可以访问数据库，应该启动例程并打开数据库。

SQL> conn change_on_install as sysdba

SQL> STARTUP OPEN

2. 表空间脱机备份

表空间脱机备份是指当表空间处于 OFFLINE 状态时，备份表空间中所有数据文件或单个数据文件的过程。这种备份只能在归档模式下使用。下面以表空间 users 为例，说明执行表空间脱机备份的具体步骤。

(1) 确定表空间所包含的数据文件。当备份表空间时，必须首先确定其所包含的数据文件，然后才能确定要备份的数据文件。通过查询数据字典视图 DBA_DATA_FILES 可以取得表空间和数据文件的对应关系。

SQL>conn sys/change_on_install as sysdba

SQL> SELECT file_name FROM dba_data_files

　　　 WHERE tablespace_name='USERS';

FILE_NAME

C:\TEST\USERS.DBF

(2) 设置表空间为脱机状态。在复制表空间的数据文件之前，必须将表空间设置为 OFFLINE 状态，以确保其数据文件不会发生任何改变。

SQL> ALTER TABLESPACE users OFFLINE;

(3) 复制数据文件。如果备份表空间，则复制其所有数据文件。如果要备份数据文件，则只需复制相应的数据文件。

SQL> HOST COPY C:\TEST\USERS.DBF E:\BCK\

(4) 设置表空间为联机状态。

SQL> ALTER TABLESPACE users ONLINE;

10.3.2 联机备份

联机备份是指在数据库处于运行状态时备份其数据文件的方法。当应用系统不可终止运行时，脱机备份是不现实的。为了不影响应用系统的正常运行，应该采用联机备份方式。但是要注意，联机备份只适用于归档模式，而不适用于非归档模式。

如图 10-5 所示，使用联机备份时，既可以备份表空间的所有数据文件，也可以备份表空间的单个数据文件，使用这种方法可以备份数据库的所有表空间和数据文件。使用联机备份的优点是不影响在表空间上的任何访问操作，缺点是可能会生成更多的重做和归档信息。下面以备份表空间 USERS 为例，说明执行联机备份的具体步骤。

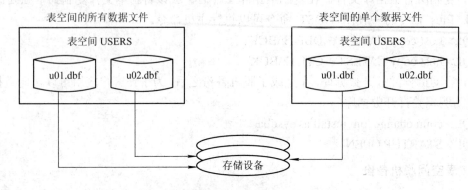

图 10-5　联机备份

(1) 确定表空间所包含的数据文件。通过查询数据字典视图 DBA_DATA_FILES，可以取得表空间和数据文件的对应关系。

SQL>conn sys/change_on_install as sysdba

SQL> SELECT file_name FROM dba_data_files

　　　WHERE tablespace_name='USERS';

FILE_NAME

C:\TEST\USERS.DBF

(2) 设置表空间为备份模式。在将表空间设置为备份模式之后，会固化其所有数据文件的头块，使得头块不会发生改变，并且在头块中记载了将来进行恢复时的日志序列号 SCN等信息。

SQL> ALTER TABLESPACE users BEGIN BACKUP;

(3) 复制数据文件。

SQL> HOST COPY C:\TEST\USERS.DBF E:\BCK\

(4) 设置表空间为正常模式，将数据文件头块转变为正常状态。

SQL> ALTER TABLESPACE users END BACKUP;

在归档模式下，采用这种方法可以依次备份所有表空间，从而实现完全数据库备份。

10.4 物理数据库恢复

10.4.1 完全数据库恢复

完全恢复是指当数据库文件出现损坏时，使用已备份的数据文件副本、控制文件、归档日志及重做日志将数据库恢复到失败前的状态。使用完全恢复可以确保数据库不会丢失任何数据。当数据库处于 ARCHIVELOG 模式时，若进行日志切换，则会自动生成归档日志，并且会将所有重做历史记录存放到归档日志中。这样，当数据库文件出现损坏时，可以使用已备份副本文件、归档日志和重做日志将数据库恢复到失败之前的状态，最终实现数据库的完全恢复。假定数据库只有两个日志组，并且在日志序列号为 100 时进行了完全数据库备份，而在日志序列号为 150 时出现了数据库损坏。

如图 10-6 所示，假定当日志序列号为 150 时数据文件出现了损坏，因为在 100～148 之间的重做历史被存放在归档日志中，而 149 和 150 的重做历史在重做日志文件中，所以可以完全恢复损坏的数据文件。

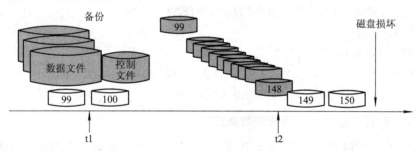

图 10-6 完全恢复示意图

1. 恢复在关闭状态下意外丢失的数据文件

当数据文件被误删除或损坏时，数据库将无法打开。假定在关闭状态下误删除了数据文件 USERS.DBF，那么当打开数据库时会显示如下错误信息：

```
SQL>conn sys/change_on_install as sysdba
SQL>STARTUP
Oracle 例程已经启动
Total System Global Area 135338868 bytes
Fixed Size 453492 bytes
Variable Size 109051904 bytes
Database Buffers 25165824 bytes
Redo Buffers 667648 bytes
数据库装载完毕
ORA-01157: 无法标识/锁定数据文件 3 - 请参阅 DBWR 跟踪文件
ORA-01110: 数据文件 3: 'C:\TEST\USERS.DBF'
```

为了使得用户可以访问 USERS 表空间上的数据，必须恢复数据文件 USERS.DBF。具体步骤如下：

(1) 装载数据库。当数据文件丢失或损坏时，数据库无法打开，此时应该首先装载数据库。

SQL > conn sys/change_on_install as sysdba

SQL> STARTUP MOUNT

(2) 使数据文件脱机。在将数据库转变为 MOUNT 状态之后，先将损坏或丢失的数据文件转变为 OFFLINE 状态。

SQL> ALTER DATABASE DATAFILE 3 OFFLINE;

当使数据文件脱机时，既可以指定数据文件名称，也可以指定数据文件编号。通过查询动态性能视图 V$DATAFILE 可以取得数据文件编号和数据文件名称之间的关系。

(3) 打开数据库。

SQL> ALTER DATABASE OPEN;

(4) 复制数据文件副本。在打开数据库之后，用户可以访问其他表空间的数据，此时，DBA 可以恢复损坏的数据文件。在恢复数据文件之前，首先使用 CP 或 COPY 命令复制数据文件副本。

SQL> HOST COPY E:\BCK\USERS.DBF C:\TEST

(5) 恢复数据文件。

SQL> RECOVER DATAFILE 3

(6) 使数据文件联机。在恢复了数据文件之后，将其转变为 ONLINE 状态。

SQL> ALTER DATABASE DATAFILE 3 ONLINE;

2．恢复在打开状态下意外丢失的数据文件

当数据库处于 OPEN 状态时，如果 SYSTEM 表空间的数据文件出现丢失或损坏，则 Oracle 会立即终止例程，此时需要在 MOUNT 状态下恢复 SYSTEM 表空间的数据文件。如果其他数据文件被意外删除或损坏，则只有该数据文件不能访问，而不会影响其他数据文件。假定在 OPEN 状态下数据文件 USERS.DBF 出现损坏，如果访问该数据文件，则会显示如下错误信息：

SQL> conn scott/tiger

已连接。

SQL> SELECT * FROM dept;

SELECT * FROM dept

*

ERROR 位于第 1 行:

ORA-00376: 此时无法读取文件 5

ORA-01110: 数据文件 5: 'C:\TEST\USERS.DBF'

为了使客户可以正常访问该数据文件，必须恢复该数据文件，具体步骤如下：

(1) 使数据文件脱机。为了恢复被损坏或被误删除的数据文件，首先确保数据文件处于 RECOVER 状态，通过查询动态性能视图 V$DATAFILE 可以取得数据文件的所处状态。如

果数据文件处于 ONLINE 状态，则将其转变为 OFFLINE 状态。

SQL > conn sys/change_on_install as sysdba

SQL> ALTER DATABASE DATAFILE 5 OFFLINE;

(2) 复制数据文件副本。在恢复表空间或数据文件之前，首先复制数据文件副本。

SQL> HOST COPY E:\BCK\USERS.DBF C:\TEST

(3) 恢复表空间或数据文件。在复制了数据文件副本之后，即可恢复该表空间的数据文件。如果表空间的所有数据文件全部损坏，则使用 RECOVER TABLESPACE 命令。如果只是某个数据文件出现损坏，则使用 RECOVER DATAFILE 命令。

SQL> RECOVER DATAFILE 5;

(4) 使表空间或数据文件联机。在恢复了表空间或数据文件之后，将其转变为 ONLINE 状态。

SQL> ALTER DATABASE DATAFILE 5 ONLINE;

3．恢复控制文件

在装载数据库时，服务器进程会按照初始化参数 CONTROL_FILES 查找控制文件。如果所有控制文件全部被误删除，则无法装载数据库，并显示如下错误消息：

SQL > conn sys/change_on_install as sysdba

SQL> startup

…

ORA-00205: error in identifying controlfile, check alert log for more info

为了使数据库可以重新使用，必须重新建立控制文件。尽管使用手工方法可以建立控制文件，但因为这种方法比较复杂，所以 Oracle 建议使用跟踪文件来建立控制文件。具体步骤如下：

(1) 复制控制文件副本。注意，如果初始化参数 CONTROL_FILES 只包含一个控制文件，则只需要将副本复制到一个位置。如果初始化参数 CONTROL_FILES 包含多个控制文件，则需要将副本复制到每个位置。

copy E:\BCK\TEST01.BAK C:\TEST\TEST01.CTL

copy E:\BCK\TEST01.BAK D:\TEST\TEST02.CTL

(2) 装载数据库。在复制了控制文件之后，装载数据库。

SQL > conn sys/change_on_install as sysdba

SQL> STARTUP MOUNT

(3) 备份控制文件信息到跟踪文件。

SQL> ALTER DATABASE BACKUP CONTROLFILE TO TRACE;

当执行了上述命令之后，会将建立控制文件的清单信息写入到跟踪文件。

(4) 编辑跟踪文件为 SQL 文件。在跟踪文件中不仅包含了 SQL 命令，而且还包含了注释信息，编辑该跟踪文件并去掉注释及不需要的信息，然后将其内容保存为 SQL 文件。例如 C: \createctl.sql 编辑后的示例如下：

STARTUP NOMOUNT

CREATE CONTROLFILE REUSE

```
…
;
RECOVER DATABASE
ALTER SYSTEM ARCHIVE LOG ALL;
ALTER DATABASE OPEN;
```

(5) 关闭数据库，然后运行该 SQL 脚本，建立控制文件。

```
SQL > conn sys/change_on_install as sysdba
SQL> SHUTDOWN
SQL> @c:\createctl.sql
```

4．恢复重做日志

如果在数据库处于 OPEN 状态时误删除了当前日志组，则可以通过清除重做日志命令来重新建立日志组的成员文件。

SQL> ALTER DATABASE CLEAR UNARCHIVED LOGFILE GROUP 1;

注意：如果当前日志组被误删除或损坏，则会导致其所记载的事务变化完全丢失。因此，在执行了上述命令之后，必须重新进行完全数据库备份，以防止出现损坏而导致数据库无法完全恢复。如果在数据库关闭状态下当前日志组损坏，则会导致数据库无法打开，此时只能采用不完全恢复方法进行恢复。

10.4.2　不完全数据库恢复

在归档模式下，当进行日志切换时会自动生成归档日志，并且会将重做历史记录存放到归档日志中，这样当数据库文件出现损坏时，可以使用已备份副本文件、归档日志和重做日志将数据库恢复到失败前的状态，最终实现数据库的完全恢复。如图 10-7 所示，假定数据库只有两个日志组并且在日志序列号为 100 时进行了完全数据库备份，而在日志序列号为 150 时出现了数据库损坏。因为 99～150 之间的所有重做历史全部存在，所以可以将数据库恢复到失败前的状态。假定在数据文件损坏的同时也丢失了归档日志 147，此时只能将数据库恢复到日志序列号为 147 之前的状态。在这种情况下，因为不能将数据库恢复到失败点，而只能恢复到备份点和失败点之间某个时刻的状态，所以将这种恢复称为不完全数据库恢复。在 Oracle 数据库中，不完全数据库恢复的方法有三种，即基于撤消的恢复、基于时间的恢复以及基于 SCN(日志序列号)的恢复。

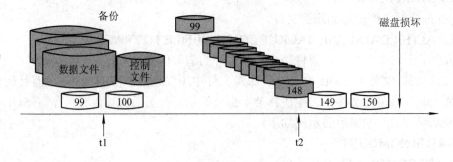

图 10-7　不完全恢复示意图

1．基于时间的恢复

基于时间的恢复是指当出现用户错误(如误删除表、误截断表等)时，使用数据文件副本、归档日志和重做日志将数据库恢复到用户错误点的状态，从而恢复用户数据。下面以 SCOTT 用户误删除 EMP 表为例，介绍基于时间的恢复的使用方法。

SQL> conn scott/tiger

SQL> SELECT to_char(sysdate,'YYYY-MM-DD HH24:MI:SS')

2> FROM dual;

TO_CHAR(SYSDATE, 'YY'

2007-04-07 20:00:55

SQL> DROP TABLE emp;

如上所示，因为表 EMP 被误删除的时间大约在 20:00:55，所以只要执行不完全恢复将数据库恢复到该时间点的状态就可以恢复 EMP 表。具体步骤如下：

(1) 关闭数据库。在执行不完全恢复之前，如果数据库处于 OPEN 状态，则必须首先关闭数据库。

SQL> conn sys/change_on_install as sysdba

SQL> SHUTDOWN IMMEDIATE

(2) 装载数据库。当执行不完全恢复时，要求数据库必须处于 MOUNT 状态。

SQL> STARTUP MOUNT

(3) 复制所有数据文件副本。

SQL> HOST copy E:\BCK\SYSTEM01.DBF C:\TEST

SQL> …

SQL> HOST copy E:\BCK\USERS02.DBF C:\TEST

(4) 执行不完全恢复命令。在复制了数据文件副本之后，接下来就可以使用 RECOVER DATABASE UNTIL TIME 命令执行不完全恢复。

SQL> RECOVER DATABASE UNTIL TIME '2007-04-07 20:00:55'

(5) 恢复过程结束后使用 RESETLOGS 选项打开数据库。

SQL> ALTER DATABASE OPEN RESETLOGS;

(6) 检查恢复结果是否已经恢复用户数据。

SQL> conn scott/tiger

SQL> SELECT * FROM emp;

(7) 执行完全数据库备份。在以 RESETLOGS 方式打开数据库之后，因为过去的备份已经不能使用，所以必须重新进行完全数据库备份。

2．基于撤消的恢复

基于撤消的恢复是指当数据库无法完全恢复时，将数据库恢复到备份点与失败点之间某个时刻的状态。假定在日志序列号为 1 时进行了完全数据库备份，在日志序列号为 10 时数据文件 USERS.DBF 出现了损坏，但是当 DBA 进行完全恢复时，却发现归档日志 8 出现了丢失，并显示如下错误信息：

SQL> RECOVER DATAFILE 'c:\test\users.dbf '

…

ORA-00308: 无法打开存档日志 ' D:\TEST\ARCHIVE\TEST8.ARC'

ORA-27041: 无法打开文件

OSD-04002: 无法打开文件

O/S-Error: (OS 2) 系统找不到指定的文件

因为该数据文件包含了非常重要的数据，所以必须恢复该数据文件，此时只能使用基于终止的不完全恢复方法，并尽可能降低数据损失。具体步骤如下：

(1) 关闭数据库。当执行基于终止的不完全恢复时，必须首先关闭数据库。

SQL> conn sys/change_on_install as sysdba

SQL> SHUTDOWN IMMEDIATE

(2) 装载数据库。当执行不完全恢复命令时，要求数据库必须处于 MOUNT 状态。

SQL> STARTUP MOUNT

(3) 复制所有数据文件副本。

SQL> HOST copy E:\BCK\SYSTEM01.DBF C:\TEST

SQL> …

SQL> HOST copy E:\BCK\USERS02.DBF C:\TEST

(4) 执行不完全恢复。可以使用 RECOVER DATABASE UNTIL CANCEL 命令执行不完全恢复。

SQL> RECOVER DATABASE UNTIL CANCEL

…

ORA-00279: 更改 216872 (在 04/08/2007 20:41:13 生成) 对于线程 1 是必需的

ORA-00289: 建议: D:\TEST\ARCHIVE\TEST8.ARC

ORA-00280: 更改 216872 对于线程 1 是按序列 #8 进行的

ORA-00278: 此恢复不再需要日志文件 'D:\TEST\ARCHIVE\TEST7.ARC'

指定日志: {<RET>=suggested | filename | AUTO | CANCEL}

当执行基于撤消恢复时，因为归档日志 TEST8.ARC 已经丢失，所以此时必须指定 CANCEL 选项，以取消恢复操作。

系统已经恢复到了 8 号日志，不能继续向下恢复，因为 8 号日志是当前日志，已经被损坏。输入 CANCEL，结束恢复过程。

(5) 恢复过程结束后使用 RESETLOGS 选项打开数据库。

SQL> ALTER DATABASE OPEN RESETLOGS;

(6) 进行完全数据库备份。当以 RESETLOGS 方式打开数据库之后，因为过去的备份已经不能使用，所以必须重新进行完全数据库备份。

3．基于 SCN 的恢复

使用基于 SCN 的恢复可以把数据库恢复到错误发生前的某一个事务前的状态。恢复时需要决定所有联机重做日志文件和它们各自的序列及第一次更改的号码。具体步骤如下：

(1) 关闭数据库。当执行基于终止的不完全恢复时,必须首先关闭数据库。

SQL> conn sys/change_on_install as sysdba

SQL> SHUTDOWN IMMEDIATE

(2) 装载数据库。当执行不完全恢复命令时，要求数据库必须处于 MOUNT 状态。

SQL> STARTUP MOUNT

(3) 复制所有数据文件副本。

SQL> HOST copy E:\BCK\SYSTEM01.DBF C:\TEST

SQL> …

SQL> HOST copy E:\BCK\USERS02.DBF C:\TEST

(4) 执行不完全恢复。

SQL>recover database until change 470786058;

注意："470786058"为备份时记载的用于进行恢复的日志序列号 SCN。

(5) 恢复过程结束后使用 RESETLOGS 选项打开数据库。

SQL> ALTER DATABASE OPEN RESETLOGS;

(6) 进行完全数据库备份。当以 RESETLOGS 方式打开数据库之后，因为过去的备份已经不能使用，所以必须重新进行完全数据库备份。

10.5　数据库逻辑备份与恢复

逻辑备份是数据的备份，不复制物理文件。Oracle 数据库提供了导出和导入的工具 Oracle Export Utility 和 Oracle Import Utility。Export 把数据库中的数据导出，备份成一个二进制的操作系统文件，格式为 dmp；Import 把 Export 卸出的数据导入到数据库中。在命令行方式下，输入 EXP 和 IMP 可以直接运行这两个工具。

10.5.1　逻辑备份导出程序

导出程序运行方式有三种：命令行方式、交互方式和图形界面工具。

1. 命令行方式

在命令行中输入 EXP 命令调用 Export 工具的同时，指定导出操作所使用的全部参数。

语法格式：

EXP username/password [KEYWORD = value1[,value2…]] …

说明：KEYWORD 是关键字；value 是为关键字赋的值。

可以使用以下命令显示导出参数的说明：

C:\>EXP help=y

【例 10.1】 导出整个数据库。

C:\>EXP system/manager full=y　file=fulldb.dmp　buffer=4096

注意：导出整个数据库需要特定的权限，一般是系统管理员。

【例 10.2】 按表空间导出。

C:\>EXP system/manager tablespaces=(users) file=ts_users070605.dmp log= ts_users.log

连接到: Oracle 9i Enterprise Edition Release 9.0.1.1.1 - Production

With the Partitioning option

JServer Release 9.0.1.1.1 - Production

已导出 ZHS16GBK 字符集和 AL16UTF16 NCHAR 字符集

将导出所选的表空间...

用于表空间 USERS...

- 正在导出集群定义
- 正在导出表定义
- 正在导出引用完整性约束条件
- 正在导出触发器

在没有警告的情况下成功终止导出。

以上示例将导出 users 表空间的全部数据对象，导出文件名为 ts_users070605.dmp(在文件名上可以加上日期以便于标识)，导出日志文件为 ts_users.log 文件，可以查看导出的数据以及导出是否成功。

【例 10.3】 按用户方式导出用户 scott 所拥有的表空间。

C:\>EXP scott/tiger file=scott_bak20070728.dmp owner=scott

连接到: Oracle 9i Enterprise Edition Release 9.0.1.1.1 - Production

With the Partitioning option

JServer Release 9.0.1.1.1 - Production

已导出 ZHS16GBK 字符集和 AL16UTF16 NCHAR 字符集

- 正在导出 pre-schema 过程对象和操作
- 正在导出用户 SCOTT 的外部函数程序库名称
- 正在导出用户 SCOTT 的对象类型定义

即将导出 SCOTT 的对象 ...

- 正在导出数据库链接
- 正在导出序号
- 正在导出集群定义
- 即将导出 SCOTT 的表通过常规路径 ...

· · 正在导出表	BONUS	0 行被导出
· · 正在导出表	DEPT	8 行被导出
· · 正在导出表	EMP	16 行被导出
· · 正在导出表	SALGRADE	10 行被导出

- ……

在没有警告的情况下成功终止导出。

【例 10.4】 导出指定的表 emp 和 dept。

C:\>exp exp scott/tiger grants=y tables=(emp,dept)   file=scott_tables.dmp

连接到：Oracle 9i Enterprise Edition Release 9.0.1.1.1 - Production

With the Partitioning option

JServer Release 9.0.1.1.1 - Production

已导出 ZHS16GBK 字符集和 AL16UTF16 NCHAR 字符集

即将导出指定的表通过常规路径 ...

·· 正在导出表	EMP	16 行被导出
·· 正在导出表	DEPT	8 行被导出

在没有警告的情况下成功终止导出。

2. 交互方式

如果在命令行中输入 EXP 命令时没有指定任何参数，那么将以交互式提示方式运行 Export 工具。

交互方式导出时，首先在操作系统提示符下输入 EXP，然后 Export 工具会一步一步地提示用户回答系统提出的问题，根据用户的回答，Export 工具导出程序相应的内容。

3. 图形界面工具

图形界面工具主要为集成的导出向导：在"管理服务器"环境下的"企业管理器"中使用。这种方式要求必须配置 Oracle 管理服务器才能使用。

10.5.2　逻辑恢复导入程序

Import 导入程序将 Export 导出程序导出的数据导入到数据库中。导入数据时，在操作系统符号下，输入 IMP 即可。导入程序也支持表、用户、数据库三种导入方式，导入程序的运行方式也有三种：交互方式、命令行方式和图形界面工具。下面介绍 Import 工具的使用。

语法格式：

IMP　username/password [KEYWORD = value1[,value2…]] …

说明：KEYWORD 是关键字；Value 是为关键字赋的值。

可以使用以下命令显示导入参数的说明：

C:\>EXP help=y

【例 10.5】　将例 10.4 中 scott 用户导出的两张表及其数据导入到 peter 用户下。

要将一个用户的对象导入到另一个用户中，需要在导入过程中指定对象拥有者，并指定导入这些对象的用户。命令如下：

C:\>IMP system/manager　file=scott_tables.dmp　fromuser=scott　touser=peter

连接到: Oracle 9i Enterprise Edition Release 9.0.1.1.1 - Production

With the Partitioning option

JServer Release 9.0.1.1.1 - Production

经常规路径导出由 EXPORT:V09.00.01 创建的文件

警告: 此对象由 SCOTT 导出, 而不是当前用户

已经完成 ZHS16GBK 字符集和 AL16UTF16 NCHAR 字符集中的导入

·正在将 SCOTT 的对象导入到 PETER

· · 正在导入表	"EMP"	16 行被导入
· · 正在导入表	"DEPT"	8 行被导入

准备启用约束条件...

成功终止导入, 但出现警告。

10.6 小 结

Oracle 数据库的备份与恢复方法主要有物理备份与恢复、逻辑备份与恢复两种。物理备份与恢复是指对数据库物理结构的操作系统文件的备份与恢复。物理备份与恢复又分为脱机备份与恢复和联机热备份与恢复两种。逻辑备份与恢复是对数据库数据的备份与恢复。

脱机备份是在正常关闭数据库的情况下,将数据库的控制文件、日志文件、数据文件和初始化参数文件等利用操作系统的复制功能转存到其他存储设备上的备份方法,也称为操作系统冷备份。一旦发生故障,就可以将备份文件复制回原来的位置进行恢复。

联机备份与恢复是指在不关闭数据库的前提下,同时备份与恢复数据文件、日志文件和控制文件。联机备份与恢复也称为联机热备份与恢复。

Export 和 Import 是进行逻辑备份和恢复的两个常用工具。Export 把数据库中的数据导出,Import 把 Export 卸出的数据导入到数据库中。

Export 和 Import 工具提供了三种导出和导入模式:表、用户、数据库,分别指定不同的参数,可以按不同模式进行导出和导入工作。

习题十

一、选择题

1. 例程恢复是由( )后台进程来完成的。

A. PMON　　　　B. SMON　　　　C. DBWR　　　　D. CKPT　　　　E. LGWR

2. 手工归档是由( )进程来完成的。

A. ARCH　　　　B. 服务器进程　　　　C. SMON

3. 为了避免数据文件出现损坏进而导致数据丢失,应该采用( )日志操作模式。

A. ARCHIVELOG　　　　　　　　B. NOARCHIVELOG

4. 为了将重做日志归档到备用数据库,应该使用( )初始化参数。

A. LOG_ARCHIVE_DEST　　　　　　B. LOG_ARCHIVE_DUPLEX_DEST

C. LOG_ARCHIVE_DEST_n

5. 当数据库处于 OPEN 状态时,备份数据文件要求数据库处于( )日志操作模式下。

A. ARCHIVELOG　　　　　　　　　B. NOARCHIVELOG

6. 当数据库处于 NOARCHIVELOG 模式时,在 OPEN 状态下( )备份控制文件。

A. 可以　　　　　　　　　　　　B. 不可以

7．当数据库处于 ARCHIVELOG 模式时，在 OFFLINE 状态下不能备份(　)表空间。

A．SYSTEM 表空间　　　　　B．USERS 表空间　　　　　C．INDX 表空间

8．当备份控制文件到跟踪文件时，以下(　)初始化参数可以确定跟踪文件的位置。

A．USER_DUMP_DEST　　　　　　B．BACKGROUND_DUMP_DEST

C．CORE_DUMP_DEST

9．当误删除了 SYSTEM 表空间的数据文件之后，可以使用以下(　)命令恢复该表空间。

A．RECOVER DATABASE　　　　　B．RECOVER TABLESPACE

C．RECOVER DATAFILE

10．当误删除了 SYSTEM 表空间的数据文件之后，应该在(　)状态下恢复该表空间。

A．NOMOUNT　　　　　　B．MOUNT　　　　　　C．OPEN

二、简答题

1．什么是备份与恢复？它们各有什么方式？

2．检查 Oracle 9i 数据库所包含的控制文件，并为其增加新控制文件。

3．检查 Oracle 9i 数据库的日志操作模式，并将日志操作模式转变为 ARCHIVELOG。

4．使用脱机备份方式备份 Oracle 9i 数据库的所有数据文件和控制文件。

5．使用联机备份方式备份 Oracle 9i 表空间的所有数据文件。

6．恢复 SYSTEM 表空间。

(1) 关闭数据库，然后删除数据文件 SYSTEM01.DBF 模拟损坏。

(2) 装载数据库，查看需要恢复的数据文件。

(3) 恢复 SYSTEM 表空间。

7．恢复 USERS 表空间。

(1) 在 OPEN 状态下模拟 USERS 表空间的数据文件损坏。

(2) 手工发出检查点命令 ALTER SYSTEM CHECKPOINT，然后查看需要恢复的数据文件。

(3) 恢复 USERS 表空间。

8．恢复控制文件。

(1) 关闭数据库，然后删除所有控制文件。

(2) 启动例程并装载数据库，查看显示信息。

(3) 使用跟踪文件重新建立控制文件。

9．使用导出和导入执行逻辑备份和恢复。

(1) 导出 EMP 表的结构及数据到文件 emp.dmp 中。

(2) 模拟用户误操作 DROP TABLE scott.emp。

(3) 导入 emp.dmp 中的 EMP 表到 SCOTT 方案。

10．使用导出和导入迁移数据。

(1) 导出 SCOTT 方案到文件 scott.dmp 中。

(2) 导入 scott.dmp 中的所有对象到另一方案下。

▣ 上机实验十

实验 1   脱机完全备份下系统丢失数据文件的恢复

目的和要求：

1．掌握脱机完全备份和恢复的方法和步骤。

2．掌握脱机完全备份和恢复的要点。

实验内容：

(1) 查找全部的数据文件、重做日志文件、控制文件和初始化参数文件。提示：参考 10.3.1 节的内容。

(2) 关闭数据库。

C:\sqlplus /nolog

sql>connect /as sysdba

sql>shutdown normal;

(3) 用拷贝命令备份(1)中的文件到目标位置。

sql>copy   …

(4) 模拟删除其中的数据文件。

(5) 重启 Oracle 数据库。

sql>startup

系统报错，发现数据文件丢失的错误警告。

(6) 关闭数据库。

sql>shutdown immediate

(7) 从冷备份中拷贝所有的数据文件到原始位置。

(8) 启动 Oracle 数据库。

sql>startup

实验 2   配置系统归档与非归档模式

目的和要求：

1．掌握配置系统归档与非归档模式的方法与步骤。

2．理解进行归档模式设置的优点。

3．掌握检查数据库是否运行在归档状态的方法。

说明：在非归档日志状态下，没有归档日志文件产生，对数据库的更改也就没有被完整地保存下来。这样可以节省磁盘空间，提高系统性能，但却使数据库处于一种危险状态。因为一旦介质错误发生将无法对数据库进行恢复，从而会造成数据的丢失。

归档模式备份的优点：可以进行数据库的完全和不完全恢复，可进行在线备份。

实验内容：

1．设置归档日志模式。提示：参考 10.2 节的内容。

2．检查数据库是否运行在归档状态下。按上面的步骤执行后数据库工作在自动归档状态下，检查数据库是否运行在归档状态的方法有如下几种。

(1) 查看初始化文件 init.ora 的参数 log_archive_start 是否为 true。

(2) 在命令行执行 sql 命令。

SQL> archive log list;

(3) 查看视图 V$database。

SQL> select dbid,name,log_mode from V$database;

(4) 在命令行执行 sql 命令。

SQL> alter system switch logfile;

然后检查 log_archive_dest 所指定的路径下是否有归档日志文件生成。如果有，则配置成功。

3．使数据库返回非归档状态的方法。该法与设置归档日志模式的步骤相似，不同之处在于修改数据库为非归档日志模式时要使用下列命令：

SQL>alter database noarchivelog;

实验 3　联机表空间备份与归档日志下对丢失部分数据文件的恢复

目的和要求：

1．掌握联机表空间备份的方法步骤。

2．注意联机表空间备份的准备工作和前提条件。

实验内容：

1．准备工作。查看数据库是否已经启动归档日志。

SQL>archive log list;

如果数据库未归档，则采用实验 2 的步骤来进行归档设置。

2．进行备份。

(1) 执行 alter tablespace 命令准备表空间备份。

SQL> alter tablespace users begin backup;

(2) 用操作系统命令将表空间的数据文件 users01.dbf 拷贝到目标路径。

SQL> host copy C:\oracle\oradata\ora9\ users01.dbf d:\bak\.;

(3) 使表空间结束备份状态。

SQL> alter tablespace users end backup;

(4) 在 users 表空间中创建一个表并插入数据，用于测试和模拟在备份表空间后进行的操作。

SQL> create table newaction (action varchar2(50),time date) tablespace users;

SQL> insert into newaction values('备份表空间后新的操作',sysdate);

用 select 语句查询表中的数据。

SQL>select action,to_char(time, 'mm-dd-yyyy hh24:mi:ss') "time" from newaction;

(5) 物理删除文件 users01.dbf，模拟介质损坏。

(6) 关闭数据库服务器。

SQL> shutdown immediate; --系统报错

SQL> startup;　　　　　　　　--失败，报告缺少数据文件 users01.dbf

(7) 出现问题的表空间对应的数据文件处于脱机状态。

SQL>alter database datafile　' C:\oracle\oradata\ora9\users01.dbf offline';

(8) 将原先备份的表空间文件 users01.dbf 复制到其原来所在的目录下。

(9) 使用 recover 命令进行介质恢复，恢复 users 表空间。

SQL>recover datafile　'C:\oracle\oradata\ora9\users01.dbf';

(10) 将表空间恢复为联机状态。

SQL>alter database datafile 'C:\oracle\oradata\ora9\users01.dbf online';

(11) 打开数据库。

SQL> alter database open;

至此，表空间数据恢复完成。

(12) 查看表 newaction，确认数据有无丢失。

SQL>select action,to_char(time, 'mm-dd-yyyy hh24:mi:ss') "time" from newaction;

实验4　使用命令行进行逻辑备份与恢复

目的和要求：

1. 熟悉使用命令行进行逻辑备份与恢复的操作。

2. 熟练使用导出和导入实用程序以及命令行参数的意义与使用方法。

实验内容：

使用导出和导入实用程序将用户 SCOTT 的所有对象导入到用户 DAVID 下。

步骤提示：

(1) 按用户方式导出用户 SCOTT 所拥有的表空间。

(2) 将 SCOTT 用户下导出的数据导入到 DAVID 用户下。

第 11 章　利用 JDBC 进行 Oracle 访问

11.1　概　　述

对 ODBC API 面向对象的封装和重新设计使 JDBC(Java DataBace Connectivity)易于学习和使用，而且利用 JDBC 能够编写不依赖于厂商的代码，用以查询和操纵数据库。与所有 Java API 一样，它是面向对象的，但并不是很高级别的对象集。JDBC 可以访问包括 Oracle 在内的各种不同数据库，但 Oracle 数据库包含许多独特的性质，只能通过使用标准 JDBC 的 Oracle 扩展来使用。Oracle 扩展可尽可能地发挥 JDBC 的能力。

11.2　Oracle JDBC 驱动程序

Oracle JDBC 驱动程序使 Java 程序中的 JDBC 语句可以访问 Oracle 数据库。Oracle JDBC 驱动程序有以下四种。

1. Thin 驱动程序

Thin 驱动程序对资源消耗最小，完全由 Java 编写。它可以在独立的 Java 应用程序(包括 Java Applet)中使用，并且可以访问所有版本的 Oracle 数据库。

2. OCI 驱动程序

OCI 驱动程序比 Thin 驱动程序占用资源多，但性能好一点。它适合于部署在中间层的软件，如 Web 服务器。OCI 驱动程序是第二类驱动程序，不完全是用 Java 编写的，还包含用 C 写的代码。

3. 服务器端内部驱动程序

服务器端内部驱动程序提供对数据库的直接访问，Oracle JVM 使用它与数据库进行通信。Oracle JVM 是与数据库集成的虚拟机，可以使用 Oracle JVM 将 Java 类装载进数据库，然后公布和运行这个类中包含的方法。

4. 服务器端 Thin 驱动程序

服务器端 Thin 驱动程序也是由 Oracle JVM 使用的，它提供对远程数据库的访问。与 Thin 驱动程序一样，这种驱动程序也完全使用 Java 编写。

11.3 Oracle JDBC 的使用

11.3.1 导入 JDBC 包

要能使用 JDBC，必须将所需的 JDBC 包导入 Java 程序。

import java.sql.*;

11.3.2 注册 JDBC 驱动程序

有两种注册 Oracle JDBC 驱动程序的方法。第一种使用 Class.forName("oracle.jdbc.OracleDriver")；第二种方法使用 DriverManager。DriverManager 类是 JDBC 的管理层，作用于用户和驱动程序之间。它跟踪可用的驱动程序，并在数据库和相应驱动程序之间建立连接。另外，DriverManager 类也处理诸如驱动程序登录时间限制及登录和跟踪消息的显示等事务。

DriverManager.registerDriver(new oracle.jdbc.OracleDriver());

如果使用 Oracle JDBC 驱动程序，则需要导入 oracle.jdbc.driver.OracleDriver 类，然后注册这个类的实例。

Import oracle.jdbc.driver.OracleDriver;

DriverManager.registerDriver(new oracle.jdbc.driver.OracleDriver());

11.3.3 打开数据流

加载 Driver 类并在 DriverManager 类中注册后，即可与数据库建立连接。

与数据库建立连接的标准方法是调用 DriverManager.getConnection。该方法接受含有某个 URL 的字符串。DriverManager 类(即所谓的 JDBC 管理层)将尝试找到可与那个 URL 所代表的数据库进行连接的驱动程序。DriverManager 类存有已注册的 Driver 类的清单。当调用方法 getConnection 时，它将检查清单中的每个驱动程序，直到找到可与 URL 中指定的数据库进行连接的驱动程序为止。Driver 的方法 connect 使用这个 URL 来建立实际的连接。

DriverManager.getConnection(URL,username,password);

JDBC URL 提供了一种标识数据库的方法，可以使相应的驱动程序识别该数据库并与之建立连接。实际上，驱动程序编程员决定用什么 JDBC URL 来标识特定的驱动程序。用户不必关心如何形成 JDBC URL，他们只需使用与所用驱动程序一起提供的 URL 即可。JDBC 的作用是提供某些约定，驱动程序编程员在构造 JDBC URL 时应该遵循这些约定。JDBC URL 的标准语法如下所示，它由三部分组成，各部分间用冒号分隔。

Jdbc：<子协议>：<子名称>

JDBC URL 的三个部分可分解如下： jdbc 为协议，JDBC URL 中的协议总是 jdbc；子协议为即将使用的驱动程序；子名称是 Oracle 数据库服务名。

username 表示程序连接数据库时使用的数据库用户名。

password 表示用户名口令。

以下例子使用 getConnection()方法连接数据库。

Connection

con=DriverManager.getConnection("jdbc:oracle:thin:@localhost:1521:ORCL",

"scott", "tiger");

这个例子使用的是 Oracle JDBC Thin 驱动程序。

11.3.4　执行 SQL 语句

Statement 对象用于将 SQL 语句发送给数据库。Statement 对象有三种：Statement、PreparedStatement(从 Statement 继承而来)和 CallableStatement(从 PreparedStatement 继承而来)，它们是给定连接上执行 SQL 语句的包容器，它们都专用于发送特定类型的 SQL 语句。

Statement 对象用于执行不带参数的简单 SQL 语句；PreparedStatement 对象用于执行带或不带 IN 参数的预编译 SQL 语句；CallableStatement 对象用于执行对数据库已存储过程的调用。

Statement 接口提供了执行语句和获取结果的基本方法；PreparedStatement 接口添加了处理 IN 参数的方法；CallableStatement 添加了处理 OUT 参数的方法。

1．创建 Statement 对象

建立了到特定数据库的连接之后，就可用该连接发送 SQL 语句。Statement 对象用 Connection 的方法 createStatement 创建，如下列代码段所示：

Statement stmt = con.createStatement();

为了执行 Statement 对象，被发送到数据库的 SQL 语句将被作为参数提供给 Statement。

2．使用 Statement 对象执行语句

Statement 接口提供了三种执行 SQL 语句的方法：executeQuery、executeUpdate 和 execute。使用哪一种方法由 SQL 语句所产生的内容决定。方法 executeQuery 用于产生单个结果集的语句，例如：

ResultSet rs = stmt.executeQuery("SELECT a, b, c FROM Table2");

方法 executeUpdate 用于执行 INSERT、UPDATE 或 DELETE 语句以及 SQL DDL(数据定义语言)语句，例如 CREATE TABLE 和 DROP TABLE。INSERT、UPDATE 或 DELETE 语句的效果是修改表中零行或多行中的一列或多列。executeUpdate 的返回值是一个整数，指示受影响的行数(即更新计数)。对于 CREATE TABLE 或 DROP TABLE 等不操作行的语句，executeUpdate 的返回值总为零。

int line=stmt.executeUpdate("insert into userinfo values('juliet', 'juliet')");

如果预先不知道要执行的 SQL 语句类型，则可使用方法 execute，用于执行返回多个结果集、多个更新计数或二者组合的语句。

3. 关闭 Statement 对象

Statement 对象由 Java 垃圾收集程序自动关闭。作为一种好的编程风格，应在不需要 Statement 对象时显式地关闭它们。这将立即释放 DBMS 资源，有助于避免潜在的内存问题。语句如下：

stmt.close();

11.3.5 获得查询结果集

ResultSet 包含符合 SQL 语句中条件的所有行，并且通过一套 get 方法(这些 get 方法可以访问当前行中的不同列)提供了对这些行中数据的访问。ResultSet.next 方法用于移动到 ResultSet 中的下一行，使下一行成为当前行。结果集一般是一个表，其中有查询所返回的列标题及相应的值。

ResultSet 维护指向其当前数据行的光标。每调用一次 next 方法，光标向下移动一行。最初它位于第一行之前，因此第一次调用 next 时应把光标置于第一行上，使它成为当前行。随着每次调用 next 将导致光标向下移动一行，可按照从上至下的次序获取 ResultSet 行。在 ResultSet 对象或其父辈 Statement 对象关闭之前，光标一直保持有效。使用方法如下：

ResultSet rs=stmt.executeQuery("select 语句");

while(rs.netxt())

{

数据类型   variable_name=rs.get××(字段脚标或字段名);

}

数据类型要和后面的 get 方法所取回字段的数据类型保持一致，get 方法后的××根据字段数据类型的不同来选择，get 方法中的参数可以填字段的脚标，从 1 开始，也可以使用字段的真实名字。

11.3.6 关闭数据流

关闭数据流连接可采用 Connection 对象的 close 方法。即时关闭数据流可以减少内存占用，关闭数据流的语句如下：

con.close();

11.3.7 在 JDBC 中调用存储过程

CallableStatement 对象为所有的 DBMS 提供了一种以标准形式调用存储过程的方法。有两种调用形式：一种带结果参数，另一种不带结果参数。

在 JDBC 中，调用存储过程的语法如下所示。注意，方括号表示其间的内容是可选项，方括号本身并非语法的组成部分。

{call 过程名[(?, ?, ...)]}

返回结果参数的存储过程的语法如下：

{? = call 过程名[(?, ?, ...)]}

不带参数的存储过程的语法如下：

{call 过程名}

1．创建 CallableStatement 对象

CallableStatement 对象是用 Connection 方法 prepareCall 创建的。下面为创建 CallableStatement 的实例，其中含有对存储过程 getEMPData 调用。该过程有两个变量，但不含结果参数。

CallableStatement cstmt = con.prepareCall("{call getEMPData(?, ?)}");

其中，?占位符为 IN、OUT 还是 INOUT 参数取决于存储过程 getEMPData。

2．IN 和 OUT 参数

将 IN 参数传给 CallableStatement 对象是通过 setXXX 方法来完成的。所传入参数的类型决定了所用的 setXXX 方法(例如，用 setFloat 来传入 float 值等)。如果存储过程返回 OUT 参数，则在执行 CallableStatement 对象以前先注册每个 OUT 参数的 JDBC 类型，使用 registerOutParameter 方法来注册。语句执行完后，CallableStatement 的 getXXX 方法将取回参数值。registerOutParameter 使用的是 JDBC 类型(因此它与数据库返回的 JDBC 类型匹配)，而 getXXX 将之转换为 Java 类型。

下面的例子先注册 OUT 参数，执行由 cstmt 所调用的存储过程，然后检索在 OUT 参数中返回的值。方法 setDouble 给第一个 IN 参数传入值，方法 getInt 从第二个 OUT 参数中取出一个整数。

CallableStatement cstmt = con.prepareCall("{call getEMPData (?, ?)}");

cstmt.setDouble(1, 5000.0);

cstmt.registerOutParameter(2, java.sql.Types.INTEGER);

cstmt.execute();

int x=cstmt.getInt(2) ;

3．INOUT 参数

既支持输入又接受输出的参数(INOUT 参数)不仅要调用 registerOutParameter 方法，还要调用合适的 setXXX 方法。setXXX 方法将参数设置为输入参数，registerOutParameter 方法将它的 JDBC 类型注册为输出参数。应该引起注意的是，IN 值的 JDBC 类型和提供给 registerOutParameter 方法的 JDBC 类型必须相同。

检索输出值时，应使用对应的 getXXX 方法。例如，Java 类型为 int 的参数应该使用方法 setInt 来赋输入值；应该给 registerOutParameter 提供类型为 INTEGER 的 JDBC 类型。

下例演示了一个存储过程 compute，其唯一参数是 INOUT。方法 setInt 把此参数设为 25，驱动程序将它作为 JDBC INTERGER 类型送到数据库中。然后，registerOutParameter 将该参数注册为 JDBC INTEGER。执行完该存储过程后，将返回一个新的 JDBC TINYINT 值。方法 getInt 将把这个新值作为 Java Int 类型检索。

CallableStatement cstmt = con.prepareCall("{call compute(?)}");

cstmt.setInt(1, 25);

cstmt.registerOutParameter(1, java.sql.Types.INTEGER);

```
cstmt.executeUpdate();
int x  =  cstmt.getInt(1);
```

11.3.8 处理 SQL 异常

当数据库或 JDBC 驱动程序发生错误时，将抛出一个 java.sql.SQLException 。java.sql.SQLException 类是 java.sql.Exception 类的子类。因此，所有的 JDBC 语句最好放在一个 try/catch 语句块中，否则代码就要抛出 java.sql.SQLException。如果出现这种情况，则 JVM 还要试图寻找合适的处理器来处理这个异常。如果没有找到合适的，则使用默认的异常处理器来处理该异常。使用 catch 子句后，每当出现异常时，JVM 会将控制转移到运行这个 catch 子句的代码。在此代码中，可以显示错误编码和错误消息，这有助于判断错误原因。

java.sql.SQLException 类定义了四个方法，可以帮助查找并判断出错原因。

(1) getErrorCode()：对于数据库和 JDBC 驱动程序中发生的错误，此方法返回 oracle 的错误编码(一个 5 位的数字)。

(2) getMessage()：对于数据库中发生的错误，此方法返回错误消息以及 5 位的错误编码；对于 JDBC 驱动程序错误，此方法只返回错误消息。

(3) getSQLState()： 对于数据库中发生的错误，此方法返回 5 位错误编码和 SQL 的状态；对于 JDBC 驱动程序错误，此方法不返回任何有意义的内容。

(4) printStackTrace()：此方法显示发生异常时的堆栈内容。

下面的例子将演示以上方法的使用。

```
try{}
catch(SQLException e)
{
e.printStackTrace();
System.out.println(e.getMessage());
System.out.println(e.getErrorCode());
System.out.println(e.getSQLState());
}
```

11.4 实　例

1．实例一

在 scott 用户模式下，添加一条记录到 EMP 表，然后显示 10 号部门的所有员工姓名。

提示：在 eclipse 编程环境下，需导入 classes111.jar。

```
import java.sql.*;
public class SimpleSQLExample {
    public static void main(String args[])
    {
```

```
try{
//DriverManager.registerDriver(new oracle.jdbc.driver.OracleDriver());
Class.forName("oracle.jdbc.OracleDriver");//两种方式都可以
Connection con=DriverManager.getConnection("jdbc:oracle:thin:@localhost:
    1521:ora9","scott","tiger");
Statement stmt = con.createStatement();
stmt.execute("insert into emp(empno,ename,deptno,sal) values(8002,'atlas',
    10,5000)");
ResultSet rs=stmt.executeQuery("select ename from emp where deptno=10");
while(rs.next())
{
    String ename=rs.getString(1);
    System.out.println(ename);
}
stmt.close();
con.close();
}
catch(Exception e)
{
    System.out.print(e.toString());
}
}
}
```

控制台输出打印结果，如图 11-1 所示。

图 11-1　简单 SQL 语句程序

CLARK

KING

MILLER

atlas

2．实例 2

创建一个给特定员工增加 10%薪水的存储过程，并返回最新的薪水值。使用 JDBC 调用该存储过程，打印返回值。

存储过程代码如下：

```
create or replace procedure raisesal(emp_no number,sal_var out number)
as
begin
update emp set sal=sal*1.1 where empno=emp_no;
select sal into sal_var from emp where empno=emp_no;
end;
/
```

给实例 1 中的 8002 号薪水为 5000 的员工涨工资，程序代码如下：

```
import java.sql.*;

public class callprocExample {
    public static void main(String args[])
    {
        try{
        //DriverManager.registerDriver(new oracle.jdbc.driver.OracleDriver());
        Class.forName("oracle.jdbc.OracleDriver");
        Connection con=DriverManager.getConnection("jdbc:oracle:thin:@localhost:1521:
            ORa9","scott","tiger");
        CallableStatement cstmt = con.prepareCall("{call raisesal(?,?)}");
        cstmt.setInt(1,8002);
        cstmt.registerOutParameter(2,Types.FLOAT);
        cstmt.execute();
        float sal_var=cstmt.getFloat(2);
        System.out.print(sal_var);

        cstmt.close();
        con.close();
        }
        catch(Exception e)
        {
```

```
System.out.print(e.toString());

        }


    }


}
```

输出结果如图 11-2 所示。

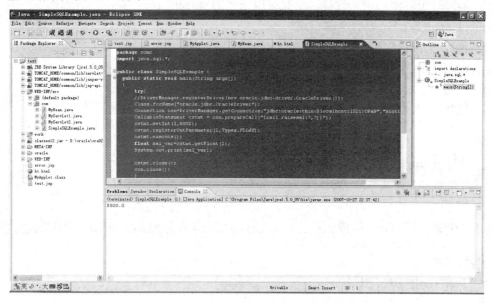

图 11-2　调用存储过程的程序

11.5　小　　结

JDBC 是一个软件层，允许开发者在 Java 中编写客户端/服务器程序，它提供了简单的接口，用于执行原始的 SQL 语句。Oracle 支持简单的 JDBC 访问和开发，提供了很多图形化的应用程序来支持和开发 Java 程序，如 Container for J2EE 和 Jdeveloper，它涵盖了性能调整、开发 J2EE 组件和 Java 存储过程等技术。

📝 习题十一

一、选择题

1．JDBC 的组件是(　)、(　)和(　)。

2．使用(　)类调用存储过程。

3．executeQuery 的返回类型是(   )。

A．Result
B．ResultSet
C．Resultset
D．以上选项都不正确

4．create 命令是用(   )命令执行的。

A．executeQuery
B．execute
C．executeUpdate
D．executeCreate

二、编程题

1．编写一个程序，用于创建一个具有以下列的 student 表：

stu_id   number(5)

stu_name varchar2(20)

age   number(3)

2．编写一个程序，往 student 表里插入三条数据。

3．编写程序，检索 student 表中的数据，并按行打印所有的记录信息。

☞ 上机实验十一

实验 1　创建一段 Web 程序，用 Oracle 数据源来检索并显示 student 表中的同学信息

目的和要求：

1．掌握 JDBC 类。

2．掌握连接访问关闭数据流。

3．掌握传送简单的查询语句。

实验内容：

```
import java.sql.*;
public class Lab1{
   public static void main(String args[])
   {
      try{
      //DriverManager.registerDriver(new oracle.jdbc.driver.OracleDriver());
      Class.forName("oracle.jdbc.OracleDriver");      //两种方式都可以
      Connection con=DriverManager.getConnection("jdbc:oracle:thin:@localhost:1521:
          ora9","scott","tiger");
      Statement stmt = con.createStatement();
      ResultSet rs=stmt.executeQuery("select * from student");
      while(rs.next())
      {
              System.out.println(rs.getInt(1)+rs.getString(2)+rs.getInt(3));
```

```
        }
        stmt.close();
        con.close();
        }
        catch(Exception e)
        {
            System.out.print(e.toString());
        }
    }
}
```

实验 2　创建一段 Web 程序，在 EMP 中添加一个新雇员，要求用 SQL 语句传递参数

目的和要求：

1．掌握 JDBC 类。

2．掌握连接访问关闭数据流。

3．掌握传送预定义语句。

实验内容：

```
import java.sql.*;
public class Lab2 {
    public static void main(String args[])
    {
        try{
        //DriverManager.registerDriver(new oracle.jdbc.driver.OracleDriver());
        Class.forName("oracle.jdbc.OracleDriver");       //两种方式都可以
        Connection con=DriverManager.getConnection("jdbc:oracle:thin:@localhost:1521:
            ora9","scott","tiger");
        PreparedStatement pstmt = con.prepareStatement("insert into emp(empno,ename,sal,
            deptno) values(?,?,?,?)");
        pstmt.setInt(1,8003);
        pstmt.setString(2,"bush");
        pstmt.setFloat(3,5000.0f);
        pstmt.setInt(4,10);
        pstmt.execute();
        pstmt.close();
        con.close();
        }
        catch(Exception e)
        {
```

```
System.out.print(e.toString());
            }
        }
    }
```

实验 3　编写一个 JDBC 工程，调用第 7 章实验 1 中的创建过程

目的和要求：

1. 掌握 JDBC 类。
2. 掌握连接访问关闭数据流。
3. 掌握调用存储过程。

实验内容：

```java
import java.sql.*;

public class Lab3 {
    public static void main(String args[])
    {
        try{
        //DriverManager.registerDriver(new oracle.jdbc.driver.OracleDriver());
        Class.forName("oracle.jdbc.OracleDriver");
        Connection con=DriverManager.getConnection("jdbc:oracle:thin:@localhost:1521:
            ORa9","scott","tiger");
        CallableStatement cstmt = con.prepareCall("{call pro_emp (?)}");
        cstmt.setInt(1,8002);
        cstmt.execute();
        cstmt.close();
        con.close();
        }
        catch(Exception e)
        {
            System.out.print(e.toString());
        }
    }
}
```

参 考 文 献

[1] 郑阿奇. Oracle 实用教程. 2 版. 北京：电子工业出版社，2006

[2] 李卓玲，费雅玲，孙宪丽. Oracle 大型数据库及应用. 北京：高等教育出版社，2004

[3] 吴京慧，杜宾，杨波. Oracle 数据库管理及应用开发教程. 北京：清华大学出版社，2007

[4] 蒋秀凤，何凤英. Oracle 9i 数据库管理教程. 北京：清华大学出版社，2005

[5] (美)Nilesh Shah. Oracle 数据库系统——SQL 和 PL/SQL 简明教程. 2 版. 刘伟琴，译.
北京：清华大学出版社，2005

参 考 文 献